"高等学校本科计算机类专业应用型人才培养研究"项目规划教材

Java 编程基础及应用

Java Biancheng Jichu ji Yingyong

主 编 强 彦 赵涓涓
副主编 蔡星娟
主 审 王万良 陈立潮

U0337486

高等教育出版社·北京

内容提要

　　全书内容可分为基础篇、面向对象思想篇、实用编程篇和提高篇，主要讲解 Java 程序运行环境配置、Java 语言基础、运算符和表达式、数组、类和对象、继承和多态、内部类和异常、多线程、接口的实现、常用实用类、基于 Swing 的图形化用户界面、输入输出、JDBC 技术、网络编程等内容。书中提供大量实验案例，帮助读者更好地理解和掌握相关概念。最后设计一个贴近实际的综合应用案例，涵盖软件开发的全过程，使读者具备利用 Java 语言解决实际应用问题的能力。

　　本书可作为高等学校计算机、软件工程等相关专业"Java 程序设计"课程的教材，也适用于各种 Java 语言的培训与认证，同时可供广大 Java 语言开发人员参考。

图书在版编目（CIP）数据

　　Java 编程基础及应用／强彦，赵涓涓主编.－－北京：高等教育出版社，2015.8（2020.12 重印）
　　ISBN 978－7－04－043366－1

　　Ⅰ.①J…　Ⅱ.①强…　②赵…　Ⅲ.①JAVA 语言－程序设计－教材　Ⅳ.①TP312

　　中国版本图书馆 CIP 数据核字（2015）第 155745 号

策划编辑　时　阳　　　责任编辑　时　阳　　　封面设计　张　志
插图绘制　杜晓丹　　　责任印制　田　甜

出版发行	高等教育出版社	网　　址	http://www.hep.edu.cn
社　　址	北京市西城区德外大街 4 号		http://www.hep.com.cn
邮政编码	100120	网上订购	http://www.landraco.com
印　　刷	北京鑫海金澳胶印有限公司		http://www.landraco.com.cn
开　　本	787mm×1092mm　1/16		
印　　张	21		
字　　数	480 千字	版　　次	2015 年 8 月第 1 版
购书热线	010-58581118	印　　次	2020 年 12 月第 4 次印刷
咨询电话	400-810-0598	定　　价	36.00 元

本书如有缺页、倒页、脱页等质量问题，请到所购图书销售部门联系调换
物　料　号　43366-00

与本书配套的数字课程资源使用说明

与本书配套的数字课程资源发布在高等教育出版社易课程网站，请登录网站后开始课程学习。

一、网站登录

1. 访问 http://abook.hep.com.cn/187691，单击"注册"按钮。在注册页面输入用户名、密码及常用的邮箱进行注册。已注册的用户直接输入用户名和密码登录即可进入"我的课程"界面。

2. 课程绑定：单击"我的课程"页面右上方的"绑定课程"按钮，正确输入教材封底防伪标签上的20位密码，单击"确定"按钮完成课程绑定。

3. 访问课程：在"正在学习"列表中选择已绑定的课程，单击"进入课程"按钮即可浏览或下载与本书配套的课程资源。刚绑定的课程请在"申请学习"列表中选择相应课程并单击"进入课程"按钮。

如有账号问题，请发邮件至：abook@hep.com.cn。

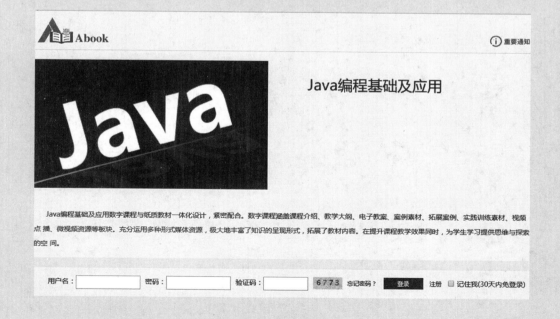

二、资源使用

与本书配套的易课程数字课程资源按照章的结构组织，包含教学课件、微视频、程序源代码等资源。

1. 教学课件：教师上课使用的与课程和教材紧密配套的教学 PPT，可供教师下载使用，也可供学生课前预习或课后复习使用。

2. 微视频：内容基本覆盖重要知识点和典型案例，能够让学习者随时随地使用移动设备观看比较直观的视频讲解。这些微视频以二维码的形式在书中出现，扫描后即可观看。相应微视频资源在易课程各章的"微视频"栏目中也可观看。

3. 源代码：书中案例程序的源代码可通过数字课程下载使用，方便学生使用源代码验证和改进实例程序。

出版说明

信息化社会需要大量的计算机类专业人才。据统计,目前我国计算机类专业布点总数已逾2 800 个,这些专业点为国家的现代化建设培养了大批计算机类专业人才,其中绝大多数是应用型人才。如何按照社会需求,确定合理的人才培养目标,并在其制导下培养特色突出的应用型人才,是提高教育质量和水平的重要任务。

为了更好地引导高校计算机类各专业点构建有特色的培养方案,例如,能够体现行业特色、区域需求,同时建设体现这些特色的学科基础课和专业课,促进本科计算机类专业应用型人才培养,出版一批体现应用型人才培养特色的新形态教材,教育部高等学校计算机类专业教学指导委员会、全国高等学校计算机教育研究会与高等教育出版社联合组建了"高等学校本科计算机类专业应用型人才培养研究"课题组,基于《计算机类专业教学质量国家标准》,围绕软件工程、网络工程、物联网工程等专业应用型人才培养的研究展开相关工作。

在研究的基础上,课题组汇聚 80 多所高校的教学经验,协同创新,开展了核心课程教学资源建设以及教材建设,这套教材作为课题研究的重要成果之一,具有以下几个显著特点。

● 以课题研制的《高等学校本科计算机类专业应用型人才培养指导意见》为指导,委托有丰富教学实践经验的教师编写,内容覆盖了不同专业的学科基础课、专业核心课及专业方向课。

● 教材内容基于理论适用,突出理论与实践相结合,强调"做中学",引入丰富的实验案例,摒弃大而全、重理论轻实践的做法,结构新颖、努力突出专业特色。

● 采用纸质教材与数字资源相结合的形式,将教学内容与课程建设充分展示出来,使教师和学生借助网络实现全方位的个性化教学。

相信这套教材的出版能够起到推动各高校计算机类专业建设、提高教学水平和人才培养质量的作用。希望广大教师在教学过程中对教材提出宝贵的意见和建议,使其在使用过程中不断完善。

教育部高等学校计算机类专业教学指导委员会

全国高等学校计算机教育研究会

高等教育出版社

2015 年 3 月

前　　言

　　针对 Java 语言教学中面向对象思想难以理解、编程实践要求较高的特点,本书将面向对象编程思想和软件工程开发过程实践融于一体,采用多种创新模式,多层次、立体化地将知识呈现给读者。

　　本书具有以下特点:

　　(1) 依托作者主讲的国家级精品视频公开课——《面向对象编程思想概览》,与教材中的内容相呼应,既发挥精品视频公开课的作用,又通过教材深入、细致地进行系统化阐述,从而更加生动、有效地解析 Java 编程思想。

　　(2) 将书中选用的大量程序案例、教学视频和源代码等重要学习资源放到数字课程网站,扫描书中的二维码即可浏览相应资源,充分扩展教材的内容,发挥在线学习的优势。

　　(3) 本书在写作风格上突出实用性,将复杂的面向对象理论融入具体的生活事例之中。书中的大量实例在日常教学中经过精心设计、反复修改,是教学效果良好的素材,可以帮助读者尽快掌握面向对象程序设计思想的精髓。

　　(4) 每章除设计了基础习题环节外,还增加了大量的拓展练习,可以为读者提供 Java 语言学习的提高和拓展空间。

　　(5) 书中的大量程序实例都来自教学和实践一线,所有程序代码均借助 Java 语言软件开发工具包 JDK1.8 和 Eclipse 平台调试通过,读者可以直接运行。

　　(6) 本书最后安排了一个综合应用开发案例,可以使读者的实践开发能力得到有效训练和提升。

　　本书定位于高等学校的本科生和从事软件开发以及相关领域的工程技术人员,培养读者利用面向对象的技术分析和解决问题的能力,指导读者在较短的时间内学会利用 Java 工具开发软件产品。本书顺应网络时代对人才的新需求,在难易程度上遵循由浅入深、循序渐进的原则。

　　全书内容可分为基础篇、面向对象思想篇、实用编程篇和提高篇共 4 部分,15 章。

　　基础篇包括引论,Java 语言基础,运算符、表达式和语句,数组 4 章内容,主要介绍 Java 语言的基础知识,为学习后续内容打下坚实的基础。

　　面向对象思想篇包括类和对象、类的继承与多态性、内部类和异常、多线程、接口的实现 5 章内容,详细介绍 Java 语言的基础语法。

　　实用编程篇包括常用实用类、基于 Swing 的图形用户界面、输入输出 3 章内容。通过本篇的学习,读者可将控制台输入输出转变为图形用户界面,掌握图形用户界面的编程方法,更加贴近实际项目的开发。

提高篇是 Java 语言编程的提高部分,包括 JDBC 技术、Java 网络编程、综合案例——图书管理系统 3 章内容。详细介绍使用 JDBC 连接数据库以及对数据库进行操作的步骤,网络编程基础知识以及开发案例,帮助读者快速掌握数据库编程和网络编程的相关技术。最后详细介绍了 Java 编程的综合案例。

为方便教师使用本书教学,减轻教师备课负担,提高授课质量,本书为教师免费提供电子教案和全部实例程序源代码,需要者可登录数字课程网站下载相关资源,详见前面资源说明页。

本书由太原理工大学的强彦和赵涓涓任主编,太原科技大学的蔡星娟任副主编。第 1、2 章由太原科技大学的蔡星娟编写,第 3、4 章由吕梁学院的刘继华编写,第 5~7 章由太原理工大学的强彦编写,第 8~10 章由太原理工大学的赵涓涓编写,第 11 章由忻州师范学院的胡国华编写,第 12 章由山西大学的张举编写,第 13 章由太原理工大学的常春燕编写,第 14 章由山西大学的白茹意编写,第 15 章由山西大学的张志斌编写。全书由浙江工业大学的王万良教授和太原科技大学的陈立潮教授审阅。本书在撰写过程中得到了陈俊杰、肖小娇、葛磊、廖晓磊、闫晓斐、宋宁、贺娜娜、李凯宁、潘玲、杨佳玲、雷蕾等的大力支持和协助,他们在内容整理、程序调试和其他在线教学资源的制作上付出了大量努力,在此表示衷心的感谢!

由于作者水平有限,不当之处在所难免,恳请读者及同仁赐教指正。

编者

2015 年 5 月

目　录

第一部分　基础篇

第二部分　面向对象思想篇

第三部分　Java 实用编程篇

第一部分　基础篇

Java 是一种使用简单、面向对象的动态编程语言,它健壮、安全、性能优异,相比其他语言有许多突出特点,如跨平台、分布式、多线程和可移植。如今,Java 语言广泛应用于企业级 Web 开发和移动开发。

1995 年 5 月 23 日,Java 语言正式诞生。1996 年 1 月,JDK 1.0 版本诞生。1997 年 2 月 18 日,JDK 1.1 版本发布。1998 年 2 月,JDK 1.1 版本的下载量超过 2 000 000 次。2014 年 3 月 18 日,Oracle 公司发布 Java SE 8。

Java 语言最显著的特点是面向对象。面向对象程序设计语言的核心之一就是开发者在设计软件时可以使用自定义的类和关联操作。Java 语言的另一个重要特性是跨平台性,使用 Java 语言编写的程序在编译后,可以不经修改在任何硬件设备上运行。这个特性经常被称为"一次编译,到处运行"。

本篇为 Java 语言的基础部分,包括 4 章。第 1 章是 Java 语言的基础,让读者初步感受面向对象编程语言独特的优点,熟悉面向对象技术的常用术语,并学会安装、配置 Java 开发环境。第 2 章详细介绍 Java 中的关键字、标识符及数据类型等内容,及如何合理地命名程序变量,并进一步形成良好的编码风格。第 3 章介绍Java的基本运算符、基本语句类型及相关知识。第 4 章对最常见的存储结构——数组进行详细说明,包括数组的创建、初始化及访问等。

学习一门语言就像盖一座楼房,需要砖块、钢筋、水泥、石灰等必不可少的材料,而数据类型、运算符、表达式与语句、数组等就犹如 Java 语言大厦的基本原材料。本篇为 Java 语言的基础语法部分,很有必要认真学习。通过本篇的学习,读者可以循序渐进地掌握 Java 语言的基本知识,从标识符、数据类型到运算符、表达式再到语句,为后续章节的学习打下良好基础。

第1章 引　　论

对于一名 Java 语言的初学者而言,首先要了解面向对象编程的思想,以便在后续学习过程中将面向对象的编程思想融入所编写的 Java 语言源程序中;同时要大体了解 Java 语言的背景知识,并学会安装、配置 Java 语言的开发和运行环境,在此环境下编写、运行一个简单的 Java 程序,了解相关的开发流程。

本章要点:

- 了解面向过程和面向对象的程序设计思想
- 熟知面向对象的基本术语:对象、类、消息
- 熟知面向对象的基本特征:封装性、继承性、多态性
- 熟知 Java 的运行机制和特点
- 掌握 Java 语言开发环境的安装与配置

1.1　面向对象程序设计思想

20 世纪 60 年代中期爆发的软件危机,使软件工程以及面向对象编程(Object-Oriented Programming,OOP.)技术应运而生。从最初的 Simula 到如今的 C++、Java,面向对象的程序设计语言已经发展成为当前最流行的程序设计语言。

谈到面向对象,一个不能回避的问题是面向过程的程序设计思想。面向对象和面向过程的程序设计思想在设计理念上是截然相反的,但是两者仍有众多的相似之处。只有深入理解二者的关系,才能真正地驾驭面向对象与面向过程技术,并在解决实际问题时熟练运用。

1.2　面向过程与面向对象

1. 面向过程的程序设计方法

著名的计算机科学家 Nikiklaus Wirth 提出:程序=算法+数据结构。这个公式很好地诠释了面向过程程序设计方法的核心思想——算法和数据结构。面向过程的程序设计方法通过在程序中模拟问题求解的过程设计结构化程序,即采用自顶向下的思想。结构化程序通常包含一个主过程和若干个子过程,其中每个子过程都描述了某一个小问题的解决方法,再由主过程自顶向下调用各子过程来逐步解决整个问题。从整体来看,整个执行过程从主过程开始,在主过程的结束

语句处结束。在整个编程过程中,数据结构是出于对过程组织的需要而设计的。数据处于次要地位,而过程是关注的焦点。面向过程的程序设计方法把重点放在解决问题的过程上,将数据结构和操作这些数据结构的函数分开。因此,结构化程序设计方法是一种数学思维或计算机思维方法,但与人类在现实生活中认识、理解和描述客观事物的思维方法不一致。随着模块越来越复杂,面向过程程序设计的缺点也逐渐暴露出来,如生产率低下、软件代码重用程度低、软件很难维护等。针对这些缺点,面向对象的程序设计方法应运而生。

2. 面向对象的程序设计方法

面向对象的程序设计方法是在 20 世纪 70 年代逐步兴起的。面向对象的程序不再针对功能的执行步骤设计,而是把数据和处理数据的过程当作一个整体(即对象)进行处理,它倾向于仿真、模拟现实世界。

面向对象的程序设计方法就是用人类在现实生活中常用的思维方法来认识、理解和描述客观事物,强调最终建立的程序系统能够映射问题域,即程序系统中的对象以及对象之间的关系能够如实地反映问题域中固有的事物及其关系。因此,它提出了一个全新的概念,其主要思想是将数据(成员数据)及处理这些数据的相应函数(成员函数)封装到一个类中,而使用类的数据变量则称为对象。面向对象的程序在结构上表现为类之间的联系,这些联系反映了程序运行时对象之间的消息传递关系,程序中类之间的静态联系提供了在程序运行时对象之间消息传递的通道。面向对象的程序的功能是通过特定的消息传递序列实现的。

面向对象的程序设计步骤如下:

① 分析问题中的对象。
② 确定对象的操作,即对象的固有功能。
③ 确定所需要的类。
④ 设计每个类的内部实现(数据结构和成员函数)。

3. 面向过程的程序设计语言与面向对象的程序设计语言的比较

面向过程的程序设计方法易被初学者理解,语句之间的联系也很紧密,但是,随着软件开发技术的不断进步,这种紧密联系却导致了很多难以解决的问题。

其一,软件结构分析与结构设计技术的本质是功能分解,是以过程为中心来构造系统和设计程序的,但随着人们对软件功能要求的逐渐提高,这一编程过程日益冗余、复杂且出错率很高,直接导致了编程难度的加大。

其二,因为是按照实现功能的先后步骤来编写语句的,所以语句和语句之间、模块和模块之间呈现出一种环环相扣的状态,前一步过程的结果是下一步的前提条件,一旦功能有所改变,则牵一发而动全身,整个程序都可能被推翻,这对于实际应用来说是一个巨大的灾难。

面向过程的程序设计从细节出发,将问题情境细化为先后步骤,而面向对象的程序设计从宏观出发,重在仿真、模拟整个情境以及各要素之间的交互。

与面向过程的结构化程序设计方法相比,面向对象的程序设计方法至少有 3 个优点:第一,面向对象的程序容易阅读和理解,程序员只需了解必要的细节,降低了程序的复杂度,使其具有较好的可维护性;第二,程序员通过修改、添加或删除对象,可以很容易地修改、添加或删除程序的属性,使程序具有易修改的特性;第三,程序员可以将某些公用的类和对象保存起来,随时插入应用程序中,不需要做什么修改就能使用,具有很好的可重用性。因此,面向对象的程序设计方法是提高软件开发效率、解决软件重用的有效方法。

1.3　面向对象程序设计中的基本概念

1. 对象

对象(object)的本意指某一事物,是可以看到、摸到、感觉到的一种实体。例如,现实生活中的某栋楼房、某条河流、某件衣服等都可视为对象。在面向对象程序设计中,对象是计算机系统的一个基本要素,它具有唯一的名称,由一组属性及行为构成,是实体在计算机逻辑结构中的映射和体现,即"对象=数据+操作"。

2. 类

类(class)是面向对象程序设计中非常重要的概念。类是具有相同操作(功能)与相同数据格式(特征)的所有对象成员的集合,是一种抽象的数据类型。类作为对象集合的抽象,规定了对象的公共状态与行为特征,即对象是类的一个实例(instance),是类的具体实现。对象与类的关系相当于程序设计语言中变量与变量类型的关系。以汽车类为例,轿车、货车及公共汽车都属于汽车这个类。

3. 抽象

对象是具体的概念,从对象过渡到类就用到了抽象(abstraction)。例如在上面提到的汽车类例子中,汽车类是由轿车、货车及公共汽车等具体对象抽象而来的。

4. 消息

向某个对象发出的服务请求称作消息(message)。对象提供的服务的消息格式称作消息协议,包括被请求的对象标识、被请求的服务标识、输入信息和应答信息。

1.4　面向对象程序设计的特征

1. 封装

封装机制将数据及其行为捆绑到一起组合成一个独立的单位或部件,尽可能隐藏对象的内部细节,采用对象接口与外部进行联系,避免了外界的干扰和不确定性。简单地说,一个对象就是一个封装了数据和操作这些数据的方法的逻辑实体。

2. 继承

继承是面向对象程序设计方法与传统程序设计方法最大的区别之处。通过继承,可以使特殊类具有一般类的属性和行为。现实生活中有许多继承的例子。例如,苹果公司已经制造出了 iPhone 4 手机,当再生产 iPhone 5s 手机时,只需把精力集中到新增加的指纹识别功能上,新制造的手机仍具有 iPhone 4 手机的基本功能。

3. 多态性

多态性是面向对象程序设计的另一个重要概念。多态性是指同一个消息可以根据发送消息对象的不同产生多种不同的行为方式。多态的例子在现实生活中有很多。例如,体育课上老师说:"剩余时间大家开始自由活动。"在"自由活动"时,有人踢毽子,有人跳绳,有人打篮球,等等。实际上,对于执行"自由活动"这个消息的方法就是多态的。多态的知识将在第 6 章详细介绍。

1.5　Java 语言简介

1.5.1　Java 语言的发展史

Java 语言的发展史要追溯到 1991 年,它是由 James Gosling 及其同事共同开发的。起初,Sun 公司的研究小组想要设计一种计算机语言,主要应用于开发电子产品应用程序。由于电子消费产品的种类繁多,包括 PDA(Personal Digital Assistant,个人数字助理)、机顶盒、手机等,即使同一类电子消费产品所使用的处理芯片和操作系统也不相同,因此存在跨平台的问题。当时最流行的编程语言是 C 和 C++,Sun 公司的研究人员就考虑是否可以采用 C++语言来编写电子消费产品的应用程序。但是研究表明,对于电子消费产品而言,C++语言过于复杂和庞大,并不适用,安全性也并不令人满意。于是,James Gosling 领导的研究小组就着手设计和开发一种语言,称为 Oak。该语言虽然采用了许多 C 语言的语法,但是提高了安全性,并且引入了面向对象的特性。遗憾的是,Oak 语言在商业上并未获得成功,当 Sun 公司以 Oak 为名称注册该语言时,发现它已经被人注册过了,因此只好再为其取别的名字。

Java 原本是印尼一个小岛的名字,盛产咖啡,而程序员们往往喜欢喝咖啡,因此他们将该语言命名为 Java。1994 年下半年,James Gosling 等人将 Java 应用到互联网中。在 Java 语言出现以前,因特网中的信息都是一些静态的 HTML 文档,正是因为在网络中看不到交互式的内容,因此人们很不满意当时的 Web 浏览器,人们迫切希望能够在网络中创建一类无须考虑软、硬件平台就可以执行的应用程序,并且这些程序还要有极大的安全保障。正是这种需求给 Java 语言带来了前所未有的施展舞台,使得 Java 语言越来越受欢迎。随后,许多著名的公司也纷纷购买了 Java 语言的使用权,如 IBM、微软、苹果等。

1995 年 5 月 23 日,Java 语言诞生,在产业界引起巨大轰动,Java 语言的地位也随之得以稳固。经过一年的试用和改进,Java 1.0 版在 1996 年年初正式发表。1998 年 12 月,Java 1.2 版诞生,该版本彻底摆脱了小型语言的影子,是功能较全面、具有高度扩展性的新版本。

1999 年,Java 程序员的需求量在美国首次超过对 C++程序员的需求量。Java 作为跨平台的面向对象语言逐渐成熟,并成为最流行的编程和开发语言,被广泛地应用于网络数据库、多媒体、CGI 及动态网页的制作方面。

1.5.2　Java 程序的运行机制

1. Java 虚拟机

Java 虚拟机(JVM)是运行 Java 程序的软件环境,Java 解释器是 Java 虚拟机的一部分。Java 程序运行时,首先会启动 JVM,JVM 负责解释、执行 Java 的字节码(Java 字节码只能运行于 JVM 中)。利用 JVM 可以把 Java 字节码程序和具体的硬件平台、操作系统环境分隔开来,只要在不同的计算机上安装针对特定平台的 JVM,Java 程序就可以运行,而不用考虑当前具体的硬件平台及操作系统环境,也不用考虑字节码文件是在何种平台上生成的。JVM 把这种不同软、硬件平台的具体差别隐藏起来,从而实现了真正的二进制代码级的跨平台移植。Java 的跨平台特性是通过在 JVM 中运行 Java 程序实现的。

Java 语言这种"一次编译,到处运行"的方式,有效地解决了大多数高级程序设计语言需要针对不同操作系统编译产生不同机器代码的问题,即硬件环境和操作系统平台的异构问题,大大降低了程序开发、管理和维护的开销。

需要注意的是,Java 程序通过 JVM 具有跨平台的特性,但 JVM 并不是跨平台的。也就是说,不同操作系统的 JVM 是不同的,Windows 平台的 JVM 不能用在 Linux 中,反之亦然。

Java 虚拟机在 Java 程序中所处的位置如图 1-1 所示。

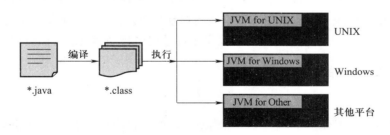

图 1-1　Java 虚拟机在 Java 程序中所处的位置

2. Java 程序的运行步骤

Java 程序的运行必须经过编写、编译、运行 3 个步骤。

编写是指在 Java 开发环境中进行程序代码的输入,最终形成扩展名为.java 的 Java 源文件。

编译是指使用 Java 编译器对源文件进行错误排查,编译后将生成扩展名为.class 的字节码文件。

运行是指使用 Java 解释器将字节码文件翻译成机器代码,执行并显示结果。

字节码文件是一种与任何具体机器环境及操作系统环境无关的中间代码,是一种二进制文件,是 Java 源文件经 Java 编译器编译后生成的目标代码文件。编程人员和计算机都无法直接读懂字节码文件,它必须由专用的 Java 解释器来解释执行,因此 Java 是一种在编译基础上解释运行的语言。

Java 解释器负责将字节码文件翻译成具体硬件环境和操作系统平台下的机器代码,以便计算机执行。因此,Java 程序不能直接运行在现有的操作系统平台上,它必须运行在 JVM 软件平台上。

Java 程序的运行过程如图 1-2 所示。

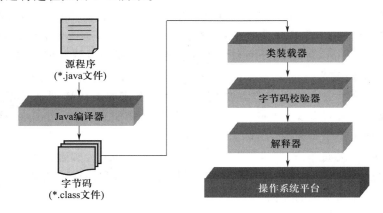

图 1-2　Java 程序的运行过程

3. Java 的垃圾回收机制

不再使用的内存空间应立即回收。在 C/C++等语言中,程序员需要负责回收无用的内存。

Java 语言解放了程序员回收无用内存空间的烦琐任务,提供了一种系统级线程,用于实时监控存储空间的分配情况。垃圾收集在 Java 程序运行过程中自动运行,程序员无须手动控制。

1.5.3　Java 语言的主要特点

1. 简洁性

Java 语言的语法与 C 语言和 C++语言很接近,大多数程序员很容易学习和使用。Java 丢弃了 C++ 中很少使用、不易理解且令人迷惑的特性,如操作符重载、多重继承、自动强制类型转换符。特别地,Java 语言不使用指针,并提供自动的垃圾收集机制,使得程序员不必为内存管理而担忧。

2. 分布式

Java 是面向网络的语言。通过 Java 提供的类库可以处理 TCP/IP 协议,用户可以通过 URL 地址在网络中方便地访问其他对象。Java 语言支持 Internet 应用的开发。在基本的 Java 应用编程接口中有一个网络应用编程接口(Java.net),它提供了用于网络应用编程的类库,包括 URL、URLConnection、Socket、ServerSocket 等。Java 的 RMI(远程方法调用)机制也是开发分布式应用的重要手段。

3. 面向对象

Java 语言提供类、接口和继承等原语。为了简单起见,在编程过程中只支持类之间的单继承,但支持接口之间的多继承,并支持类与接口之间的实现机制(关键字为 implements)。C++ 语言只对虚函数使用动态绑定,而 Java 语言全面支持动态绑定。总之,Java 语言是一个纯的面向对象的程序设计语言。

4. 安全性

Java 安全性包括两个方面:首先,Java 是一种安全的平台,在此平台上用户可以安全地运行 Java 程序;其次,它提供了用 Java 语言实现的安全工具和服务。为防止用户系统受到通过网络下载的不安全程序的破坏,Java 提供了一个自定义的"沙箱",不可信的代码被限制在"沙箱"中运行,仅可访问"沙箱"中的有限资源,但不能读取或修改"沙箱"外的任何数据。Java 语言内置的安全特性还包括不支持指针类型、不能进行任意的数据类型转换等。

5. 健壮性

Java 的强类型、异常处理、垃圾自动收集等机制是 Java 程序健壮性的重要保证。丢弃指针是 Java 的明智选择。Java 的安全检查机制使得 Java 更具健壮性。

6. 体系结构中立

Java 程序(扩展名为.java 的文件)在 Java 平台上被编译为体系结构中立的字节码格式(扩展名为.class 的文件),从而可以在任何系统中运行。这种方式适合于异构网络环境中软件的开发。

7. 可移植性

Java 的可移植性来源于体系结构的中立性。另外,Java 还严格规定了各个基本数据类型的长度。Java 系统本身也具有很强的可移植性,Java 编译器是用 Java 实现的,Java 的运行环境是用 ANSI C 实现的。

8. 解释性

如前所述,Java 程序在 Java 平台上被编译为字节码格式,运行时,Java 平台上的 Java 解释器对这些字节码进行解释、执行,执行过程中需要的类在连接阶段被载入运行环境中。

9. 高性能

与解释型的高级脚本语言相比,Java 是高性能的。事实上,Java 的运行速度随着 JIT(Just-In-Time)编译器技术的发展,越来越接近于 C++。

10. 多线程

在 Java 语言中,线程是一种特殊的对象,它必须由 Thread 类或其子类创建。通常采用两种方法来创建线程:其一,继承 Thread 类;其二,实现 Runnable 接口。值得注意的是,Thread 类已经实现了 Runnable 接口,因此,任何一个线程均可以使用它的 run() 方法,而 run() 方法中包含线程运行所需的代码。线程的活动由一组方法控制。Java 语言支持多个线程同时执行,并提供多线程之间的同步机制(关键字为 synchronized)。

11. 动态性

Java 语言的设计目标之一是适应动态变化的环境。Java 程序用到的类可以被动态地载入运行环境，也可以通过网络载入运行环境，这有利于软件的更新换代。

1.6 Java 语言开发环境的安装与配置

1.6.1 Java 开发工具的发展史

JDK 是 Sun 公司推出的 Java 开发工具，包括 Java 类、Java 编译器、Java 解释器、Java 运行时环境和 Java 命令行工具。

目前，JDK 主要有以下 3 个版本：

J2SE：称为 Java 标准版，用于开发 Java 桌面应用程序和低端服务器程序。

J2EE：称为 Java 企业版，用于构建企业级的服务应用。

J2ME：称为 Java 微型版，用于开发嵌入式消费产品，如掌上电脑等无线设备。

1.6.2 Java 开发环境的配置与测试

1. 下载 JDK

读者可以通过 Java 的官方网站下载最新版本的 Java SE Development Kit 8（JDK8）。

2. 安装 JDK

双击自解压缩安装文件，显示如图 1-3 所示界面，单击"下一步"按钮。

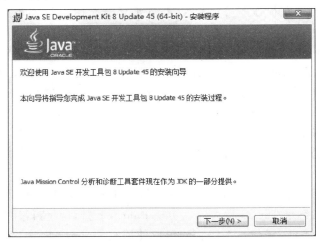

图 1-3 JDK 安装（一）

用户可根据需要单击"更改"按钮修改安装路径。设置好安装路径后,单击"确定"按钮,返回如图 1-4 所示的界面;单击"下一步"按钮继续安装,出现如图 1-5 所示的安装进度界面。

图 1-4　JDK 安装(二)

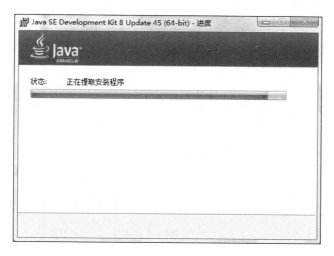

图 1-5　JDK 安装(三)

经过一段时间,出现如图 1-6 所示界面,准备安装 JRE。同样地,用户可以根据需要更改安装路径。单击"下一步"按钮即可完成安装。

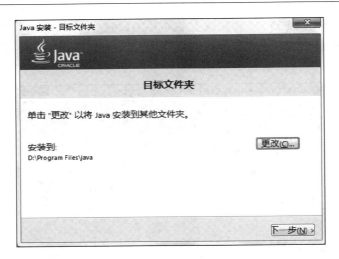

图 1-6　JDK 安装(四)

3. 配置环境变量

安装 JDK 后,还需要进行环境变量的配置。以 Windows 7 系统为例,右击"计算机",在弹出的快捷菜单中选择"属性"命令,打开"系统"窗口,单击"高级系统设置"链接,打开"系统属性"对话框,在"高级"选项卡中单击"环境变量"按钮,如图 1-7 所示。

图 1-7　环境变量配置(一)

(1) 新建系统变量,变量名为 Java_HOME,变量值为 JDK 的安装目录。Eclipse 和 Tomcat 等通过 Java_HOME 找到并使用安装好的 JDK。今后需要引用此路径时,直接使用%Java_HOME%即可,可避免输入较长的路径,也方便进行修改。如图 1-8 所示。

图 1-8　环境变量配置(二)

（2）设置 Path 变量。Path 变量是外部命令的搜索路径。在命令行中编译和执行程序时,可以不使用%Java_HOME%\bin\Javac,使操作更加方便。配置 Path 变量后,在任何目录中都可以编译 Java 程序。大部分操作系统都有 Path 变量,在变量值最后添加分号";",再输入 jdk 目录中的 bin 目录的路径即可。如图 1-9 所示。

图 1-9　环境变量配置(三)

（3）设置 classpath 变量。创建新的系统变量,变量名为 classpath,变量值为".;%Java_HOME%\lib\dt.jar;%Java_HOME%\lib\tools.jar",设置此变量的目的是为了使用已经编写好的类,因为 JVM 是通过 classpath 来寻找相应的类的。例如,编写 a.java 文件,编译后得到 a.class 类文件,移动 a.class 后,会出现 NoClassDefFindError 异常,通过设置 classpath 变量则可以找到相应的 class 文件。如图 1-10 所示。

图 1-10　环境变量配置(四)

（4）经过上述步骤,配置基本完成。在命令提示符窗口中输入 Javac 命令,如果出现如图 1-11 所示界面,则表示开发环境配置成功,否则需要重新配置。

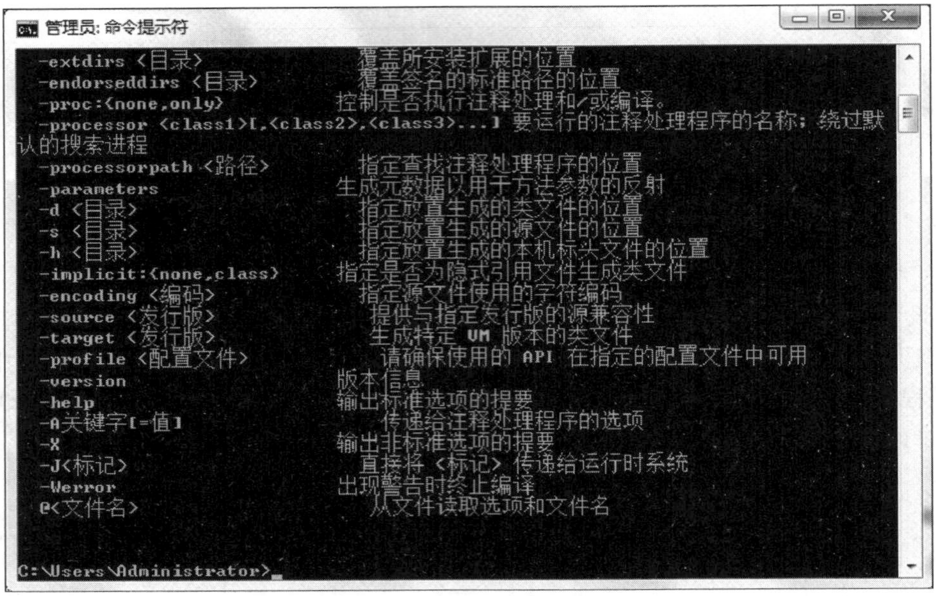

图 1-11 检测配置是否成功

1.7 Java 集成开发环境 Eclipse 简介及应用

Eclipse 是由 IBM 公司推出的免费开发环境。它是一个开放的、基于 Java 的可扩展的开发平台。2003 年,Eclipse 3.0 版本发布。目前的最新版本是 2014 年 6 月发布的 Eclipse 4.4 版本。

Eclipse 是使用 Java 语言开发的,但它并不只限于开发 Java 程序。它是支持多种语言的集成开发环境,如 C/C++、COBOL、PHP 等编程语言都可通过插件得到支持。

Eclipse 可以从其官方网站下载。Eclipse 没有专门的安装程序,只需将下载的 Eclipse 压缩包解压缩到硬盘中,运行 eclipse.exe 文件就可以了。

打开 Eclipse,可以看到如图 1-12 所示的界面。

下面在 Eclipse 中编写一个 Java 程序,实现控制台输出"This is my first demo."。操作步骤如下:单击新建项目按钮 📄 ▾ 右侧的 ▾ ,在下拉列表中选择 Java Project 选项,出现如图 1-13 所示界面。

在 Project name 文本框中输入新建项目的名称,如 First Program,单击 Finish 按钮。再单击新建按钮 ⑥ ,进入如图 1-14 所示界面。在 Name 文本框中输入新建类的名称,如 FirstDemo,单击 Finish 按钮,进入如图 1-15 所示界面。

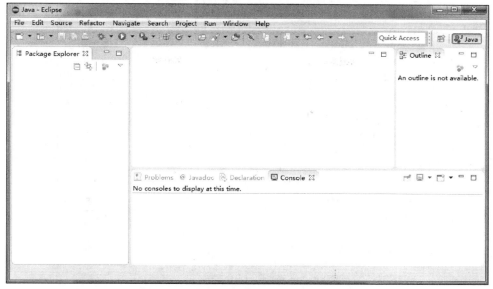

图 1-12　Eclipse 主界面

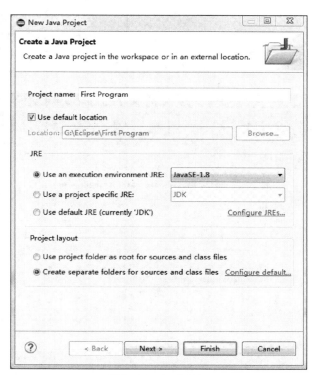

图 1-13　新建项目

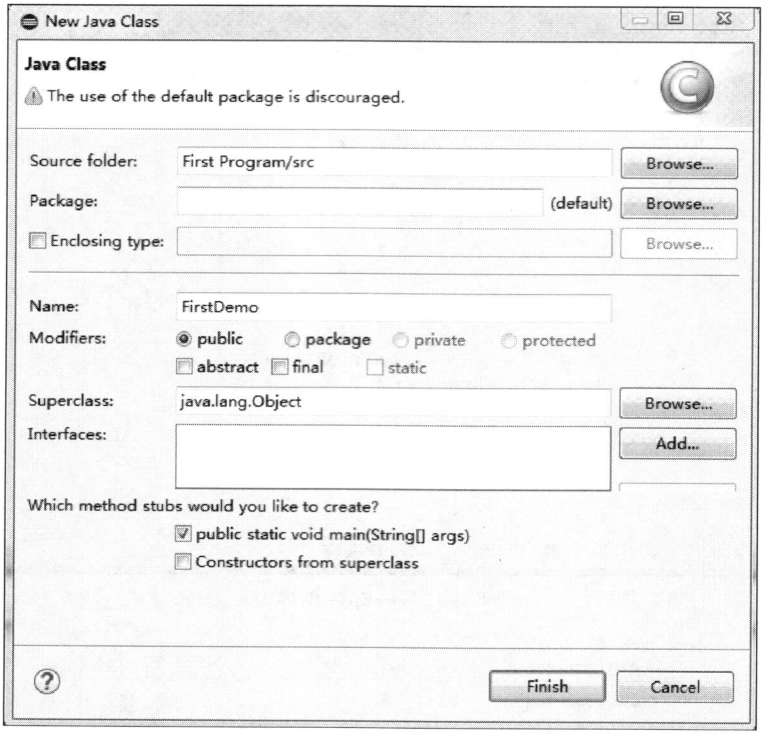

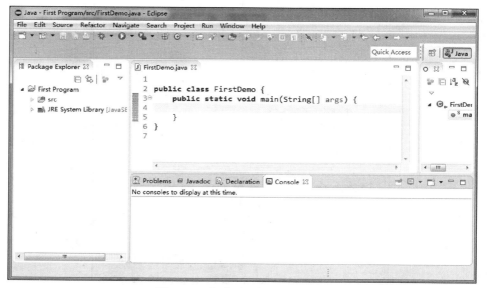

图 1-14　新建 Java 类

图 1-15　新建项目与类后的界面

从图 1-15 中可以看到,程序的基本框架已经搭建起来了,只需根据程序需要添加或修改代码就可以了。在第 1 行添加注释"这是使用 eclipse 编写的第一个演示程序",同时添加输出语句:

```
System.out.println("This is my first demo.");
```

单击运行按钮 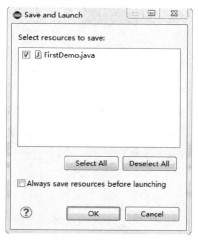,出现如图 1-16 所示界面;单击 OK 按钮,在控制台输出 This is my first demo.,表示程序运行成功,如图 1-17 所示。

图 1-16　运行程序(一)

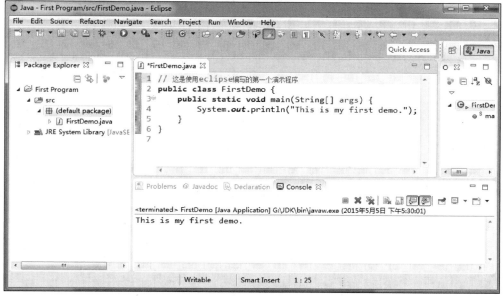

图 1-17　程序运行界面(二)

本章小结

本章首先介绍了面向过程的程序设计方法和面向对象的程序设计方法,详细介绍了面向对象程序设计方法的基本要素、常用术语和基本特征;其次,介绍了 Java 语言的发展史、运行机制和主要特点;最后,简述了 Java 语言开发环境的搭建流程,以及 Java 程序的运行过程。

课后练习

1. 试举出 3 个生活中类与对象的实例(如文中所举汽车类的例子)。
2. 上网查阅资料:Java 的常用开发环境有哪些,各自的优缺点是什么。
3. 动手实践:搭建 Java 开发和运行环境。

第2章 Java 语言基础

Java 是一种严格的类型化语言,Java 处理的每一个数据都必须指明类型,正是因为这样的规定,Java 才具有良好的安全性与健壮性。

本章要点:
- 掌握 Java 的关键字、标识符及其命名规则
- 熟悉 Java 的数据类型与应用
- 理解 Java 中变量与常量的区别
- 熟悉编程规范,养成良好的编程习惯

2.1 关键字

关键字(keyword)是程序设计语言事先定义的、具有特殊意义的标识符和特殊意义的变量。它们用来表示某种数据类型或者程序的结构等。关键字不能用作变量名、方法名、类名和包名。Java 中所有的关键字都要小写。表 2-1 列出了 Java 语言的关键字。

表 2-1 Java 语言的关键字

abstract	assert	boolean	sd	byte
case	catch	char	class	const
continue	default	do	double	else
enum	extends	final	finally	float
for	goto	if	implements	import
instanceof	int	interface	long	native
new	package	private	protected	public
return	strictfp	short	static	super
switch	synchronized	this	throw	throws
transient	try	void	volatile	while

需要格外注意的是,虽然 true、false 和 null 不是 Java 语言的关键字,但用户也不能使用这些词作为类名等。这些词称为保留字(reserved word)。保留字是为 Java 预留的关键字,它们虽然现在没有作为关键字,但在以后的升级版本中有可能作为关键字。

2.2　标识符

在 Java 语言中,变量、常量、函数或者语句块的名字统称为标识符。标识符是用来给类、对象、方法、变量、接口和自定义数据类型命名的。

Java 标识符由数字、字母、下划线(_)和美元符号($)组成,由字母、下划线或美元符号开头。Java 标识符是区分大小写的,且要求首位不能是数字。最重要的是,Java 关键字不能作为 Java 标识符。

例如,下面的标识符是合法的:

myName,My_name,Points,$points,_sys_ta,OK,_23b,_3_

下面的标识符是非法的:

#name,25name,class,&time,if,throw

综上所述,标识符的命名规则如下:

① 类和接口名:每个单词的首字母大写,可包含大小写。例如,MyClass、HelloWorld 等。

② 方法名:首字母小写,其余单词的首字母大写,可包含大小写;尽量少用下划线。例如,myName、setTime 等。

③ 常量名:基本数据类型的常量名全部使用大写字母,词与词之间用下划线分隔;对象常量可大小写混写。例如,SIZE_NAME。

④ 变量名:可大小写混写,首字母小写,以后每个单词的首字母大写;不用下划线,少用美元符号。给变量命名时应尽量做到见名知意。

2.3　数据类型

Java 的数据类型分为基本数据类型和引用数据类型。

Java 的基本数据类型包括整型、浮点型、布尔型和字符型。其中整型数据类型包括短整型(short)、整型(int)、长整型(long)和字节型(byte)。浮点数据类型包括单精度浮点型(float)和双精度浮点型(double)。除此之外,还有字符数据类型(char)和布尔数据类型(boolean)。如图 2-1所示。基本数据类型的长度和取值范围固定,与平台无关。

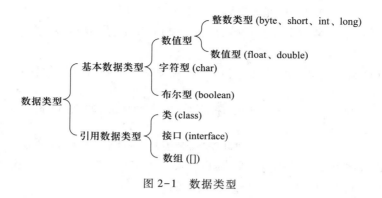

图 2-1　数据类型

2.3.1　整数类型

Java 定义了 4 种整数类型：短整型（short）、整型（int）、长整型（long）和字节型（byte）。这些类型的值都是有符号的正数或负数。许多其他计算机语言，如 C/C++等，支持有符号或无符号的正数，但 Java 不支持无符号的正数。

整数类型的长度不应该被理解为它占用的存储空间，而是由该类变量和表达式的行为决定的。只要对类型进行了说明，Java 的运行环境对该类的大小是没有限制的。表 2-2 列出了 Java 提供的 4 种整数类型。

表 2-2　Java 的整数类型

类型	占用空间	取值范围
int	4 字节	$-2^{31} \sim 2^{31}-1$
short	2 字节	$-2^{15} \sim 2^{15}-1$
long	8 字节	$-2^{63} \sim 2^{63}-1$
byte	1 字节	$-2^{7} \sim 2^{7}-1$

最常用的整数类型是 int，当要计数、作数组下标或进行整数计算时，应该使用整型。当整型不足以保存所要求的数值时，可使用长整型（后缀 L 表示长整型）。最小的整数类型是字节型，当需要从网络或文件中处理数据流时，字节型的变量很有用。

2.3.2　浮点类型

浮点类型表示有小数部分的数字。Java 中有两种浮点类型：float，占 4 个字节，共 32 位，称为单精度浮点型；double，占 8 个字节，共 64 位，称为双精度浮点型。

float 和 double 类型都遵循 IEEE 754 标准，该标准分别为 32 位和 64 位浮点数规定了二进制数据表示形式。

float=1 位(数字符号)+8 位(指数,底数为 2)+23 位(尾数)

double=1 位(数字符号)+11 位(指数,底数为 2)+52 位(尾数)

注意:

① 小数的默认类型是 double 类型,可以把它直接赋值给 double 类型变量。例如:

```
double d1 = 1000.1;
double d2 = 1.0001E+3；  //采用十进制科学计数法表示的数字,d2 实际取值为 1000.1
double d3 = 0.0011;
double d4 = 0.11E-2;    //采用十进制科学计数法表示的数字,d4 实际取值为 0.0011
```

② 如果把 double 类型的数据直接赋给 float 类型的变量,有可能会造成精度的丢失,因此必须进行强制类型转换,否则会导致编译错误。例如:

```
float f1 = 1.0                //编译错误,必须进行强制类型转换
float f2 = 1;                 //合法,把整数 1 赋值给 f2,f2 的取值为 1.0
float f3 = (float)1.0;        //合法,f3 的取值为 1.0
float f4 = (float)1.5E+55;    //合法,1.5E+55 超出了 float 类型的取值范围,f4 的取值为
                              //正无穷大
System.out.println(f3);       //打印 1.0
System.out.println(f4);       //打印 Infinity
```

Java 语言之所以提供以上特殊数字,是为了提高 Java 程序的健壮性,并且简化编程。当数字运算出错时,可以用浮点数取值范围内的特殊数字来表示所产生的结果。否则,如果 Java 程序在进行数学运算遇到错误时就抛出异常,会影响程序的健壮性,而且程序中必须提供捕获数学运算异常的代码块,这会增加编程工作量。

2.3.3　布尔类型

布尔类型对程序进行逻辑判断,以控制程序运行过程。布尔类型只能取 true 或 false 两个值之一。

注意:在 Java 源程序中,不允许把整数或 null 赋给 boolean 类型的变量。

例 2.1　利用布尔值进行判断。

```
//BooleanDemo.java
public class BooleanDemo {
    public static void main(String[] args){
        boolean iscat=true;
        if(iscat){
            System.out.println("这是一只猫咪!");
        }
        else{
            System.out.println("这不是一只猫咪。");
        }
```

源代码:例 2.1

```
        }
    }
```

程序运行结果：

这是一只猫咪！

2.3.4 字符类型

1. 字符编码

Java 语言对文本字符采用 Unicode 字符编码。由于计算机内存只能存取二进制数据,因此必须为各个字符进行编码。

所谓字符编码,是指用一串二进制数据来表示特定的字符。常见的字符编码如 ASCII(Amecian Standard Code for Information Interchange,美国信息交换标准代码))字符编码,主要用于表示现代英语和其他西欧语言中的字符。它是现今最通用的单字节编码系统,一个字符用 7 位二进制数表示,可表示 128 个字符。

2. char 的几种可能取值

以下 4 种赋值方式是等价的：

```
char c = 'a';
char c = '\u0061';        //设定 a 的十六进制数据的 Unicode 字符编码
char c = 0x0061;          //设定 a 的十六进制数据的 Unicode 字符编码
char c = 97;              //设定 a 的十进制数据的 Unicode 字符编码
```

3. 转义字符

给字符变量赋值时,通常直接从键盘输入特定的字符,而不会使用 Unicode 字符编码,因为很难记住各种字符的 Unicode 字符编码值。

对于有些特殊字符,如单引号,如果不知道它的 Unicode 字符编码,直接从键盘输入会出现编译错误：

```
char c = ''';             //编码出错
```

为了解决这个问题,可采用转义字符来表示单引号和其他特殊字符。例如：

```
char c = '\'';
char c = '\';
```

转义字符以反斜杠开头,常用转义字符如下：

\ n:换行符,将光标定位到下一行的开头。

\ t:垂直制表符,将光标移动到下一个制表符的位置。

\ r:回车符,将光标定位到当前行的开头,不会移到下一行。

\\:反斜杠字符。

\':单引号字符。

2.3.5 引用数据类型

Java 为每个原始类型提供了封装类(wrapper)。如果需要一个整型变量,是使用基本的 int

型,还是使用 Integer 类的一个对象呢？ 如果需要声明一个布尔类型,是使用基本的 boolean,还是使用 Boolean 类的一个对象呢？

表 2-3 列出了原始类型以及它们的对象封装类。

表 2-3　原始类型与对象封装类

原始类型	对象封装类
boolean	Boolean
char	Character
byte	Byte
short	Short
int	Integer
long	Long
float	Float
double	Double

引用类型与基本数据类型的行为完全不同,并且具有不同的语义。例如,一个方法中有两个局部变量,一个变量为 int 型,另一个变量是对一个 Integer 对象的对象引用：

```
int i = 5;
Integer j = new Integer(10);   //对象引用
```

Java 中的所有对象都要通过对象引用访问。对象引用是指向对象存储所在堆中的某个区域的指针。而当声明一个原始类型时,就为类型本身声明了存储空间。

引用数据类型与基本数据类型具有不同的特征和用法,包括存储空间大小、数据查找效率、以何种类型的数据结构进行存储、当用作某个类的实例数据时所指向的默认值等。对象引用实例变量的默认值为 null,而基本数据类型实例变量的默认值与它们的类型有关。

许多程序代码同时包含基本数据类型以及它们的对象封装。当检查它们是否相等时,同时使用这两种类型并了解它们如何正确相互作用和共存将成为问题。程序员必须了解这两种类型是如何工作和相互作用的,以避免代码出错。

例如,不能对原始数据类型调用方法,但可以对对象调用方法。

```
int j = 5;
j.hashCode();   //错误
Integer i = new Integer(5);
i.hashCode();   //正确
```

使用原始数据类型无须调用 new 运算符,也无须创建对象,这节省了时间和空间。混合使用原始数据类型和对象也可能导致与赋值有关的意外结果。看起来没有错误的代码可能无法完成期望的功能。

例 2.2 基本数据类型与引用数据类型的区别。

```java
//Assign.java
import java.awt.Point;
public class Assign {
    public static void main(String args[])
    {
        int a=1;
        int b=2;
        Point x=new Point(0,0);
        Point y=new Point(1,1);
        System.out.println("a is "+a);
        System.out.println("b is "+b);
        System.out.println("x is "+x);
        System.out.println("y is "+y);
        System.out.println("Performing assignment and"+"setLocation...");
        a=b;
        a++;
        x=y;
        x.setLocation(5,5);
        System.out.println("a is "+a);
        System.out.println("b is "+b);
        System.out.println("x is "+x);
        System.out.println("y is "+y);
    }
}
```

源代码:例 2.2

程序运行结果:

```
a is 1
b is 2
x is java.awt.Point[x=0,y=0]
y is java.awt.Point[x=1,y=1]
Performing assignment and setLocation...
a is 3
b is 2
x is java.awt.Point[x=5,y=5]
y is java.awt.Point[x=5,y=5]
```

修改整数 a 和 b 的结果没什么意外的地方。b 的值被赋予整型变量 a,结果 a 的值增加 1。但令人感到意外的是,在赋值并调用 setLocation() 方法之后,x 和 y 对象的输出和设想的不同。在完成 x=y 赋值之后,特意对 x 调用了 setLocation() 方法,x 和 y 的值为何会相同呢?

这种混淆是由原始数据类型和对象的使用造成的。赋值对这两种类型所起的作用是相同的,但实际却有所不同。赋值使等号(=)左边的值等于右边的值。这一点对于原始数据类型(如 a 和 b)是显而易见的。而对于非原始数据类型(如 Point 对象),赋值修改的是对象引用,而不是对象本身。因此,在语句

```
x=y;
```

之后,x 等于 y。换句话说,因为 x 和 y 是对象引用,它们现在引用同一个对象,所以对 x 所做的任何更改也会影响 y。

区分引用数据类型和基本数据类型并理解引用的语义是很重要的。若做不到这一点,则编写的代码将无法完成预定工作。

2.4 常量与变量

2.4.1 常量

常量是在整个程序运行过程中不发生改变的数据。Java 中的常量值用文字常量表示。文字常量又称为字面常量、字面值、直接常量。常量分为整型常量、浮点常量、字符常量、字符串常量和布尔常量。

1. 整型常量

整型常量可以采用常用的十进制(decimal)表示,也可以采用八进制(octal)、十六进制(hexadecimal)表示。十进制数没有特殊标志,八进制数的第一位以数字 0 开头,十六进制数以 0x(大小写均可)开头。例如,下面是一个数的十进制、八进制和十六进制表示:

```
76    0114    0x4C
```

其中的 C 也可以小写。0114(读作零一一四,不能读作一百一十四)和 0x4C 虽然是八进制和十六进制表示,其实都是十进制的 76。

2. 浮点常量

浮点常量通常是指具有小数部分的十进制实数,也可以使用科学计数法表示,最后跟上 F 或 f,表明是单精度浮点数(float);跟上 D 或 d,表明是双精度浮点数。在科学计数法中,E 的前面至少应有一位数字。例如:

```
76    76D    76.    7.6E1    7.6E1D    0.76E2
```

均表示双精度浮点常量 76。

在 Java 语言中,用 final 声明的标识符只能被赋值一次,因此浮点常量的定义也可以使用 final 关键字,例如:

```
public final float FF=3.1415926F;
public final double FD=7.414253D;
```

3. 字符常量

字符常量是用两个英文单引号括起来的字符。这个字符可以是拉丁字母,如'a'、'A',也可以是转义字符(见表2-4),还可以是与所要表示的字符相对应的八进制数或 Unicode 码。

表 2-4 转义字符

写法	对应的 Unicode 码	意义
'\n'	'\u000a'	回车换行
'\t'	'\u0009'	移至横向下一制表位
'\b'	'\u0008'	退格
'\r'	'\u000d'	回车
'\f'	'\u000c'	换页
'\\'	'\u005c'	输出反斜杠字符 \
'\''	'\u0027'	输出单引号字符 '
'\"'	'\u0022'	输出双引号字符 "
'\ddd'		ddd 表示 1~3 位八进制数,最大为 377
'\xdd'		dd 表示 1~2 位十六进制数
'\udddd'		dddd 表示 1~4 位十六进制数的 Unicode 码

4. 字符串常量

字符串常量是用英文双引号括起来的字符序列(可以是 0 个字符)。字符串中可以包含任何 Unicode 字符,也可以包含转义字符。

注意:'B'和"B"是完全不同的,前者是字符常量,而后者是字符串常量。

在 Java 语言中,可以使用连接运算符(+)把两个或更多的字符串常量连接在一起,组成一个更长的字符串。例如,"Do you love Java please?"+"Yes,I do."的结果是:

```
"Do you love Java please? Yes,I do."
```

5. 布尔常量

在 Java 语言中,布尔常量只能是 true(逻辑真)或 false(逻辑假)。学习过其他程序设计语言的读者,要特别注意 Java 中的逻辑值与其他语言的区别。

2.4.2 变量

程序使用变量名来引用变量数值,如 sum、count、begin、end 等就是变量名。在 Java 语言中,变量名必须满足以下条件:

① 必须是一个合法的标识符。

② 不能是关键字、布尔常量（true 或者 false）或者保留字 null。

③ 变量名是区分大小写的，即变量名对大小写敏感。

任何变量在使用之前都需要声明。变量声明、赋值和初始化的格式如下：

变量类型　变量名 1[= 变量值 1[, 变量名 2[= 变量值 2]…];

其中，变量类型可以是基本数据类型，也可以是 JDK 包提供的类或者自己编写的类；方括号及其内部是可以省略的。变量名必须是一个合法的标识符。在上面的格式中，使变量具有某一个值就是赋值，值的类型必须与变量的类型一致，否则会出错。初始化就是第一次给变量赋值。

例 2.3　编写一个程序，声明、赋值、输出各种类型的数据。

```
//MultiDataTo.java
public class MultiDataTo {
    public static void main(String[] args){
        byte byteA = 0114;
        byte byteB = 76;
        byte byteC = 0x4C;
        short shortV = 22;
        int intV = 88888;
        long longV = 112233445566778899L;
        float floatV = 3.1415f;
        double doubleV = 56.89;
        char charV = 'H';
        String strV = "我喜欢看西游记!";
        Boolean boolV = false;
        System.out.println("八进制数 0114 是十进制数的"+byteA);
        System.out.println("十进制数 = "+byteB);
        System.out.println("十六进制数 0x4C 是十进制数"+byteC);
        System.out.println("shortV = "+shortV+" \tintV = "+intV+" \tlongV = "+longV);
        System.out.println("floatV = "+floatV+" \tdoubleV = "+doubleV);
        System.out.println("charV = "+charV+" \tboolV = "+boolV+" \tstrV = "+strV);
    }
}
```

源代码:例 2.3

程序运行结果：

八进制数 0114 是十进制数的 76

十进制数 = 76

十六进制数 0x4C 是十进制数 76

shortV = 22　　intV = 88888　　longV = 112233445566778899

floatV = 3.1415　　doubleV = 56.89

charV = H   boolV = false   strV = 我喜欢看西游记!

2.5 Java 编程规范

对于程序设计者来说。遵循 Java 编码规范主要基于以下理由:在一套软件的生命周期内,80%的精力是花费在维护上的;任何软件都很难从头到尾全部由原来的作者维护;规范的编码可以改善软件的可读性,使工程师可以更快速地了解新的程序代码;如果将原始的程序代码当作产品,必须确保它跟其他产品一样易懂和赏心悦目。

顾名思义,Java 编码规范是指在使用 Java 编程时要遵守的相关规则。为什么要遵守编码规范呢? 简单地说,就是为了提高程序的可读性,降低程序的维护代价。Java 编码规范的内容非常丰富,考虑到篇幅的因素,这里针对初学者,对命名、注释、缩进排版、文件名、声明、语句及编程规范作简单介绍,读者可以上网查找更加详细的编码规范。

2.5.1 Java 命名规范

通常把用来表示包名、类名、对象名、方法名、变量名、类型名、数组名、文件名的有效字符序列称为标识符。通俗地说,标识符就是一个名字。命名在编程过程中是经常遇到的。命名规范主要是指标识符的命名应该遵守的规则。

虽然有些标识符的命名没有错误,但如果其命名会降低程序的可读性,也是不提倡使用的。

在 Java 语言中,标识符是大小写敏感的,这一点需要注意。具体命名时,应注意以下 6 条规范。

① 标识符由任意多个字母、下划线(_)、美元符号($)和数字组成,并且第一个字符不能是数字。其中的字母包括英文、汉字或者其他国家的文字。

下列都是合法的标识符:

getMyName4   _yourAge $ 123moon   T3ty

Java 中的运算符,如+、-、*、/、%、>等,不能用作标识符或标识符中的字符。

根据标识符的命名规则,下面都是非法的标识符:

+abc   He-getX   #name   8head

在工程开发或设计大型系统的过程中,过于简单的标识符往往会让人不知道它的意义和作用,例如 w = 3。虽然可以使用任意多的字符来命名标识符,但是随着标识符复杂程度的增加,编辑和维护这些代码的难度也越来越大。

为了便于程序调试,降低维护代价,在命名标识符时,应尽量做到见名知意。

② 包名全部使用小写字母,例如 javalx.qy2.test。

③ 类名、接口名可以由一个或多个单词组成,可以采用大小写混合的方式,每个单词的首字母大写。

④ 方法名应是一个动词或动词词组,可以采用大小写混合的方式,第一个单词的首字母小写,其后每个单词的首字母大写。例如,setNumberName(String numberName)。

⑤ 变量名的第一个字母小写,其后每个单词的首字母大写。变量名应简短且见名知意,易于记忆,例如 studentName、studentAge。应避免使用只有单个字符的变量名,除非是一次性的临时变量。

⑥ 常量名应全部大写,每个单词之间用下划线"_"连接。例如:
final String CHNEG_XU_YUAN = " ** chengxuyuan ** "。

2.5.2 Java 注释规范

注释是对程序代码的说明,不会被编译、执行。

注释可以位于类声明前后、方法声明前后、属性声明前后和方法体中。注释几乎可以出现在源文件的任意位置,但不能在关键字中插入注释。

1. 注释类型

(1) 单行注释

//text:从"//"到本行结束的所有字符均作为注释而被编译器忽略。

(2) 多行注释

/* text */:从"/*"到"*/"之间的所有字符会被编译器忽略。

(3) 文档注释

/** text */:从"/**"到"*/"之间的所有字符会被编译器忽略。

2. 示例

(1) package ch02;//单行注释

(2) class /* class declaration */ FirstProgram {   //允许
System.out.println("Hello Java")
}

(3) System.out./** out content to console */println("Hello Java");   //允许

(4) System.out.print/* out content to console */ln("Hello Java");   //不允许

2.5.3 Java 缩进排版规范

在缩进排版中,4个空格常被作为缩进排版的一个单位。Java 并未指定使用空格还是制表符进行缩进。一个制表符相当于多个空格(视具体的编辑器而定,Eclipse 默认一个制表符为4个字符)。

在排版时,应尽量满足下列要求:

① 避免一行的长度超过80个字符,因为很多终端和工具不能很好地处理这种情况。

② 使用 Eclipse、NetBeans 或 UltraEdit 的源代码格式化功能完成代码的缩进排版时,应该以4个空格作为一个缩进排版的单位。

2.5.4 Java 文件名规范

Java 源文件的命名规则如下：
① 一个 Java 源文件只能存储一个 Java 类。
② 文件名应与 Java 类名相同。
③ 一个类文件中的代码行不超过 200 行。

2.5.5 Java 声明规范

在 Java 编码过程中，遵守变量的声明规范可以增强代码的可读性，有利于维护人员对代码进行修改。因此，遵守下列规范对于编程十分必要。
① 在一行中只声明一个变量。
② 不要将不同类型变量的声明放在同一行。
③ 只在代码块的开始处声明变量。
④ 所有变量必须在声明时初始化。
⑤ 避免声明的局部变量覆盖在上一级声明的变量。
⑥ 方法与方法之间用空行分隔。
在程序段中适当增加空白行可以提高程序的可读性；在书写类、方法的内容时，应尽量对同一层次采用相同的缩进，使程序结构清晰、分明。

2.5.6 Java 语句规范

Java 语句规范如下：
（1）每行至少包含一个简单语句。
（2）在 return 语句中，返回值不使用小括号"（）"括起来。
（3）if 语句总是用"｛｝"括起来。
（4）在 for 语句的初始化或更新子句中，避免使用 3 个以上的变量，从而导致程序复杂度增加。
（5）当 switch 语句的一个 case 子句顺着向下执行（没有 break 语句）时，通常应在 break 语句的位置添加注释。

拓展练习

不推荐使用下面的代码，因为它有多个退出点（return 语句）。针对此问题进行改进。

```
private boolean isEligible(int age){
    if(age > 18){
        return true;
    }else{
```

```
            return false;
        }
    }
```

2.5.7　Java 编程规范

Java 编程规范总述如下：

① 提供对实例以及类变量的 public 或 private 访问控制，尽可能不用默认值或 protected 访问控制。

② 避免用一个对象访问一个类的静态变量或方法，应该用类名代替。

③ 避免在一个语句中给多个变量赋相同的值。

④ 用 switch 语句实现多路分支。

⑤ 如果使用 JDBC，则考虑使用 java.sql.PreparedStatement，而不是 java.sql.Statement。

⑥ 用于设置对象状态的方法前缀必须是 set；用于检索一个布尔类型对象状态的方法前缀必须是 is，而用于检索其他方法的前缀必须是 get。

⑦ 程序中应尽量少使用数字（或字符），尽量多定义静态变量来说明数字（或字符）的含义。程序中需要赋值或比较时，使用前面定义的静态变量，但在循环控制中例外。

拓展练习

存在只有一个参数的方法，方法检查一些条件并根据条件返回一个值，如下所示：

```
private boolean isEligible(int age){
    boolean result;
    if(age > 18){
        result = true;
    }else{
        result = false;
    }
    return result;
}
```

上述方法可以只使用一个 return 语句重写，试着写一写。

本章小结

本章介绍 Java 语言的基础知识。通过本章的学习，读者应该掌握 Java 语言中的数据类型（基本数据类型和引用数据类型）、关键字、标识符、常量、变量、编程规范等概念，这是进一步学习 Java 语言的基础。若能够熟练运用，将为进一步学习打下坚实的基础。

本章采用概念与例题相结合的方式进行介绍,在讲述相关概念后,用相应的例题帮助读者深化相关概念的理解。注意输入、输出的格式及其美观性与严密性,输入的数据一定要合法、有效,从点滴做起,培养自己科学、严谨的工作态度。

本章的概念和编程规范对今后的学习有非常重要的作用,建议读者对本章的例题逐个进行分析,在实验中逐个进行调试、运行,如果能够很好地完成本章的拓展练习,读者的编程能力将会得到较大提高。

课后练习

1. MAX_LENGTH 是 int 型 public 成员变量,变量值保持为常量55,则定义这个变量的语句为( )。

A. public int MAX_LENGTH = 55

B. final int MAX_LENGTH = 55

C. final public int MAX_LENGTH = 55

D. public final int MAX_LENGTH = 55

2. 下面是 Java 语言的关键字的是( )。

A. Float   B. this   C. string   D. unsigned

3. 用来标识类名、变量名、方法名、类型名、数组名、文件名的有效字符序列称为_____。

4. 辨析 Java 标识符、关键字之间的区别。

5. 下列标识符中,哪些是合法的变量名?哪些是非法的变量名?

A = B   boolean   2state $ nnn   9DATE   _bbb 变量 4

'hello'   3.14   +67.12   5%1   m * n   addNum   数字 1

6. 简述标识符的命名规则。

7. Java 的基本数据类型有哪些?

8. 在 Java 的基本数据类型中,可以表示数字的有哪些?

9. 编写一个程序,输出你的姓名、年龄、所在学院、所在专业和所在班级。

第 3 章　运算符、表达式和语句

本章是 Java 编程中最基础的部分,涉及 Java 的基本语法和基础语句,是学好 Java 语言的前提和保障。

本章要点:

- 熟练使用各种运算符和表达式
- 掌握几种程序控制结构

3.1　运算符与表达式

对数据进行加工和处理称为运算,表示各种运算的符号称为运算符,参与运算的数据称为操作数。运算符和操作数的数据类型必须匹配,才能进行相应的运算。

运算符用于执行程序代码中的运算。根据操作数的个数,可以将运算符分为一元、二元和多元运算符。一元运算符只对一个操作数进行运算,出现在操作数的左边或右边。二元运算符对两个操作数进行运算,出现在两个操作数的中间。

按照运算类型,可以将运算符分成以下几类:算术运算符、关系运算符、条件运算符、逻辑运算符、赋值运算符和其他运算符。

表达式是由运算符、操作数和方法调用按照语法构造而成的符号序列。表达式可用于公式的计算、为变量赋值以及控制程序的执行流程。例如,计算式 $\dfrac{x+y}{y(x-y)}$ 写成表达式为 $(x+y)/(y*(x-y))$。

3.1.1　算术运算符

Java 语言支持针对浮点型和整型数据进行各种算术运算。算术运算符用于完成加、减、乘、除四则运算。算术运算符包含一元运算符和二元运算符两类。

二元运算符包括+(加)、-(减)、*(乘)、/(除)和%(取余),其中前 4 个运算符既可以用于整型数据,也可以用于浮点型数据,而%仅用于整型数据,求两个操作数相除后的余数。

算术运算符的运算顺序是先乘除后加减,必要时加上括号可改变运算的先后顺序。算术运算符的用法如表 3-1 所示。

表 3-1 算术运算符

运算符	用例	功能
+	a+b	求 a 与 b 之和
-	a-b	求 a 与 b 之差
*	a * b	求 a 与 b 之积
/	a/b	求 a 与 b 之商
%	a%b	求 a 与 b 相除的余数

一元运算符包括++（自加）、--（自减）、-（负号）。一元运算符只能用于整型变量,不能用于常量或表达式。++和--既可以出现在变量的左边,也可以出现在变量的右边。

前置运算:++、--位于操作数之前,如++x、--x,其功能是先改变变量的值,后引用。例如:

```
int i = 5,j;j = ++i;   //结果为 i=6,j=6
```

后置运算:++、--位于操作数之后,如 x++、x--,其功能是先引用,后改变变量的值。例如:

```
int x=10,y;
y = x--;   //结果为 x=9,y=10
```

把算术运算符和操作数连接起来的符合语法规则的运算式。例如:

```
k = (i+3) * 5;
```

例 3.1 数字与字符求和。这需要将字符首先转换为相应的 ASCII 码值。

```
//Sum.java
public class Sum {
    public static void main(String[] args) {
        int A = 10;
        char B = 'B';//字符 B 对应的 ASCII 码值为 66
        System.out.println(A + B);
    }
}
```

源代码:例 3.1

程序运行结果:

```
76
```

例 3.2 整数与浮点数之间的求余运算。

```
//DevideTest1.java
public class DevideTest1 {
    public static void main(String[] args) {
        int A = 10;
        int B = 3;
        System.out.println(A /(float) B);//强制类型转换
    }
```

源代码:例 3.2

```
}
```
程序运行结果：

```
3.3333333
```
运算符"+"的运算对象类型可以是 String，它的操作含义是连接两个字符串。如果其中一个对象为其他类型，则会自动将这个对象转换成字符串，然后再进行字符串连接。

  例 3.3 字符串与数值之间的连接。

源代码：例 3.3

```
//Connection.java
public class Connection {
    public static void main(String arg[]) {
        System.out.println("20+32/3 = "+(20+32/3));//字符串与数值的连接
    }
}
```

程序运行结果：

```
20+32/3 = 30
```

3.1.2 关系运算符

关系运算符用于进行两个操作数之间的比较运算。关系运算符有 6 种：>（大于）、<（小于）、>=（大于或等于）、<=（小于或等于）、==（等于）和!=（不等于）。关系运算的结果是布尔类型，即若关系成立，结果值为 true；否则，结果值为 false。关系运算符的用法如表 3-2 所示。

表 3-2 关系运算符

运算符	用例	功能
>	a>b	如果 a>b 成立，结果为 true，否则为 false
<	a<b	如果 a<b 成立，结果为 true，否则为 false
>=	a>=b	如果 a>=b 成立，结果为 true，否则为 false
<=	a<=b	如果 a<=b 成立，结果为 true，否则为 false
==	a==b	如果 a==b 成立，结果为 true，否则为 false
!=	a!=b	如果 a!=b 成立，结果为 true，否则为 false

结果为数值类型的变量或表达式，可以通过关系运算符形成关系表达式。例如：

24>8 (x+y+z)>6 * x

3.1.3 逻辑运算符

逻辑运算符是对布尔类型操作数进行与、或、非、异或等运算，运算结果仍然为布尔类型。逻辑运算也称为布尔运算。

（1）逻辑"与"和逻辑"或"

逻辑"与"（&&）和逻辑"或"（‖）运算符都是二元运算符，操作数是 boolean 型的变量或结果为 boolean 型的表达式。

"&&"的运算法则是：当两个操作数的值都为 true 时，运算结果为 true，否则为 false。

"‖"的运算法则是：当两个操作数的值都是 false 时，运算结果是 false；否则为 true。

在判断组合条件时，经常使用"&&"和"‖"，因为"&&"和"‖"具有短路计算功能。所谓的短路计算功能是指，在组合条件中，从左至右依次判断条件是否满足，一旦条件满足，就立即终止计算，不再进行右边剩余的操作。例如：

false && （a>b）　　//结果是 false

（34>21）‖（a==b）　//结果是 true

由于 false 参与 && 运算，结果必然是 false，就不必再计算（a>b）的值；同理，（34>21）的值是 true，它参与 ‖ 运算，结果必然为 true，也不必再计算后面的（a==b）的值，立即结束运算，从而提高效率。

（2）逻辑"非"

逻辑"非"运算符是"!"，它是单目运算符，操作数在右侧。当操作数的值为 true 时，运算结果为 false；反之为 true。! 的结合性为从左至右。

（3）逻辑表达式

结果为 boolean 型的变量或者表达式，可以通过逻辑运算符形成逻辑表达式。例如：

22>6 && 3<2　　　x!=0 ‖ y!=0。

例 3.4　与运算中的两个操作数相对应的位都为 1，结果才为 1，否则结果为 0，例如下面的程序段。

源代码：例 3.4

```java
//And.java
public class And {
    public static void main(String[] args) {
        System.out.println("true&&false = "+(true&&false));
        System.out.println("false&&false = "+(false&&false));
        System.out.println("false&&true = "+(false&&true));
        System.out.println("true&&true = " + (true&&true));
    }
}
```

程序运行结果：

```
true&&false=false
false&&false=false
false&&true=false
true&&true=true
```

3.1.4　赋值运算符

赋值运算符"="是双目运算符,其左侧的操作数必须是变量,不能是常量或表达式。赋值运算的本质是先计算"="右侧表达式的值,再将表达式的值赋给"="左侧的变量。例如:

int a＝4,b;

b＝a+3;//b 的值为 7

注意:不要将赋值运算符"="与相等运算符"=="混淆。

Java 还支持扩展的赋值运算符,包括"+="、"-="、"×="、"/="、"%="等。

例 3.5　两种赋值方式的区别。

```
//Compare1.java
public class Compare1 {
    public static void main(String[] args) {
        short s = 4;
        s = s + 1;
        System.out.println(s);
    }
}
```

源代码:例 3.5

程序会出现编译错误,因为 s+1 得到的结果是 int 型的,需要改为 s+=1,这样便不会报错。

```
//Compare2.java
public class Compare2 {
    public static void main(String[] args) {
        short s = 4;
        s += 1;
        System.out.println(s);
    }
}
```

程序运行结果:

5

3.1.5　移位运算符

移位运算对整型操作数按二进制位进行运算,运算结果仍然是整型数值。移位运算符分为左移位运算符和右移位运算符。

（1）左移位运算符

左移位运算符的符号为"<<",它是二元运算符。左移位运算符左侧的操作数称为被移位数,右侧的操作数称为移位量。

例如,a<<n 运算的结果是将 a 的所有位都左移 n 位,每左移一位,左侧高阶位上的 0 或 1 被丢弃,并用 0 填充右侧的低位。

（2）右移位运算符

右移位运算符的符号为"＞＞",它也是二元运算符。

例如,a>>n 运算的结果是将 a 的所有位都右移 n 位,每右移一位,右侧的低阶位被丢弃,并用 0 或 1 填充左侧的高位。如果 a 是正数,则用 0 填充;如果 a 是负数,则用 1 填充。正数不断右移的最后结果一定是 0,而负数不断右移的最后结果是-1。

3.1.6 位运算符

（1）"按位与"运算符

"&"是二元运算符。对两个整型数据 a、b 进行按位与运算,运算结果是一个整型数据 c。运算法则是:如果 a、b 两个数据的对应位都为 1,则 c 的该位为 1,否则为 0。

例如:1001001 和 0101001 进行"按位与"运算,表示如下:

$$
\begin{array}{r}
1001001 \\
\&\ 0101001 \\
\hline
0001001
\end{array}
$$

（2）"按位或"运算符

"｜"是二元运算符。对两个整型数据 a、b 进行按位或运算,运算结果是一个整型数据 c。运算法则是:如果 a、b 两个数据的对应位都为 0,则 c 的该位为 0,否则为 1。

例如:1001001 和 0101001 进行"按位或"运算,表达如下:

$$
\begin{array}{r}
1001001 \\
|\ 0101001 \\
\hline
1101001
\end{array}
$$

（3）"按位非"运算符

"～"是一元运算符。对一个整型数据 a 进行按位非运算,运算结果是一个整型数据 c。运算法则是:如果 a 的对应位为 0,则 c 的该位为 1,否则为 0。

例如,对 1001001 进行"按位非"运算,表示如下:

$$
\begin{array}{r}
1001001 \\
\sim \\
\hline
0110110
\end{array}
$$

（4）"按位异或"运算符

"^"是二元运算符。对两个整型数据 a、b 进行按位异或运算,运算结果是一个整型数据 c。运算法则是:如果 a、b 两个数据的对应位相同,则 c 的该位为 0,否则为 1。

例如,对 1001001 和 0101001 进行"按位异或"运算,表示如下:

$$
\begin{array}{r}
1001001 \\
\verb|^|\quad 0101001 \\
\hline
1100000
\end{array}
$$

3.1.7　条件运算符

条件运算符是一个多元运算符,它的符号是"?:"。条件运算符需要 3 个操作数,用法如下:a? b:c,其中 a 必须为 boolean 型数据。运算法则是:当 a 的值为 true 时,a? b:c 的运算结果是 b 的值;当 a 的值是 false 时,a? b:c 的运算结果是 c 的值。

例如:

8>2?10:20 的结果是 10。

8<2?10:20 的结果是 20。

例 3.6　利用条件运算符的嵌套语句编写程序:某课程的考试成绩大于或等于 90 分时,该课程的学分等级为"A";成绩为 80~89 分时,等级为"B";成绩为 70~79 分时,等级为"C";成绩为 60~69 分时,等级为"D";成绩为 60 分以下时,等级为"E"。

源代码:例 3.6

```java
//Grade.java
import java.util.Scanner;
public class Grade{
    public static void main(String[] args) {
        System.out.println("请输入您的成绩");
        Scanner input = new Scanner(System.in);
        try
        {
            String s = input.nextLine();
            int fenshu = Integer.valueOf(s);
            String result = String.valueOf(Cal(fenshu));//用到类的嵌套
            System.out.println("成绩的等级是:"+result);
        }
        catch(Exception ex)
        {
            System.out.println("您输入的成绩有误");
        }
    }

    public static char Cal(int fenshu)
    {
        return (fenshu>=90)? 'A':(fenshu<=60)? 'E':(fenshu<=70)? 'D':
            (fenshu<=80)? 'C':'B';
```

                    }
            }
程序运行结果:

请输入您的成绩

80

成绩的等级是:C

3.1.8 表达式的类型

表达式的类型由运算结果的数据类型决定。根据表达式的数据类型,表达式可以分为 3 类:算术表达式、布尔表达式和字符串表达式。

例如:

int i = 3 , j = 21 , k ;

boolean f ;

k = (i+3) * 4 ;   //算术表达式

f = (i * 2)>j ;   //布尔表达式

int x = 1 , y = −2 , n = 10 ;

x+y+(−−n) * (x>y&&x>0 ? (x+1) : y)   //该算术表达式的结果为 int 型数据,值为 17

注意:

① 当一种数据类型的值赋给另一种数据类型的变量时,就会出现数据类型的转换。

对于整型和浮点型数据,数据类型按照精度从高到低排列如下:

double   高级别

float

long

int

short

byte   低级别

② 在赋值运算中,数据类型的转换规则如下:

当低级别的值赋给高级别的变量时,系统自动完成数据类型的转换。

例如:

float x = 200; //将 int 类型的值 200 转换为 float 类型的值 200.0

当高级别的值赋给低级别的变量时,必须进行强制类型转换。强制类型转换的形式为:

(类型标识符)待转换的值

例如:

int i ; i = (int) 26L   //将 long 类型的值 26 转换成 int 类型的值 26,结果 i 获得 int 类型的

值 26

进行强制类型转换时,可能会造成数据精度丢失。

表达式中不同类型的数据进行运算时,类型转换规则与赋值运算相似。若二元运算符的两个操作数类型不同,系统首先将低级别的值转换为高级别的值,再进行运算。在有些情况下,需要进行强制类型转换。

例 3.7 整数相除,将其结果强制转换为浮点型。

```java
//DevideTest2.java
public class DevideTest2 {
    public static void main(String[] args) {
        int a = 13, b = 4, k;
        float f1, f2;
        k = a / b;//整数相除,结果仍为整数
        f1 = a / b;//将整除结果强制转换为浮点型
        f2 = (float) a / b;//将 a 强制转换为浮点型,结果为浮点型
        System.out.println("k=" + k);
        System.out.println("f1=" + f1);
        System.out.println("f2=" + f2);
    }
}
```

源代码:例 3.7

程序运行结果:

```
k=3
f1=3.0
f2=3.25
```

3.2 语句及基本控制结构

3.2.1 语句

语句用来向计算机系统发出操作指令。程序由一系列语句组成。

Java 中的语句主要分为以下 5 类。

(1) 表达式语句

Java 语言中最常见的语句就是表达式语句。表达式语句的功能是计算表达式的值。分号是语句的分隔符。例如,赋值语句"b=45;"。

(2) 空语句

空语句只有分号,没有内容,不执行任何操作。设计空语句是为了语法需要。例如,循环语句的循环体中如果仅有一条空语句,表示执行空循环。

（3）复合语句

可以用"{"和"}"把一些语句括起来构成复合语句。一条复合语句也称作一个代码块。例如，{c=a+b;t=c/10;}。

当程序中某个位置在语法上只允许出现一条语句,而实际上要执行多条语句才能完成某个操作时,需要将这些语句组合成一条复合语句。

（4）方法调用语句

方法调用语句由方法调用加一个分号组成。例如：

System.out.println("Hello World");

（5）控制语句

控制语句完成一定的控制功能,包括条件分支语句、循环语句和转移语句。

3.2.2　程序控制结构

结构化程序设计的基本思想是采用"单入口、单出口"的控制结构,基本控制结构分为 3 种：顺序结构、选择结构和循环结构。面向过程程序设计和面向对象程序设计是软件设计方法的两个重要阶段,这两种程序设计思想并不是对立的,而是继承和发展的。其中,作为面向过程程序设计精华的结构化程序设计思想仍然是面向对象程序设计方法的基石。

1. 顺序结构

顺序结构的程序设计是最简单的,只要按照需要解决问题的顺序写出相应的语句就行,它的执行顺序是自上而下,依次执行。顺序结构的特点是：程序从入口点开始,按顺序执行所有操作,直到出口点处。

使用顺序结构可以独立构成一个简单的完整程序,常见的输入、计算、输出程序就是顺序结构。例如计算圆面积的程序,其语句顺序就是输入圆的半径 r,计算 s=3.14159*r*r,输出圆的面积 s。但大多数情况下,顺序结构都作为程序的一部分,与其他结构一起构成一个复杂的程序,例如分支结构中的复合语句、循环结构中的循环体等。

顺序结构是设计程序时最常使用的结构流程,其流程图如图 3-1 所示。

2. 选择结构

程序中有些程序段的执行是有条件的,当条件成立时,执行某些程序段；当条件不成立时,执行另一些程序段或者不执行。选择结构表示程序的处理步骤中出现了分支,它需要根据某一特定条件选择其中的一个分支执行。选择结构语句有两种：if 语句和 switch 语句。

（1）if 语句

if 语句是最常用的选择语句,其中的条件用布尔表达式表示。如果布尔表达式的值为 true,则表示条件满足,执行某一语句；如果布尔表达式的值为 false,则表示条件不满足,执行另一语句。if 语句是单分支、二分支或者多分支的语句。

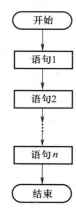

图 3-1　顺序结构流程图

if 语句的格式如下：

```
if(布尔表达式)语句 1
else 语句 2
```

说明：

① 如果布尔表达式的值为 true，则执行语句 1；否则执行语句 2。其中的 else 子句是可选项，如果没有 else 子句，当布尔表达式的值为 false 时，程序什么也不执行，形成单分支选择结构。

② 语句 1 和语句 2 可以是一条简单语句，也可以是复合语句或其他构造语句。

例 3.8 根据 if 语句进行判断。

```
//IfStatement.java
public class IfStatement {
    public static void main(String[] args) {
        int a=3;
        if (a>3)
            System.out .println (a++);
        else
            System.out .println(a=a-1);
    }
}
```

源代码:例 3.8

程序运行结果：

```
2
```

（2）if 语句嵌套

程序有时需要根据多条件选择某一操作，这时可以使用 if-else if-else 语句。if-else if-else 语句由一个 if 语句、若干个 else-if 语句和一个 else 语句与若干条复合语句按一定规则构成。语句格式如下：

```
if(表达式 1){
    复合语句
}
else if(表达式 2){
    复合语句
}
...
else if(表达式 n){
    复合语句
}
else{
    复合语句
}
```

if-else if-else 语句的作用是根据不同的条件产生不同的操作。该语句执行时,首先计算表达式 1 的值,如果其值为 true,则执行后面的复合语句,然后结束整个语句的执行;如果表达式 1 的值为 false,再依次计算 else if 语句中表达式的值,直到某个表达式的值为 true 为止,然后执行该 else if 语句后面的复合语句,结束整个语句的执行。如果所有表达式的值都是 false,则执行 else 语句后面的复合语句,结束整个语句的执行。

例 3.9 使用 if-else 嵌套语句编写程序。

```java
//NestStatement.java
public class NestStatement{
    public static void main(String args[]){
        int x = 5, y = 6;
        if (x < 0)
        y = 0;
        else if (x > 0 && x <= 10)
            y = x;
        else if (x > 20)
            y = x + 20;
        System.out.println("x = " + x);
        System.out.println("y = " + y);
    }
}
```

源代码:例 3.9

程序运行结果:

```
x = 5
y = 5
```

（3）switch 语句

当要从多个分支中选择一个分支执行时,虽然可以使用嵌套的 if 语句,但是当嵌套层次太多时,会使程序的可读性变差。为此,Java 提供了多分支选择语句,即 switch 语句。switch 语句能够根据给定表达式的值,从多个分支中选择一个分支执行。

switch 语句的格式如下:

```
switch(表达式)
{
    case 常量 1:语句体 1;break;
    case 常量 2:语句体 2;break;
    ...
    case 常量 n:语句体 n;
    default:语句体 n+1;break;
}
```

注意:

① 表达式的数据类型必须是整型或者字符型。break 语句和 default 语句是可选项。

② switch 语句首先计算表达式的值,如果表达式的值和某个 case 子句的常量值相同,则执行该 case 子句中的若干条语句,直到遇到 break 语句为止。如果某个 case 子句中没有 break 语句,一旦表达式的值与该 case 子句的常量值相等,在执行完该 case 子句中的语句序列后,继续执行后续 case 子句中的语句序列,直到遇到 break 语句为止。如果没有一个常量值与表达式的值相等,则执行 default 子句中的语句序列;如果没有 default 子句,则 switch 语句不执行任何操作。

例 3.10 通过命令行输入 1~7 之间的一个整数,输出相应的周一~周日的英文单词。

源代码:例 3.10

```java
// SwitchTest1.java
import java.util.Scanner;
public class SwitchTest1 {
    public static void main(String[] args) {
        Scanner input = new Scanner(System.in);
        String s = input.nextLine();
        switch (s) {
            case "1":
                System.out.println("Sunday");
                break;
            case "2":
                System.out.println("Monday");
                break;
            case "3":
                System.out.println("Tuesday");
                break;
            case "4":
                System.out.println("Wednesday");
                break;
            case "5":
                System.out.println("Thursday");
                break;
            case "6":
                System.out.println("Friday");
                break;
            case "7":
                System.out.println("Saturday");
                break;
        }
    }
}
```

在命令行中输入:

1

运行程序,将 1 传递给 args[0],则输出结果:

Sunday

例 3.11 根据系统输入的数值,运行相应的程序代码。

源代码:例 3.11

```java
//SwitchTest2.java
import java.util.Scanner;
public class SwitchTest2{
    public static void main(String[] args) {
        int n = 2;
        Scanner input = new Scanner(System.in);//添加扫描器,进行系统输入
        String x = input.nextLine();
        int result;
        switch (x) {
            default:
                result = 0;
                System.out.println("Block dddd" + result);
                break;
            case "1":
                System.out.println("Block A");
                result = n;
                break;
            case "2":
                System.out.println("Block B");
                result = n * n;
                break;
            case "3":
                System.out.println("Block C");
                result = n * n * n;
                break;
            case "4":
                System.out.println("Block D");
                result = n % 4;
                break;
        }
        System.out.println("n = " + n + " result = " + result);
    }
}
```

在命令行中输入：

3

运行程序，将 3 传递给 x，则输出结果：

Block C

n = 2　result = 8

3. 循环结构

循环结构表示程序反复执行某个或某些操作，直到条件为假（或为真）时才终止循环。循环结构的基本形式有两种：当型循环和直到型循环。在什么情况下使用循环要根据条件进行判断。Java 提供了 3 种循环结构，分别是 while 语句、do-while 语句和 for 语句。它们的共同点是根据给定条件判断是否执行指定的程序段（循环体）。如果满足执行条件，就继续执行循环体，否则就不再执行循环体，结束循环语句。另外，每种语句都有自己的特点，在实际应用中，应该根据具体问题，选择合适的循环语句。

（1）while 语句

while 语句的格式为：

while（表达式）｛循环体｝

while 语句由关键字 while、表达式和循环体组成，循环体中只有一条语句时，大括号"｛｝"可以省去，但是最好不要省去，这样可以增加程序的可读性。表达式也称作循环条件。

while 语句的执行规则如下：

① 计算表达式的值，如果该值为 true，就执行②；否则执行③。

② 执行循环体，返回①。

③ 结束 while 语句的执行。

可以看出，while 语句的特点是先判断、后执行。如果表达式的值一开始就是 false，则循环体一次也不执行，因此 while 语句的最少执行次数为 0。

例 3.12　阶乘的计算公式为 $n! = n \times (n-1) \times (n-2) \times \cdots \times 3 \times 2 \times 1$，试计算 9!。

源代码：例 3.12

```java
//While.java
public class While{
    public static void main(String args[]){
        int k=1;
        double f=1;
        while(k<=9)
        {
            f=f*k;
            k++;
        }
        System.out.println("9! ="+f);
    }
}
```

```
        }
```

程序运行结果:

```
9! = 362880.0
```

拓展练习

使用 for 循环计算 9!。

（2）do-while 语句

do-while 语句的语法如下:

```
do
{循环体}
while(表达式);
```

do-while 语句的执行规则是:执行循环体,计算表达式的值,若值为 true,再执行循环体,直到表达式的值为 false,结束循环,执行 do-while 语句的下一条语句。

可以看出,do-while 循环语句的特点是先执行、后判断。因此,do-while 语句的循环体至少执行一次。

例 3.13   使用 do-while 循环计算 1+2+3+…+99。

```
//DoWhile.java
public class DoWhile{
    public static void main(String[] args) {
        int i = 0, s = 0;
        do {
            s = s + i;
            i = i + 1;
        } while (i < 100);
        System.out.println("sum = " + s);
    }
}
```

源代码:例 3.13

程序运行结果:

```
sum = 4950
```

（3）for 语句

for 语句是一种使用比较频繁的循环语句。for 语句的一般格式为:

```
for(表达式 1;表达式 2;表达式 3){循环体}
```

注意:

① 表达式 1 的作用是给循环控制变量(以及其他变量)赋初值;表达式 2 为布尔类型,给出循环条件;表达式 3 给出循环控制变量的变化规律,通常是递增或递减。

② 循环体可以是一条简单语句,也可以是复合语句。

③ for 语句的执行规则是:执行表达式 1,给循环控制变量赋初值;计算表达式 2 的值,若值

为 true,执行循环体;执行表达式 3,改变循环控制变量的值;再计算表达式 2 的值,若其值为
true,再执行循环体,直到表达式 2 的值为 false,结束循环,执行 for 语句的下一条语句。

例 3.14 使用 for 循环计算 1~99 之间所有整数的和。

源代码:例 3.14

```
//For.java
public class For{
    public static void main(String args[]) {
        int i, s = 0;
        for ( i = 1; i< 100; i++)
            s += i;
        System.out.println("sum = " + s);
    }
}
```

4. 跳转语句

跳转语句是指用关键字 break 或 continue 加上分号构成的语句,可以控制程序流程转移。

(1) break 语句

break 语句用于 switch 语句或 while、do-while、for 循环语句中,如果执行 break 语句,则程序
立即从 switch 语句或者循环语句退出,即 break 语句用来退出 switch 结构或终止循环。

例 3.15 用 break 语句退出循环。

源代码:例 3.15

```
//Break.java
Import javax.swing. * ;
Class Break{
    public static void main(String args[]) {
        for( int i = 0 ;i<100;i++)
        {
            if( i == 10 )break;
            System.out.println("i = "+i);
        }
        System.out.println("循环 10 次后,跳出循环!");
    }
}
```

程序的运行结果为:
```
i = 0
i = 1
i = 2
i = 3
i = 4
```

```
i = 5
i = 6
i = 7
i = 8
i = 9
```

循环 10 次后,跳出循环!

（2）continue 语句

若在某次循环中执行了 continue 语句,则本次循环结束,即不再执行循环体中 continue 语句后面的语句,转而计算和判断循环条件,决定是否进入下一轮循环。

例 3.16 运用 continue 语句显示一个由"＊"组成的三角形。

```java
//Triangle.java
public class Triangle {
    public static void main(String args[]) {
        String output = "";
        for (int i = 0; i< 6; i++) {
            for (int j = 0; j < 6; j++) {
                if (j > i)
                    continue;
                output = output + " * " + "    ";//内循环控制 * 的个数
            }
            output = output + " \n";//外循环控制行数
        }
        System.out.print(output);
    }
}
```

源代码:例 3.16

程序运行结果:

```
*
*   *
*   *   *
*   *   *   *
*   *   *   *   *
*   *   *   *   *   *
```

本章小结

本章主要介绍 Java 语言中的运算符、表达式和常用语句等基础知识。在 Java 中,按照运算类型,可以将运算符分成以下几类:算术运算符、关系运算符、条件运算符、逻辑运算符、赋值运算符和其他运算符。根据表达式的数据类型,可以将表达式分为算术表达式、布尔表达式和字符串表达式 3 类。Java 中的控制语句有 if 语句、switch 语句、for 语句、while 语句、do-while 语句等,读者需要把这些语句搞清楚,这是进一步学习 Java 的基础。

本章采用概念与例题相结合的方式,使用相应的例题帮助读者深入理解概念。希望读者对本章的例题逐个进行分析,在 Eclipse 中进行调试、运行,尽可能地对其进行扩充,锻炼自己的编程能力。

课后练习

1. 下列语句执行后,变量 a,c 的值分别是(　　　)。

int x = 162;

int a,c;

c = x/100;

a = x%10;

A. 1,2 　　　　　　B. 2,1 　　　　　　C. 1.62,2 　　　　　　D. 100,62

2. 下面(　　　)表达式可以得到 x 和 y 中的最大值。

A. x>y? y:x 　　　　B. x<y? y:x 　　　　C. x>y? (x+y):(x-y) 　　　　D. x = = y? y:x

3. 指出下面程序的运行结果。

```
import java.util.Arrays;
public class Array
{
    public static void main(String args[])
    {
        String [] str = {"length", "abs", "size',"class"};
        Arrays.sort(str);   //排序
        for( int i = 0; i<str.length; i++)
            System.out.print(str[i]+"");
    }
}
```

4. 指出下面程序输出结果的行数。

```
public class Out
{
    public static void main(String args[])
    {
        int i = 0;
        for(char a = 97;a<113; a++,i++)
        {
            if(i % 8 == 0)
            System.out.println("");
            System.out.println(" \t"+ch);
        }
    }
}
```

5. 已知 int a=3,b=6,c;,计算 c=(a++)+(++b)+a*2+b*4。

6. 已知 int a=10,b=3,c;,计算 c=((a%b)==0)?++a*2:++b*2。

7. 分别用 if、switch 两种语句编写将 0~11 的整数转换为十二个月份的程序段,假定数字 0 对应一月份。

第4章 数 组

数组是编程语言中最常见的一种数据结构,可用于存储多个数据,每个数据元素存放一个数据,通常可通过数组元素的索引来访问数组元素,包括为数组元素赋值和取出数组元素的值。Java 语言中的数组有其独有的特征。下面详细介绍 Java 语言中的数组。

本章要点:
- 了解数组的创建和初始化
- 掌握通过数组元素的索引访问数组元素
- 掌握 foreach 循环遍历数组
- 掌握数组中的内存分配情况

4.1 理解数组

Java 的数组要求所有的数组元素具有相同的数据类型。因此,在一个数组中,数组元素的类型是唯一的,即一个数组中只能存储一种数据类型的数据,而不能存储多种数据类型的数据。

一旦数组的初始化完成,数组在内存中所占用的存储空间将被固定下来,数组的长度将不可改变。即使把某个数组元素的数据清空,它所占用的存储空间依然被保留,依然属于该数组,数组的长度依然不变。

Java 的数组既可以存储基本数据类型,也可以存储引用数据类型,只要所有的数组元素具有相同的类型即可。

值得指出的是,数组也是一种数据类型,它本身是一种引用数据类型。例如,int 是一个基本数据类型,但 int[](这是定义数组的一种方式)就是一种引用数据类型。

4.2 数组变量的声明

声明数组包括声明数组的名字和数组所包含元素的数据类型。Java 支持两种语法格式来声明数组:

数组元素类型 数组名[];//格式一
数组元素类型[] 数组名;//格式二

例如,int[] iArray 或者 int iArray[] 表示 int 类型数组,数组中存放的是 int 类型的数据;

Student[ ] sArray 或者 Student sArray[ ]表示数组中存放的是 Student 类创建的若干个对象。

数组是一种引用类型的变量,因此使用它定义一个变量时,仅仅表示定义了一个引用变量(也就是定义了一个指针),这个引用变量还未指向任何有效的内存地址,因此定义数组时不能指定数组的长度。同时,由于没有内存空间来存储数组元素,因此这个数组也不能使用,数组只有进行初始化后才可以使用。

注意:

声明数组变量时,不能指定数组的长度。以下声明是非法的:

```
int x[5];
int[5] x;
```

4.3 数组的创建和初始化

声明一个数组时,仅为数组指定数组名和元素的数据类型,并未指定数组元素的个数,系统无法为数组分配存储空间。要让系统为数组分配存储空间,必须指出数组元素的个数,该工作在数组初始化时进行。数组经过初始化后,其元素的个数、所占内存的存储空间就确定下来了。

4.3.1 创建数组对象

数组对象和其他 Java 对象一样,也用 new 语句创建。

数组名=new 类型标识符[元素个数];

元素个数通过整型常量表示。

例如,要表示 10 个学生的成绩(整型),可以先声明元素的数据类型为 int 的数组 score,再用 new 运算符初始化数组。

```
int score[];
score=new int[10];
```

4.3.2 数组的初始化

数组的初始化包括静态初始化和动态初始化两种方式。

(1)静态初始化

静态初始化由程序员显式地指定每个数组元素的初值,由系统决定数组的长度。

静态初始化的语法格式如下:

数组名=new 类型标识符[ ]{数组元素 1,数组元素 2,数组元素 3,…}

例如,对包含 10 个学生成绩的 score 数组进行初始化的代码如下:

```
score=new int[]{65,34,78,81,92,89,94,76,67,86};
```

除此之外,静态初始化还有如下简化的语法格式:

数组名={数组元素1,数组元素2,数组元素3,…}

在这种语法格式中,直接使用花括号来初始化数组,花括号把所有的数组元素括起来形成一个数组。

在实际开发过程中,更习惯将数组定义和初始化同时完成,代码如下:

```
int[] score={65,34,78,81,92,89,94,76,67,86};
```

（2）动态初始化

动态初始化由程序员指定数组的长度,由系统为每个数组元素指定初值。动态初始化的语法格式如下:

数组名=new 类型标识符[元素个数];

在上面的语法中,需要指定数组元素个数,这个参数指定了数组的长度,也就是可以容纳数组元素的个数。与静态初始化相似的是,此处的类型标识符必须与定义数组变量时所用的类型标识符相同,但也可以是定义数组时所指定的类型标识符的子类。下面的代码演示了如何进行动态初始化。

```
//数组的定义和初始化同时完成,使用动态初始化语法
int[] score=new int[5];
//数组的定义和初始化同时完成,初始化数组时,元素的类型是定义数组时元素类型的子类
Object[] books=new String[4];
```

执行动态初始化时,程序员只需要指定数组的长度,即为每个数组元素指定所需的内存空间,系统将负责为这些数组元素分配初值。系统按如下规则分配初值。

① 数组元素的类型是基本类型中的整数类型（byte、short、int 和 long）,则数组元素的值是 0。

② 数组元素的类型是基本类型中的浮点类型（float、double）,则数组元素的值是 0.0。

③ 数组元素的类型是基本类型中的字符型（char）,则数组元素的值是'\u0000'。

④ 数组元素的类型是基本类型中的布尔类型（boolean）,则数组元素的值是 false。

数组初始化完成后,就可以使用数组了,包括为数组元素赋值、访问数组元素和获得数组长度等。

4.4 数组的使用

数组最常用的用法就是访问数组元素,包括对数组元素进行赋值和取出数组元素的值。在 Java 编程语言中,对数组元素的访问通过数组名和下标进行:

数组名[下标]

① 下标值从 0 开始,到数组元素个数减 1。如果数组元素是 5 个,则下标范围是 0~4。如果

访问数组元素时指定的下标值小于 0,或者大于或等于数组的长度,编译时不会出现任何错误,但在运行时会抛出 Java.lang.ArrayIndexOutOfBoundsException 异常。

② 通过调用数组的 length 属性可以获得一个数组的元素个数(数组长度)。该属性只能读取,不能修改。

以下修改数组 length 属性的代码是非法的。

```
int[] x=new int[5];
x.length=12;                    //编译出错,length 属性不能被修改
```

下面的代码演示了如何输出 score 数组中每个数组元素的值。

```
//使用循环输出 score 数组中每个数组元素的值
for(int i=0;i<score.length;i++){
    System.out.println(score[i]);
}
```

执行上面的代码后,将输出 5 个 0,因为 score 数组执行的是默认初始化,数组元素是 int 类型,系统为 int 类型的数组元素赋值 0。

下面的代码演示了如何为动态初始化的数组元素赋值,并通过循环方式输出每个数组元素。

```
//对动态初始化后的数组元素进行赋值
books[0]="Java 教程";
books[1]="C++教程";
//使用循环输出 books 数组的每个数组元素的值
for(int i=0;i<books.length;i++)
{
    System.out.println(books[i]);
}
```

上面的代码将先输出字符串“Java 教程”和“C++教程”,然后输出两个 null,因为 books 使用了动态初始化,系统为所有数组元素都分配一个 null 作为初值,后来程序又为前两个元素赋值,因而出现这样的程序输出结果。

从上面的代码不难看出,初始化一个数组,相当于同时初始化了多个相同类型的变量,通过数组元素的下标就可以自由访问这些变量。使用数组元素和使用普通变量并没有什么不同,一样可以对数组元素进行赋值,或者取出数组元素的值。

例 4.1 为数组元素赋值并对数组元素进行遍历。

源代码:例 4.1

```
//Array.java
public class Array {
    public static void main(String[] args) {
        int values[]=new int[10];
        for ( int i=0;i < 5;i++) {
            values[i]=10 * i+1;
        }
```

```
// 使用 for 循环根据下标访问数组, values 数组的 length 属性表示数组元素的个数
for ( int i = 0;i < values.length;i++) {
    System.out.println(values[i]);
    }
    }
}
```

程序运行结果:

```
1
11
21
31
41
```

4.5 foreach 循环

在 JDK1.5 以后, 为了便于对数组和集合(collection)中的元素进行迭代处理, Java 引入了一种增强的 foreach 循环形式, 这种循环使遍历数组和集合的代码更加简洁。使用 foreach 循环遍历数组和集合时, 无须获得数组和集合的长度, 无须根据下标来访问数组元素和集合元素, foreach 循环会自动遍历数组和集合的每个元素。foreach 循环的定义如下:

```
for(type variableName:array | collection)
{
    // variableName 自动迭代访问每个元素
}
```

在上面的语法格式中, type 是数组元素或集合元素的类型, variableName 是一个形参名, foreach 循环会自动将数组元素、集合元素依次赋给该变量。

例 4.2 使用 foreach 循环遍历数组元素。

```
// ForEachTest.java
public class ForEachTest {
    public static void main(String[] args) {
        int score = new int[]{65,34,78,81,92};
        // 使用 foreach 循环遍历数组元素, 其中的 i 将会自动迭代每个数组元素
        for ( int i:score) {
            System.out.print(i+" ");
        }
    }
}
```

源代码:例 4.2

程序运行结果:

```
65  34  78  81  92
```

从上面的程序可以看出,使用 foreach 循环遍历数组元素时,无须获得数组的长度,也无须根据下标来访问数组元素。foreach 循环和普通循环不同的是,它不需要循环条件和循环迭代语句,这些部分由系统完成。foreach 循环自动遍历数组的每个元素,当每个元素都被遍历一次后,foreach 循环自动结束。

当使用 foreach 循环来遍历输出数组元素或集合元素时,通常不需要对循环变量进行赋值,虽然这种赋值在语法上是允许的,但没有太大的实际意义,而且极易引起错误,例如下面的程序。

例 4.3 使用 foreach 循环时对循环变量进行赋值。

源代码:例 4.3

```
public class foreach {
    public static void main(String[] args) {
        String[] books = { "Java 教程","C++教程","C#教程" };
        for (String book:books) {
            book = "疯狂 JSP 教程";
            System.out.println(book);
        }
        System.out.println(books[0]);
    }
}
```

程序运行结果:

疯狂 JSP 教程
疯狂 JSP 教程
疯狂 JSP 教程
Java 教程

从上面的运行结果来看,由于在 foreach 循环中对数组元素进行赋值,结果导致不能正确遍历数组元素,不能正确地输出每个数组元素的值。而且当再次访问第一个数组元素时,数组元素的值依然没有改变。不难看出,当使用 foreach 循环访问数组元素时,foreach 中的循环变量相当于一个临时变量,系统会把数组元素依次赋给这个临时变量,而这个临时变量并不是数组元素,它只是保存了数组元素的值。因此,如果希望改变数组元素的值,则不能使用 foreach 循环。

4.6 深入理解数组

数组是一种引用数据类型,数组变量只是一个引用,数组元素和数组变量在内存中是分开存放的。下面将深入介绍数组在内存中的运行机制。

4.6.1 内存中的数组

数组变量只是一个引用,这个引用可以指向任何有效的内存地址,只有当该引用指向有效的内存地址后,才可通过数组变量来访问数组元素。

引用变量是访问真实对象的根本方式。也就是说,如果希望在程序中访问数组本身对象,则只能通过这个数组的引用变量。

实际的数组对象被存储在堆(heap)内存中;如果引用该数组对象的数组变量是一个局部变量,那么它被存储在栈(stack)内存中。数组在内存中的存储情况如图 4-1 所示。

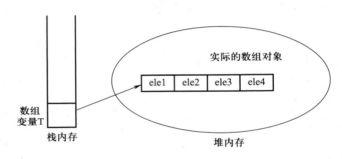

图 4-1 数组在内存中的存储情况

如果需要访问图 4-1 所示堆内存中的数组元素,则程序只能通过 T[index] 的形式实现。也就是说,数组变量是访问堆内存中数组元素的根本方式。

如果堆内存中的数组不再被任何引用变量所指向,则这个数组将成为垃圾,它所占用的内存将被系统的垃圾回收机制回收。因此,为了让垃圾回收机制回收一个数组所占用的内存空间,可以将该数组变量赋值为 null,也就是切断数组变量和实际数组之间的引用关系,实际数组也就成了垃圾。

只要类型互相兼容,就可以让一个数组变量指向另一个实际数组,这种操作会让人产生数组长度可变的错觉。例如以下代码所示:

例 4.4 数组之间直接赋值。

源代码:例 4.4

```
//ArrayInRam.java
public class ArrayInRam {
    public static void main(String[] args) {
        //定义并初始化数组,使用静态初始化
        int[] p = { 5,7,21 };
        //定义并初始化数组,使用动态初始化
        int[] k = new int[4];
        //输出数组 k 的长度
```

```
System.out.println("数组 k 的长度为:"+k.length);
//循环输出 p 数组的元素
for (int i = 0;i < p.length;i++) {
    System.out.println(p[i]);
}
//循环输出 k 数组的元素
for (int i = 0;i < k.length;i++) {
    System.out.println(k[i]);
}
//因为 p 是 int[]类型,k 也是 int[]类型,所以可以将 p 的值赋给 k
//也就是让 k 指向 p 指向的数组
k = p;
//再次输出 k 数组的长度
System.out.println("k 数组的长度为:"+k.length);
    }

}
```

运行上面的代码后,将可以看到先输出 k 数组的长度为 4,然后依次输出 p 数组和 k 数组的每个数组元素,接着输出 k 数组的长度为 3。看起来似乎数组的长度是可变的,但这只是一个假象。牢记:定义并初始化一个数组后,在内存中分配了两个空间,一个用于存放数组的引用变量,另一个存放数组本身。下面结合示意图说明上面程序的运行过程。

当程序定义并初始化了 p、k 两个数组后,系统内存中实际上产生了 4 块内存区域,其中栈内存中有两个引用变量 p 和 k;堆内存中也有两块内存区域,分别用于存储 p 和 k 所指向的数组本身。此时计算机内存的存储情况如图 4-2 所示。

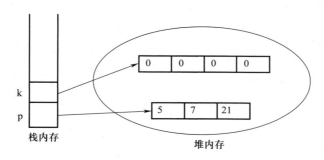

图 4-2 定义并初始化 p、k 数组后的存储情况

从图 4-2 可以看出 p 和 k 各自所引用的数组对象,并可以很清楚地看出 p 变量所引用的数组长度为 3,k 变量所引用的数组长度为 4。

当执行例 4.4 中粗体标示的代码 k = p 后,系统把 p 的值赋给 k,p 和 k 都是引用类型变量,存储的是地址,因此 k 指向 p 所指向的地址。此时计算机内存的存储情况如图 4-3 所示。

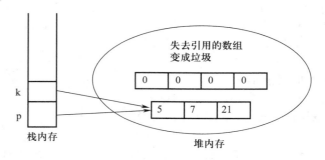

图 4-3 k 指向 p 所指向的数组后的存储情况

从图 4-3 中可以看出，当执行 k=p 之后，堆内存中的第一个数组具有两个引用：p 变量和 k 变量。此时，第二个数组失去了引用，变成垃圾，等待垃圾回收机制回收，但它的长度依然不会改变，直到彻底消失。

4.6.2 基本数据类型数组的初始化

对于基本数据类型数组而言，数组元素的值直接存储在对应的数组元素中，因此初始化数组时，先为该数组分配内存空间，然后直接将数组元素的值存入对应的数组元素中。

下面的程序定义了一个 int[ ] 类型的数组变量，采用动态初始化的方式初始化数组，并显式地为每个数组元素赋值。

例 4.5 基本数据类型数组的初始化。

```
//PrimitiveArrayTest.java
public class PrimitiveArrayTest {
    public static void main(String[] args) {
        int[] Array;
        Array = new int[5];
        for (int i = 0; i < Array.length; i++) {
            Array[i] = i+5;
        }
    }
}
```

源代码：例 **4.5**

上面代码的执行过程代表了基本数据类型数组初始化的典型过程。下面将结合示意图详细介绍这段代码的执行过程。

执行第一行代码 int[ ] Array; 时，仅定义了一个数组变量，此时内存中的存储情况如图 4-4 所示。此时仅在栈内存中定义了一个空引用，就是 Array 数组变量，这个引用并未指向任何有效的内存地址，当然也无法指定数组的长度。

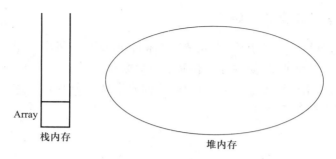

图 4-4　定义 Array 数组变量后的存储情况

当执行 Array = new int[5];动态初始化后,系统将负责为该数组分配内存空间,并分配默认的初值,所有数组元素都被赋值为 0,此时内存中的存储情况如图 4-5 所示。

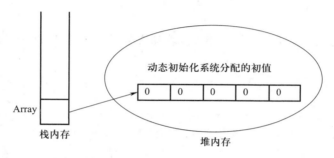

图 4-5　动态初始化 Array 数组后的存储情况

当循环为该数组的每个数组元素依次赋值后,此时每个数组元素的值都变成程序显式指定的值。显式指定每个数组元素值后的存储情况如图 4-6 所示。

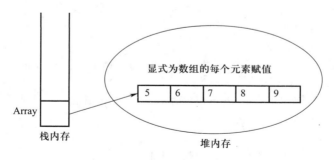

图 4-6　显式为每个数组元素赋值后的情况

从图 4-6 中可以看出,每个数组元素的值直接存储在对应的内存中。操作基本数据类型数组的数组元素时,实际上就是操作基本数据类型的变量。

4.6.3 引用类型数组的初始化

引用类型数组的数组元素是引用,因此情况变得更加复杂。每个数组元素中存储的仍然是引用,它指向另一块内存地址,这块内存中存储了有效数据。

为了更好地说明引用类型数组的运行过程,下面先定义一个 Person 类。

例 4.6 引用类型数组初始化。

```
// Person.java
public class Person {
    public int age;
    public double height;
    public void info() {
        System.out.println("我的年龄是:"+age+",我的身高是:"+height);
    }
}
```

源代码:例 4.6

下面的程序将定义一个 Person[]数组,接着动态初始化这个 Person[]数组,并为这个数组的每个数组元素赋值。

```
// ReferenceArrayTest.java
public class ReferenceArrayTest {
    public static void main(String[] args) {
        // 定义一个 students 数组变量,其类型是 Person[]
        Person[] students;
        // 执行动态初始化
        students = new Person[2];
        // 创建一个 Person 实例,并将这个 Person 实例赋给 wang 变量
        Person wang = new Person();
        // 为 wang 所引用的 Person 对象的 age、height 赋值
        wang.age = 15;
        wang.height = 158;
        // 创建一个 Person 实例,并将这个 Person 实例赋给 liao 变量
        Person liao = new Person();
        // 为 liao 所引用的 Person 对象的 age、height 赋值
        liao.age = 16;
        liao.height = 161;
        // 将 wang 变量的值赋给第一个数组元素
        students[0] = wang;
        // 将 liao 变量的值赋给第二个数组元素
        students[1] = liao;
        // 下面两行代码的结果是一样的,因为 liao 和 students[1]指向同一个 Person 实例
```

```
        liao.info();
        students[1].info();
    }
}
```

上面代码的执行过程代表了引用类型数组初始化的典型过程。下面将结合示意图详细介绍这段代码的执行过程。

执行 Person[ ] students;代码时,这行代码仅仅在栈内存中定义了一个引用变量,也就是一个指针,这个指针并未指向任何有效的内存区域。此时内存中的存储情况如图 4-7 所示。

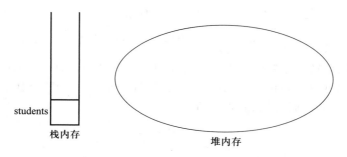

图 4-7 定义一个 students 数组变量后的存储情况

students 变量仅仅是一个引用,并未指向任何有效的内存区域。程序对 students 数组执行动态初始化,系统为数组元素分配默认的初值 null,即每个数组元素的值都是 null。执行动态初始化后的存储情况如图 4-8 所示。

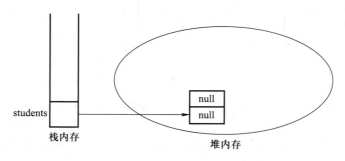

图 4-8 动态初始化 students 数组后的存储情况

从图 4-8 中可以看出,students 数组的两个数组元素都是引用,而且并未指向任何有效内存地址,因此每个数组元素的值也是 null。这意味着不能直接使用 students 数组元素。

接下来的代码定义了 wang 和 liao 两个 Person 实例,定义这两个实例实际上分配了 4 块内存,栈内存中存储了 wang 和 liao 两个引用变量,堆内存中存储了两个 Person 实例。此时的内存存储情况如图 4-9 所示。

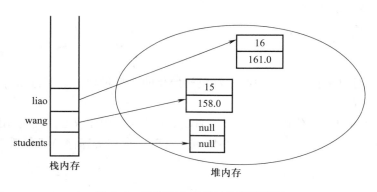

图 4-9 创建两个实例后的存储情况

此时，students 数组的两个数组元素依然是 null，直到程序依次将 wang 赋给 students 数组的第一个元素，将 liao 赋给 students 数组的第二个元素，students 数组的两个数组元素才指向有效的内存区域。此时的内存存储情况如图 4-10 所示。

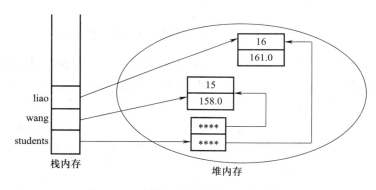

图 4-10 为数组元素赋值后的存储情况

从图 4-10 中可以看出，此时 wang 和 students[0] 指向同一个内存区，而且它们都是引用类型变量，因此通过 wang 和 students[0] 来访问 Person 实例的字段和方法的效果完全相同，不论修改 students[0] 所指向的 Person 实例的字段，还是修改 wang 变量所指向的 Person 实例的字段，所修改的其实是同一个内存区域，因此必然互相影响。

4.7 多维数组

Java 语言提供支持多维数组的语法。Java 语言中的数组类型是引用类型，因此数组变量其实就是一个引用，这个引用指向真实的数组内存。数组元素的类型也可以是引用，如果数组元素的引用再次指向真实的数组内存,这种情形看上去就像多维数组。

定义一维数组的语法是 type[ ] arrName;,其中 type 是数组元素的类型。如果希望数组元素也是一种引用,而且是指向 int 数组的引用,则可以把 type 具体成 int[ ],那么上面定义数组的语法就是 int[ ][ ] arrName。

如果把 int 类型扩大到 Java 的所有类型,则得到定义二维数组的语法:

```
type[][] arrName;
```

Java 语言采用上面的语法格式来定义二维数组,但它的实质还是一维数组,只是其数组元素也是引用,数组元素中保存的引用指向一维数组。

可以把二维数组当成一维数组来进行初始化,其元素的类型是 type[ ]类型,语法如下:

```
arrName = new type[length][];
```

上面的语法相当于初始化了一个一维数组,这个一维数组的长度是 length。同样,因为这个一维数组的数组元素是引用类型的,因此系统为每个数组元素都分配初值 null。

这个二维数组实际上可以当成一维数组使用:使用 new type[length]初始化一维数组后,相当于定义了 length 个 type 类型的变量;类似地,使用 new type[length][ ]初始化数组后,相当于定义了 length 个 type[ ]类型的变量,当然,这些 type[ ]类型的变量都是数组类型,因此必须再次初始化这些数组。

例 4.7 把二维数组当作一维数组处理。

```java
//TwoDimensionTest.java
public class TwoDimensionTest {
    public static void main(String[] args) {
        //定义一个二维数组
        int[][] a;
        //把 a 当成一维数组进行初始化,初始化 a 为一个长度为 4 的数组
        //a 数组的数组元素是引用类型
        a = new int[4][];
        //把 a 数组当成一维数组,遍历 a 数组的每个数组元素
        for (int i = 0; i < a.length; i++) {
            System.out.println(a[i]);
        }
        //初始化 a 数组的第一个元素
        a[0] = new int[2];
        //访问 a 数组第一元素所指向数组的第二个元素
        a[0][1] = 6;
        //a 数组的第一个元素是一维数组,遍历这个一维数组
        for (int i = 0; i < a[0].length; i++) {
            System.out.println(a[0][i]);
        }
    }
```

源代码:例 4.7

```
    }
}
```

上面的程序中粗体字标识部分把二维数组 a 当成一维数组处理,只是这些数组元素都是 null,因此输出结果都是 null。下面结合示意图来说明这个程序的执行过程。

程序的第一行 int[ ][ ]a;在栈内存中定义一个引用变量,这个变量并未指向任何有效的内存空间,此时的堆内存中还未为这行代码分配任何存储空间。

程序对 a 数组执行初始化:a=new int[4][ ];,这行代码让 a 变量指向一块长度为 4 的数组内存,这个长度为 4 的数组中的每个数组元素都是引用类型,系统为这些数组元素分配默认的初值 null。此时 a 数组在内存中的存储情况如图 4-11 所示。

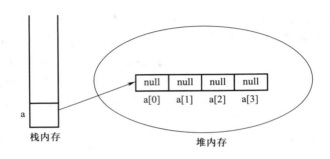

图 4-11　将二维数组当成一维数组初始化的存储情况

从图 4-11 来看,虽然声明 a 是一个二维数组,但看起来它就是一个一维数组。这个一维数组的长度是 4,只是这 4 个数组元素都是引用类型,它们的默认值是 null。程序把 a 数组当成一维数组处理,依次遍历 a 数组的每个元素,因此输出的每个数组元素的值都是 null。

因为 a 数组的元素必须是 int[ ]数组,所以接下来对 a[0]元素执行初始化,也即是让图 4-11 堆内存中的第一个元素指向一个长度为 2 的 int 数组。由于程序动态初始化 a[0]数组,因此系统将为 a[0]所引用数组的每个元素分配默认的初值 0,然后程序显式地为 a[0]数组的第二个元素赋值为 6。此时内存中的存储情况如图 4-12 所示。

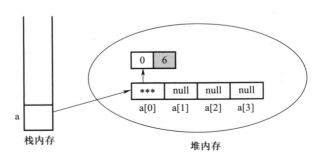

图 4-12　初始化 a[0]后的存储情况

图 4-12 中有阴影的数组元素就是程序显式指定的数组元素值。程序接下来遍历输出 a[0] 数组的每个数组元素,将输出 0 和 6。

从上面的程序可以看出,初始化多维数组时,可以只指定第一维的大小;当然,也可以依次指定每一维的大小,例如下面的代码:

```
// 同时初始化二维数组的两个维数
int[][] b=new int[3][4];
```

上面的代码定义了一个 b 数组变量,这个数组变量指向一个长度为 3 的数组,这个数组的每个数组元素又是一个数组类型,它们分别指向长度为 4 的 int[] 数组,每个数组元素的值为 0。这行代码执行后,内存中的存储情况如图 4-13 所示。

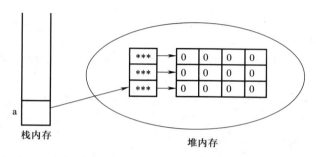

图 4-13 同时初始化二维数组两个维数后的存储情况

还可以使用静态初始化方式来初始化二维数组。使用静态初始化方式初始化二维数组时,二维数组的每个数组元素都是一维数组,因此必须指定多个一维数组作为二维数组的初始化值。例如以下代码所示:

```
// 使用静态初始化语法来初始化一个二维数组
String[][] str=new String[][]{new String[3],new String[]{"hello"}};
// 使用简化的静态初始化语法来初始化二维数组
String[][] str={new String[3],new String[]{"hello"}};
```

上面的代码执行后,内存中的存储情况如图 4-14 所示。

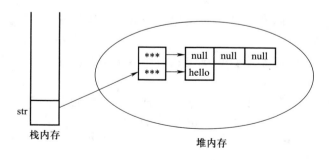

图 4-14 静态初始化二维数组后的存储情况

通过上面的分析可以得出一个结论:二维数组还是一维数组,其数组元素是一维数组;三维数组也是一维数组,其数组元素是二维数组……从这个角度来看,Java 语言没有多维数组。

4.8 数组应用举例

数组是 Java 中重要的数据结构,是程序设计的重要组成部分,本节通过几个典型例子说明数组的具体应用。

例 4.8 经典排序案例。

排序是将一组数按照递增或递减的顺序排列。排序的方法很多,其中最基础的是选择法。选择法排序的基本思想如下:

① 对于给定的 n 个数,从中选取最小(大)的数,与第一个数交换位置,便将最小(大)的数置于第一位置。

② 对于除第一个数外剩下的 $n-1$ 个数,重复步骤①,将次小(大)的数置于第二位置。

③ 对于剩下的 $n-2$,$n-3$,…,2 个数,用同样的方法,分别将第三小(大)的数置于第三位置,第四小(大)的数置于第四位置,…,第 $n-1$ 小(大)的数置于第 $n-1$ 位置。

假定有 7 个数 7,4,0,6,2,5,1,根据该思想,对其按照递增顺序排列,需要进行 6 轮选择和交换过程。

第一轮:7 个数中,最小数是 0,与第一个数 7 交换位置,结果为:

0 4 7 6 2 5 1

第二轮:剩下的 6 个数中,最小数是 1,与第二个数 4 交换位置,结果为:

0 1 7 6 2 5 4

第三轮:剩下的 5 个数中,最小数是 2,与第三个数 7 交换位置,结果为:

0 1 2 6 7 5 4

第四轮:剩下的 4 个数中,最小数是 4,与第四个数 6 交换位置,结果为:

0 1 2 4 7 5 6

第五轮:剩下的 3 个数中,最小数是 5,与第五个数 7 交换位置,结果为:

0 1 2 4 5 7 6

第六轮:剩下的 2 个数中,最小数是 6,与第三个数 7 交换位置,结果为:

0 1 2 4 5 6 7

可见,对于 n 个待排序的数,要进行 $n-1$ 轮的选择和交换过程。其中,在第 i 轮的选择和交换过程中,要进行 $n-i$ 次比较,才能选出该轮中最小(大)的数。

根据前面的分析,可以编写对 n 个整数进行升序排序的程序。代码如下:

```
//ArraySort.java
public class ArraySort {
```

```
public static void main(String[] args) throws IOException {
    BufferedReader keyin = new BufferedReader(new InputStreamReader(
    System.in));
    int a[],i,j,k,temp;
    String c;
    System.out.println("请输入数组元素的个数!");
    c=keyin.readLine();
    temp=Integer.parseInt(c);
    a=new int[temp];
    System.out.println("请输入"+temp+"个数,每行输入一个数");
    for (i=0;i < a.length;i++) {
        c=keyin.readLine();
        a[i]=Integer.parseInt(c);
    }
    System.out.println("排序后:");
    for (i=0;i < a.length;i++) {
        k=i;
        for (j=i+1;j < a.length;j++) {
            if (a[j] < a[k])
            k=j;
            temp=a[i];
            a[i]=a[k];
            a[k]=temp;
        }
    }
    for (i=0;i < a.length;i++) {
        System.out.print(a[i]+" ");
    }
}
}
```

源代码:例 **4.8**

在例 4.8 中,定义变量 keyin 的目的是在程序运行过程中通过键盘输入数据,其功能将在后续章节介绍。语句 c=key.readLine()将通过键盘输入的一行字符串保存到变量 c 中。语句 temp = Integer.parseInt(c)的功能是将变量 c 中保存的字符串转换成整型数据。

第一个循环语句为数组 a 的各元素输入值;第二个循环语句是一个二重循环,对数组 a 进行排序;第三个循环语句输出排序后数组各元素的值。

在排序过程的第 i 轮循环中,用变量 k 记录该轮中最小数的下标。待该轮循环结束后,交换第 i 个元素和第 k 个元素的值,从而将第 i 个最小数置于第 i 个位置。

运行该程序,根据提示,首先输入数组元素的个数 5,然后输入 5 个元素值(a[0]～a[4]):

12,89,23,72,34。

程序运行结果：

请输入数组元素的个数！

5

请输入 5 个数，每行输入一个数

12

89

23

72

34

排序后：

12 23 34 72 89

例 4.9 运用数组输出九宫格。

九宫格是一种游戏，在一个 3×3 方阵的 9 个元素中分别填入 1~9 中的
9 个数，使得每行、每列和对角线上 3 个数的和都是 15。

源代码：例 4.9

创建 NineTable 类，在类的主方法中创建 3×3 方阵，按照九宫格的玩法
填入 1~9，在控制台输出结果。代码如下：

```java
//NineTable.java
public class NineTable {
    public static void main(String[] args) {
        int arr[][] = new int[3][3];
        int a = 2;
        int b = 3/2;
        for (int i = 1; i <= 9; i++) {
            arr[a++][b++] = i;
            if (i % 3 == 0) {
                a = a-2;
                b = b-1;
            } else {
                a = a % 3;
                b = b % 3;
            }
        }
        System.out.println("输出九宫格:");
        for (int i = 0; i < 3; i++) {
            for (int j = 0; j < 3; j++) {
                System.out.print(arr[i][j]+" ");
            }
        }
```

```
            System.out.println("\n");
        }
    }
}
```

程序运行结果：

输出九宫格：

```
4   9   2
3   5   7
8   1   6
```

本章小结

本章主要介绍了数组的相关内容。首先从宏观上介绍数组，数组可以理解成一种特殊的数据类型，它和其他的基本数据类型相似。其次，详细地讲解了数组的声明、创建和初始化的方法。接着介绍数组的使用，包括使用下标对数组进行赋值和遍历以及通过 foreach 循环对数组内容进行遍历。最后，深入理解一维数组和多维数组在内存中的分配情况，并通过举例说明数组在实际编程中的应用。

课后练习

1. 把数组中的元素按某种顺序排列的过程叫作查找。   (   )
2. 一个数组可以存放许多不同类型的数值。   (   )
3. 将一个数组传递给一个方法，必须在数组名后加方括号。   (   )
4. 数组中有 length( ) 方法，如 array.length( ) 表示数组 array 中元素的个数。   (   )
5. 声明数组时要指定数组长度，以便为数组分配内存。   (   )
6. Java 语言中的数组元素下标总是从 0 开始，下标可以是整数或整型表达式。   (   )
7. 定义 int 型一维数组 a[10]后，下面错误的引用是_____。
A. a[0]=1   B. a[10]=2   C. a[0]=5 * 2   D. a[1]=a[2] * a[0]
8. 定义 int 型二维数组 a[6][7]后，数组元素 a[3][4]前的数组元素个数为_____
A. 24   B. 25   C. 18   D. 17
9. 下面程序的运行结果是_____。

```
main() {
    int x=30;
    int[] numbers=new int[x];
```

```
        x = 60;
        System.out.println(numbers.length);
}
```

A. 60　　　　　　B. 20　　　　　　C. 30　　　　　　D. 50

10. 当访问无效的数组下标时, 会发生_____。

A. 中止程序　　　　B. 抛出异常　　　C. 系统崩溃　　　D. 直接跳过

11. 下列数组声明中错误的是_____。

A. int[ ] a　　　　B. int a[ ]　　　C. int[ ][ ] a　　　D. int[ ]a[ ]

12. 关于 char 类型的数组, 以下说法正确的是_____。

A. 其数组的默认值是' A '　　　　　　B. 可以仅通过数组名来访问数组
C. 数组不能转换为字符串　　　　　　D. 可以存储整型数值

13. 下列语句会造成数组 new int[10]越界的是_____。

A. a[0] + = 9;　　　　　　　　　　B. a[9] = 10;
C. a[9]　　　　　　　　　　　　　　D. for(int i = 0; i < = 10; i + +)　a[i] + +;

14. 数组的元素通过_____访问, 数组 Array 的长度为_____。

15. JVM 将数组存储在_____(堆或栈)中。

16. 数组最小的下标是_____。

17. 数组下标访问超出索引范围时, 抛出_____异常。

18. 不用下标变量就可以访问数组的方法是_____。

19. 矩阵或表格一般用_____维数组表示。

20. Java 中数组下标的数据类型是_____。

21. 有一个整数数组, 其中存放着序列 1, 3, 5, 7, 9, 11, 13, 15, 17, 19。将该序列倒序存放并输出。

22. 编写一个程序, 提示用户输入学生数量、姓名和他们的成绩, 并按照成绩的降序打印学生姓名。

23. 编写一个程序, 求出整数数组中最小元素的下标。如果这样的元素个数大于 1, 则返回下标最小的数的下标。

24. 有两个数组: 数组 a 为 1, 7, 9, 11, 13, 15, 17, 19, 数组 b 为 2, 4, 6, 8, 10。将两个数组合并为数组 c, 按升序排列。

第二部分　面向对象思想篇

本篇介绍 Java 语言程序设计的核心内容。基础篇介绍了 Java 语言的一些基本知识，读者对 Java 语言程序设计的基础语法应该有了初步认识。本篇将带领读者全面认识融入了面向对象编程思想的 Java 语言，揭示面向对象程序设计的本质特性和优势。

计算机程序与日常生活密不可分。生活中的实例能够帮助我们更好地理解计算机程序；当然，也可以编写计算机程序来解决生活中的问题。本篇大量采用生活中的事例帮助读者理解 Java 语言中比较抽象的概念，如封装、继承、多态等。将一个个生动、有趣的事例融入 Java 语言中，不但使概念更加容易理解，而且使人印象深刻。

本篇主要介绍类和对象、继承和多态、内部类和异常、多线程、接口等重要知识，分为 5 章。

第 5 章类和对象讲述面向对象编程思想的基础，包括类的定义、对象的创建、类的构造方法的应用以及 this 关键字的使用等。

第 6 章继承与多态性主要介绍在 Java 语言中如何体现面向对象编程的重要特性——继承性，包括类的继承的定义和实现方法、类的多态性以及抽象类和抽象方法的使用。

第 7 章内部类和异常主要介绍 Java 程序设计过程中的异常处理机制。

第 8 章多线程主要介绍线程的概念、线程的创建方法、多线程技术的应用以及线程的同步等知识。

第 9 章接口主要介绍接口的定义、接口的实现以及接口的应用等相关知识。

第 5 章 类 和 对 象

基础篇所介绍的知识只属于 Java 程序设计的基本语法部分,本章将带领读者学习融入了面向对象编程思想的 Java 语言程序设计体系。本章将介绍 Java 中的核心概念——类和对象,这也是面向对象编程思想的核心。类实现了数据和方法的封装,对象的创建是使用类的前提,这是面向对象编程思想与面向过程编程思想的最大不同之处。类和对象是 Java 语言中最基础也最重要的内容。因此,扎实地掌握本章的相关知识非常关键。

本章要点:

- 掌握类与对象的关系、定义及使用
- 掌握对象的创建及使用方法
- 掌握类的构造方法
- 了解类及成员的修饰符
- 掌握 this 关键字的作用

5.1 类和对象概述

在面向对象技术中,类(class)和对象(object)是最基本、最重要的组成单元。类实际上是对客观世界中某类群体的一些基本特征的抽象。对象则表示一个个具体的事物。客观世界中的每个事物都有自己的属性和行为,从程序设计的角度,事物的属性可以用变量描述,行为可以用方法描述。类是定义属性和行为的模板,对象是类的实例(instance),对象与类的关系就像变量与数据类型的关系一样。

5.1.1 类与对象的关系

类是具备某些共同特征的实体的集合,是对现实生活中某类对象的抽象,是一种抽象数据类型。类既包括数据,又包括作用于数据的一组操作。类中的数据称为成员变量,类对数据的操作称为成员方法。成员变量反映类的状态和特征,成员方法反映类的行为和能力。类的成员变量和成员方法统称为类的成员。

对象表示现实世界中某个具体的事物,对象与实体是一一对应的。也就是说,现实世界中的每一个实体都是一个对象,对象是一个具体的概念。

例如,在现实生活中,狗可以表示为一个类,某只具体的狗就可以表示为一个对象。可以通过各种信息完整地描述这只狗,如名字、毛发颜色、年龄等,这些信息就是面向对象中所谓的属性;同时,狗还可以汪汪叫、摇尾巴,这些在类的行为中就称为方法。图 5-1 展示了现实世界和计算机世界的映射关系。

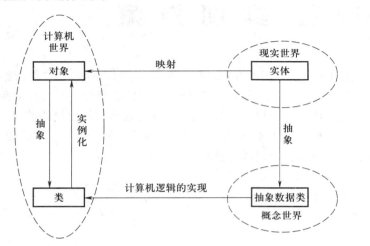

图 5-1 现实世界与计算机世界的映射关系

微视频:
类和对象概念的理解

5.1.2 类的定义

1. 类定义的格式

Java 中的类包括成员变量和成员方法两部分。类的成员变量可以是基本数据类型的数据或数组,也可以是一个类的实例;类中的方法用于处理该类的数据。类定义的基本格式如下:

［类的修饰字］class 类名［extends 父类名称］［implements 接口名称］
{
  变量定义及初始化; //声明成员变量
  ［方法修饰字］返回值的数据类型方 法名称(参数 1,参数 2,…){
    程序语句; //定义成员方法
    ［return 表达式］;
  }
}

说明:

① class 是关键字,用来定义类。"class 类名"是类的声明部分,类名必须是合法的 Java 标识符,第一个字母通常大写。类名要能够体现类的功能和作用。两个大括号及其之间的内容是类体。

② 类的修饰字有 public、abstract、final,默认方式为 friendly(可省略)。其中,abstract 类不能直接产生属于这个类的对象;final 类不能被其他任何类所继承;public 类不但可以被同一程序包中的其他类使用,也可以被其他程序包中的类所使用;friendly 类只能被本包中的其他类

使用。

③ Java 语言允许对类中定义的各种属性和方法进行访问控制,即规定不同的保护等级来限制对它们的使用,目的在于实现信息的封装和隐藏。Java 语言将对类成员的访问控制分为 4 个等级:private、default、protected 和 public,具体规则如表 5-1 所示。

表 5-1　Java 类成员的访问控制

访问控制等级　　可否直接访问	同一个类中	同一个包中	不同包中的子类对象	任何场合
private	√			
default	√	√		
protected	√	√	√	
public	√	√	√	√

private 修饰的成员仅可被该类自身引用和修改,不能被其他任何类(包括子类)引用;default 修饰的成员只能被类本身或同一个包中的类访问;protected 修饰的成员只能被类本身、派生类或者同一个包中的类访问;public 修饰的成员可以被所有类访问。

④ 每个类都拥有自己的名字空间,即类及其方法和变量可以在一定范围内"知道"彼此的存在。

⑤ 父类继承声明:extends 父类名(见第 6 章 类的继承与多态性)。

⑥ 接口实现:implements 接口名(见第 9 章 接口和实现)。

⑦ 类的目的是抽象出一类事物共有的属性和行为,并用一定的语法格式来描述这些属性和行为,即数据以及对数据所进行的操作。因此,类体的内容由以下两部分构成:

变量的声明:存储属性的值(体现对象的属性)。

方法的定义:方法可以对类中声明的变量进行操作(体现对象所具有的行为)。

2. 成员变量

类体中所声明的变量被称为成员变量。其定义格式为:

[变量修饰字] 变量数据类型 变量名 1,变量名 2[= 变量初值] …;

成员变量的类型可以是 Java 中的任何一种数据类型,如基本数据类型中的整型、浮点型、字符型、布尔型,或引用数据类型中的数组、对象和接口。例如,定义 Dog 类的代码如下:

```
public class Dog{
    String name;        //狗的名字
    String color;       //狗的毛发颜色
    int age;            //狗的年龄
```

Dog 类的成员变量 name、color 是 String 类型,age 是 int 类型。

说明:

① 成员变量在整个类内有效,其有效性范围与在类体中书写的先后位置无关。

② 变量名除了要符合标识符的规定外,首字母应小写。

③ 变量名应见名知意。

3. 成员方法

成员方法的定义包括两部分:方法头和方法体。其定义格式为:

[方法修饰字] 类型标识符 方法名称(参数 1,参数 2,…)[throws exceptionList]

```
{
    声明部分;
    语句部分;
}
```

例如,定义成员方法 bark() 的代码如下:

```
public void bark(){
    System.out.println("狗在汪汪叫…");
}
```

说明:

① 方法头确定方法的名字、形式参数的名字与类型、返回值的类型和访问限制;方法体由声明部分和语句部分组成,描述方法的功能。

② 类型标识符反映的是方法返回的运算结果的数据类型,如果方法没有返回值,则用 void 关键字指明。本例中,方法 bark() 的返回值类型为 void。

③ 方法名要符合标识符的命名规则,见名知意。bark 就是狗叫的意思。

④ 对于有返回值的方法,方法体中至少应含有一条 return 语句,其形式为"return(表达式);",当调用该方法时,方法的返回值即此表达式的值。

⑤ 方法不能嵌套,即不能在方法中再声明其他方法。

⑥ 同一个类中的方法可以访问该类的成员变量。

⑦ 一个类的方法只能访问自己的局部变量。

例 5.1 定义 Dog 类,并设置其属性和方法。

源代码:例 5.1

```
//Dog.java
public class Dog{
    String name;
    String color;
    int age;
    public void bark(){
        System.out.println("狗在汪汪叫…");
```

```
        }
    }
```

在上面的程序中,Dog 类定义了 name、color 和 age 3 个属性,分别表示狗的姓名、毛发颜色和年龄,然后定义了一个 bark( )方法,表明狗有汪汪叫的能力。

5.1.3 对象的创建、使用及清除

1. 对象的创建

类是抽象的,对象是具体的。在程序中必须创建类的实例,即对象。对象的创建过程就是实例化类的过程。对象是动态的,拥有生命周期,会经历一个从创建、运行到消亡的过程。创建对象的步骤包括:

① 对象的声明。

② 对象的实例化及对象的初始化。

声明对象的基本格式如下:

类名 对象名;

对象名 =new 类名(参数表);

或者

类名 对象名 =new 类名(参数表);

例 5.2 定义 DogTest 类,创建并实例化该类的一个对象。

```
//DogTest.java
public class DogTest{
    String name;    //定义成员属性
    String color;
    int age;
    public void bark(){    //定义成员方法
        System.out.println("狗在汪汪叫…");
    }
    public static void main(String args[]){
        DogTest dog =new DogTest ();    //创建并实例化对象
    }
}
```

源代码:例 5.2

上面的程序在例 5.1 的基础上创建并实例化了 DogTest 类的一个对象 dog。

说明:

① 当创建一个类时,相当于创建了一种新的数据类型。对象是类的一个实例。

② 使用 new 运算符实例化对象。

③ 实例化对象时,向内存申请存储空间,并同时调用类的构造方法(构造方法见 5.2 节)对对象进行初始化。

2. 对象的使用

在程序中创建对象的目的是使用对象。创建一个对象,就要为对象的各个成员变量分配存储空间。可以通过引用对象的成员来使用对象。

对象数据成员的引用方式如下:

对象名. 数据成员名;

对象成员方法的引用方式如下:

对象名. 成员方法名(实际参数表);

例 5.3　定义 DogTest1 类,创建该类的对象 dog,使用该对象并输出相应信息。

源代码:例 5.3

```java
//DogTest1.java
public class DogTest1{
    String name;   //定义成员属性
    String color;
    int age;
    public void bark(){   //定义成员方法
        System.out.println("狗在汪汪叫…");
    }
    public static void main(String[] args){
        DogTest1 dog=new DogTest1();   //创建并实例化对象
        dog.name="阿黄";
        dog.color="黄色";
        dog.age=3;
        System.out.println("dog"+dog.name+"的年龄:"+dog.age+",毛发颜色:"+dog.color);
        dog.bark();
    }
}
```

程序运行结果:

dog 阿黄的年龄:3,毛发颜色:黄色

狗在汪汪叫…

此程序在例 5.2 的基础上扩充而来,为对象 dog 的数据成员赋值并打印输出,同时调用了其 bark()成员方法。

3. 对象的清除

通过 new 运算符实例化对象时,系统为对象分配所需的存储空间,存放其属性值。但内存空间有限,不能存放无限多的对象。因此,Java 运行时系统会通过垃圾自动回收机制周期性地释放无用对象所占用的内存,完成垃圾的自动回收。当一个对象的引用为空时,该对象称为一个无用对象。垃圾收集器(garbage collector)以较低优先级在系统空闲周期中执行,一次垃圾收集的速度比较慢,在某些情况下,如果需要主动释放对象,或在释放对象时需要执行特定的操作,则可以在类中定义 finalize()方法,即析构方法。其基本格式为:

```
public void finalize(){
    方法体；
}
```

说明：

一个类只有一个 finalize( )方法，没有返回值。

下面对前面介绍的类和对象的定义进行一下梳理（即例 5.3），程序框架如图 5-2 所示。

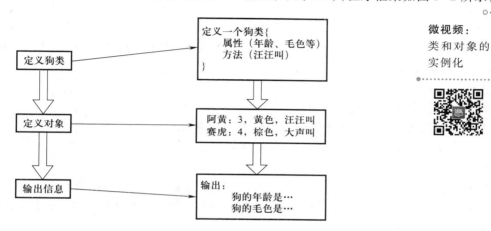

图 5-2　程序框架

微视频：
类和对象的
实例化

5.2　构造方法

类中有一种特殊的方法，其方法名与类名相同，称为构造方法。当使用 new 运算符实例化一个对象时，系统为对象创建内存区域并自动调用构造方法初始化成员变量。

构造方法的定义格式如下：

```
class 类名称{
    访问权限 类名称(类型 1 参数 1,类型 2 参数 2,…){
        程序语句；
        ...    //构造方法没有返回值
    }
}
```

例 5.4　为例 5.1 的 Dog 类定义构造方法。

```
//DogTest2.java
public class DogTest2{
    String name;
    String color;
```

源代码：例 5.4

```
        int age;
        public DogTest2 (String name1,String color1,int age1){
        //定义含有 3 个参数的构造方法
            name=name1;
            color=color1;
            age=age1;
        }
    }
```

DogTest2 类中定义了 3 个成员变量:name、color 和 age,DogTest2(String name1,String color1,int age1)是其构造函数,实现对象的初始化。

说明:

① 构造方法的名称必须与类名相同。

② 构造方法的声明处不能有任何返回值类型的声明。

③ 不能在构造方法中使用 return 语句返回值。

④ 构造方法主要用于对象的初始化。

⑤ 构造方法不能显式地直接调用,用 new 运算符创建对象时系统自动调用。

⑥ 一个类中可以定义多个构造方法,但是构造方法的参数表不能相同,即各构造方法的参数个数不同或参数类型不同。

⑦ 当一个类没有构造方法时,Java 自动为该类生成一个默认的构造方法,默认构造方法没有参数。但是,当一个类定义了构造方法时,默认构造方法将不会被提供。

例 5.5 定义 PersonTest 类,使用默认构造方法创建对象,并打印输出对象的信息。

源代码:例 5.5

```
// PersonTest.java
public class PersonTest{
    String name;
    String address;
    int age;
    public void setMessage(String name1,String address1,int age1)
    {
        //设置信息
        name=name1;
        address=address1;
        age=age1;
    }
    public static void main(String[] args){
        PersonTest p1=new PersonTest ();    //创建 PersonTest 类对象 p1
        //输出默认构造方法的初始化结果
        System.out.println(p1.name+" "+p1.address+" "+p1.age);
```

```
        p1.setMessage("李小红","太原市",24);
        System.out.println(p1.name+" "+p1.address+" "+p1.age);
    }
}
```

程序运行结果：

```
null null 0
 李小红 太原市 24
```

在 main( )方法中,系统首先调用默认构造方法对成员变量用默认值进行初始化(字符串型变量的默认值为 null,数值型变量的默认值为 0),输出默认初始化值;然后调用成员方法 setMessage( )将指定值赋给成员变量,并打印输出其新值。从程序的运行结果可以发现,只有当调用关键字 new 实例化对象时才会调用构造方法。

例5.6 定义多个构造方法,根据不同的参数调用相应的构造方法。

```
// PersonTest1.java
public class PersonTest1{
    String name;
    int age;
    public PersonTest1 (String name1){    //仅有一个参数的构造方法
        name=name1;
    }
    public PersonTest1 (String name1,int age1){    //含有两个参数的构造方法
        name=name1;
        age=age1;
    }
    public static void main(String[ ] args){
        PersonTest1 p1=new PersonTest1 ("张小白",14);    //创建 Person Test1 类对象 p1
        System.out.println(p1.name+" "+p1.age);
        PersonTest1 p2=new PersonTest1 ("李小红");    //创建 Person Test1 类对象 p2
        System.out.println(p2.name);
    }
}
```

源代码:例5.6

程序运行结果：

```
张小白 14
李小红
```

在 main( )方法中实例化对象 p1、p2 时,根据所提供的实参个数分别调用构造方法 PersonTest1 (String name1,int age1)、PersonTest1 (String name1)对其成员变量进行初始化。

拓展练习

设计一个表示学生的 Student 类,类中的变量有姓名、学号和记录学生数量的变量,定义类的

3 个构造方法(无参数、为姓名赋值、为姓名和学号赋值)和返回类信息的方法。编写应用程序,设置两个 Student 类的对象,输出对象的信息。

5.3　类和成员的修饰符

在对类和类的成员进行定义时,可以使用一些修饰符对类和成员的使用做某些限定。修饰符一般分为两类:访问控制符和非访问控制符。访问控制符有 public、protected、private 等,它们的作用是给予对象一定的访问权限,实现类和类中成员的信息隐藏。非访问控制符的作用各不相同,有 static、final、abstract 等。某些修饰符只能应用于类的成员,某些修饰符既可应用于类,也可应用于类的成员。本节重点介绍非访问控制符。

5.3.1　static 修饰符

静态成员属于类,而不属于一个具体的类对象。静态成员需要使用 static 修饰,包括静态变量和静态方法。通过类名可以直接访问静态成员变量,调用静态成员方法。即使没有创建对象,也可以引用静态成员。静态成员也可以通过对象名引用。不同的类对象访问的静态成员位于同一个存储区域。

1. 静态成员变量

例 5.7　static 修饰成员变量举例。

```
//Student.java
class Student{
    String name;
    String address;
    static int count = 0;   //静态成员变量
    public Student(String m,String n){   //构造方法
        name = m;
        address = n;
        count = count + 1;
    }
}
```

源代码:例 5.7

此程序中,name、address 和 count 都是成员变量,而 count 用 static 修饰为静态成员变量,用于统计学生人数。

说明:

① 在声明静态成员变量时,必须使用 static 修饰变量。

② 系统仅为静态成员变量分配一个存储单元,所有对象共享这个静态成员变量。若某个对象修改了静态成员变量的值,所有对象使用的都将是修改后的静态成员变量值。例如,创建两个

对象 s1 和 s2:

```
Student s1 = new Student("张小白","太原");
Student s2 = new Student("李小红","北京");
```

s1.name 和 s2.name 分别占据不同的存储空间,s1.address 和 s2.address 也分别占据不同的存储空间,但 count 只占用一个存储空间,s1 和 s2 共享该存储空间。

③ 静态成员变量属于类,既可以通过类名访问,也可以通过对象名访问。访问格式如下:

对象名. 静态成员变量名;

或

类名. 静态成员变量名;

例如,在例 5.7 中,Student.count、s1.count、s2.count 引用的是同一个变量。

2. 静态成员方法

例 5.8 static 修饰成员方法举例。定义 Rectangle 类,设计相应的方法计算其周长和面积并输出计算结果。

```
//Rectangle.java
class Rectangle{
    static double x;
    static double y;
    public double perimeter(double x,double y){
        return 2*(x+y);    //返回矩形的周长
    }
    public static double area(double x,double y){    //静态成员方法
        return x*y;    //返回矩形面积
    }
    void print_message(){
        System.out.println(perimeter(2.3,4.5));
        System.out.println(area(2.3,4.5));
    }
}
```

源代码:例 5.8

其中,perimeter(double x,double y)是成员方法,area(double x,double y)用 static 修饰为静态成员方法。

说明:

① 静态成员方法必须使用 static 修饰。

② 静态成员方法除使用本方法中声明的局部变量外,只可以访问静态成员变量,不能访问非静态成员变量。

③ 静态成员方法中只能调用静态成员方法,不能调用非静态成员方法。如果将 print_message()改为:

```
static void print_message(){
    System.out.println(perimeter(2.3,4.5));  //编译出错
    System.out.println(area(2.3,4.5));
}
```

将不能通过编译,因为在静态成员方法中不能调用非静态成员方法 perimeter( )。在以前的例子中,由于 main( )是静态成员方法,因此在 main( )方法中只能调用静态成员方法。

④ 静态成员方法可以通过类名访问,即不需要实例化就可以调用静态成员方法,同时也可以通过对象名访问。访问格式如下:

对象名.静态成员方法( );

或

类名.静态成员方法( );

拓展练习

设计一个 Rectangle 类,添加属性 width、height,在类中定义两个方法,计算矩形的周长和面积。编写应用程序,在屏幕上输出矩形的周长和面积(要求不创建类的对象)。

5.3.2　final 修饰符

1. 在类的声明中使用 final

Java 允许在类的声明中使用 final 关键字。被定义成 final 的类不能派生子类。例如,java.lang.String 类就是一个 final 类,这保证对 String 对象方法的调用执行的确实是 String 类的方法,而不是其子类重写的方法。如果一个类不需要有子类,类的实现细节不允许改变,并且这个类不会被扩展,则可将其设计为 final 类。

2. 在成员方法的声明中使用 final

类的成员方法中被定义成 final 的方法不能被重写。当方法的实现不能被改变,或者方法对保证对象状态的一致性很关键时,应该把该方法定义为 final。使用 final 修饰的方法可以被锁定,防止任何继承类修改它的意义和实现。编译器在遇到调用 final 方法时会转入内嵌机制,大大提高执行效率。

3. 在成员变量的声明中使用 final

类的成员变量中被定义成 final 的变量不能被改变。因此,可以通过声明变量为 final 并同时赋初值来定义常量,变量名一般全部大写。例如:

```
final int NUM = 10;
```

说明:

① final 类不能被继承,即 final 类无子类。

② final 方法不能被覆盖,即子类的方法名不能与父类的 final 方法名相同。

③ final 变量实际上是 Java 语言的符号常量,可以在定义时赋初值或在定义后的其他地方赋

初值,但不能再次赋值;习惯上使用大写标识符表示 final 变量。例如:

```
final double PI = 3.1415;
final double G = 9.28;
```

因为 final 变量不能改变,没有必要在每个对象中存储,所以可以将 final 变量声明为静态的,以节省存储空间。例如:

```
static final double PI = 3.1415;
```

5.4 this 关键字

在 Java 中,this 关键字较难理解,因为其用法比较灵活。使用 this 关键字可以引用当前对象的成员变量、成员方法和构造方法,同时还可以指代对象本身。

5.4.1 访问成员变量

例 5.9 访问成员变量。

源代码:例 5.9

```
//ThisTest1.java
public class ThisTest1 {
    private String name;
    private int age;
    public ThisTest1 (String name,int age){    //含有两个参数的构造方法
        name = name;    //注意:此处构造方法的参数名与该类的属性名称一样
        age = age;
    }
    public String getInf(){    //返回本类对象的信息
        return "姓名:"+name+",年龄:"+age;
    }
    public static void main(String args[]){
        ThisTest1 per1 = new ThisTest1 ("张小白",33);    //创建本类对象 per1
        System.out.println(per1.getInf());
    }
}
```

程序运行结果:

姓名:null,年龄:0

从程序的运行结果可以看出,姓名为 null,年龄为 0,并没有把构造方法传递进去的参数赋给成员变量。这是由于在赋值时成员变量并没有明确地被指出,从而造成错误,而此错误可以用 this 关键字解决。

例 5.10 使用 this 关键字访问成员变量 name 和 age。

```
//ThisTest2.java
public class ThisTest2 {
    private String name;
    private int age;
    public ThisTest2 (String name,intage){
        this.name=name;    //this 访问成员变量
        this.age=age;
    }
    public String getInf(){
        return "姓名:"+name+",年龄:"+age;
    }
    public static void main(String args[]){
        ThisTest2 per1=new ThisTest2 ("张小白",33);
        System.out.println(per1.getInf());
    }
}
```

源代码:例 5.10

程序运行结果:

姓名:张小白,年龄:33

此程序达到了目的,在构造方法中,已经明确地标识出类中的两个属性 this.name 和 this.age,因此在赋值时不会产生歧义。

说明:

通过 this 关键字引用成员变量的形式如下:

this. 成员变量名

当成员方法中没有与成员变量同名的参数时,this 关键字可以省略。但当成员方法中存在与成员变量同名的参数时,引用成员变量时不能省略 this 关键字,因为成员方法默认引用的是方法中的参数。

拓展练习

设计一个 Dog 类,包含名字、毛发颜色、年龄、习性等属性,定义构造方法初始化这些属性(要求使用 this 关键字),定义方法输出 Dog 信息,编写应用程序使用 Dog 类。

5.4.2 调用成员方法

例 5.11 使用 this 关键字访问成员方法。

```
//ThisTest3.java
public class ThisTest3 {
    private String name;
    private int age;
```

源代码:例 5.11

```
public ThisTest3 (String name,int age){
    this.setName(name);    //使用 this 关键字访问成员方法
    this.setAge(age);
}
public void setName(String a){    //设置对象姓名
    name=a;
}
public void setAge(int a){    //设置对象年龄
    age=a;
}
public static void main(String args[]){
    ThisTest3 per=new ThisTest3 ("李小红",30);
    System.out.println("姓名:"+per.name+",年龄:"+per.age);
}
}
```

程序运行结果:

姓名:李小红,年龄:30

此程序中,构造方法利用 this 关键字调用了成员方法 setName()和 setAge()。

说明:

通过 this 关键字调用成员方法的形式如下:

```
this. 成员方法名(参数表)
```

其中,成员方法名前的 this 关键字可以省略。

5.4.3 调用构造方法

例 5.12   使用 this 关键字调用类的构造方法。

```
//ThisTest4.java
public class ThisTest4 {
    private String name;
    private int age;
    public ThisTest4 (){    //无参数的构造方法
        System.out.println("产生一个新的 Person 对象。");
    }
    public ThisTest4 (String name,int age){    //含两个参数的构造方法
        this();    //调用本类中无参数的构造方法
        this.name=name;
        this.age=age;
    }

    public String getInf(){
```

源代码:例 5.12

```
        return "姓名:"+name+",年龄:"+age;
    }
    public static void main(String args[]){
        ThisTest4 per=new ThisTest4("黄小仙",36);
        System.out.println(per.getInf());
    }
}
```

程序运行结果:

产生一个新的 Person 对象。

姓名:黄小仙,年龄:36

本程序提供了两个构造方法,其中有两个参数的构造方法中使用 this()形式调用本类中无参数的构造方法,因此最终会把产生新对象的信息打印出来。

说明:

① 在构造方法中,可以通过 this 关键字调用本类中具有不同参数表的构造方法。调用形式如下:

this(参数表)

② 使用 this 关键字调用构造方法的语句必须也只能放在构造方法的首行。例如,如下程序会出现编译错误:

```
public Person(String name,int age){
    this.name=name;
    this.age=age;
    this();   //非首行
}
```

5.4.4 指代对象本身

例 5.13 this 关键字用于指代对象本身。

源代码:例 5.13

```
// Person.java
public class Person{
    private int age;
    public int get Age(){   //获取年龄
        return age;
    }
    public void setAge(int age){   //设置年龄
        this.age=age;   //使用 this 关键字访问成员变量
    }
    public boolean equals(Person p1){
        person p=this;   //this 关键字指代对象本身
```

```
        return p1.getAge()==p.getAge();
    }
}
```

在 Person 类中声明了成员变量 age,成员函数 getAge( )、setAge(int age) 和 equals(Person p1)。其中,setAge(int age) 的参数 age 与成员变量 age 同名,因此,引用成员变量时需要使用 this 关键字,即 this.age = age;在 equals(Person p1) 方法中,this 代表对象 p1。

本章小结

本章介绍了 Java 语言中类的含义、类的声明、类的成员组成及类的封装过程,对象的实例化、对象的成员访问和对象的构造及回收。除此之外,本章还介绍了类中构造方法的定义、类和成员的修饰符,以及 this 关键字的用法。学习本章之后,读者应理解类和对象的概念,熟练使用类及其成员的访问控制方法,掌握类的各种构造方法,为后续深入学习面向对象编程方法打好基础。

课后练习

1. 对于类与对象的关系,以下说法中错误的是(　　　)。

A. 类是对象的类型　　　　　　　　　B. 对象由类创建

C. 类是同类对象的抽象　　　　　　　D. 对象是创建类的模板

2. 类中某方法的定义如下:

```
double fun( int a,int b){
    return a*1.0/b;
}
```

同一类中的其他方法调用该方法的正确方式是(　　　)。

A. double a = fun(1,2);　　　　　　B. double a = fun(1.0,2.0);

C. int x = fun(1,2);　　　　　　　　D. int x = fun(1.0,2.0);

3. 下述关于构造方法的说法中不符合 Java 语法规定的是(　　　)。

A. 每个类至少有一个构造方法

B. 构造方法必须与类同名

C. 构造方法无返回值,其返回值类型必须为 void

D. 构造方法必须是 public 的

4. 关于类中成员变量的作用范围,下述说法中正确的是(　　　)。

A. 只有用 public 修饰的变量才能在所有方法中使用

B. 用 private 修饰的成员变量可以在 main( )方法中直接使用

C. 类中所有成员变量在所有成员方法中有效

D. 用 static 修饰的成员变量只能在用 static 修饰的成员方法中使用

5. 方法体内定义的变量称为局部变量,下述关于局部变量的说法中错误的是(　　)。

A. 局部变量仅在所定义的代码块内(花括号对内)有效

B. 局部变量不能用修饰词修饰

C. 局部变量不能与类中的成员变量同名

D. 局部变量未经赋值不能使用

6. int 型 public 成员变量 MAX_LENGTH 的值保持常数 100,则定义这个变量的语句是(　　)。

A. public int MAX_LENGTH = 100　　　　　B. final int MAX_LENGTH = 100

C. public const intMAX_LENGTH = 100　　　D. public final intMAX_LENGTH = 100

7. 为 AB 类的一个无形式参数、无返回值的方法 method( )书写方法头,使得使用类名 AB 作为前缀就可以调用它,该方法头的形式为(　　)。

A. static void method( )　　　　　　　B. public void method( )

C. final void method( )　　　　　　　　D. abstract void method( )

8. 以下代码的输出结果为(　　)。

```
public class Pass{
    static int j = 20;
    public void amethod(int x){
        x = x * 2;
        j = j * 2;
    }
    public static void main(String args[]){
        int i = 10;
        Pass p = new Pass();
        p.amethod(i);
        System.out.println(i+" and "+j);
    }
}
```

A. 错误:方法参数与变量不匹配　　　　B. 20 and 40

C. 10 and 40　　　　　　　　　　　　D. 10 and 20

9. 编译和运行下列程序会出现的结果是(　　)。

```
public class Ref {
    public static void main(String[] args){
```

```
        Ref r=new Ref();
        r.amethod(r);
    }
    public void amethod(Ref r){
        int i=99;
        multi(r);
        System.out.println(i);
    }
    public void multi(Ref r){
        r.i=r.i * 2;
    }
}
```

A. 编译出错   B. 输出 99   C. 输出 198   D. 运行出错

10. 构造一个银行账户类,类中包括如下内容:

(1) 成员变量:用户的账户名称、用户的账户余额(private 类型)。

(2) 成员方法:开户(设置账户名称及余额),利用构造方法完成。

(3) 查询余额。

11. 声明一个图书类,其数据成员为书名、编号(利用静态变量实现自动编号)、书价,并拥有静态数据成员册数,记录图书的总册数;在构造方法中,利用静态变量为对象的编号赋值,在主方法中定义对象数组,并求出总册数。

微视频:
习题讲解

第6章 类的继承与多态性

面向对象程序设计的 3 个主要特征为封装性、多态性和继承性。继承与多态是面向对象程序设计与面向过程程序设计最大的区别之处,也是面向对象程序设计方法的灵魂。本章重点讨论 Java 语言中的继承与派生机制,并引入 Java 代码的可重用性问题。

本章要点:
- 了解继承的定义及分类,掌握继承的实现方法
- 继承过程中的常见问题
- 了解多态的技术:重载和覆盖

6.1 继承

6.1.1 引言

要开发一个播放器软件,有多种编程语言可供选择:一种是面向过程的典型语言——C 语言,实现播放器的功能需要 1 700 多行代码;另一种是面向对象的典型语言——Java 语言,实现同样的功能只需要 80 多行代码。很明显,用 Java 语言编程的工作量较小。为什么用 Java 语言编程的工作量会比较小呢?因为它采用了继承机制。继承技术可以复用以前的代码,能够大大缩短开发周期,降低开发费用。

生活中继承的实例很多。例如,豹子和狮子都属于食肉动物,在对它们进行描述时,有很多特征是相同的。这时,可以先描述食肉动物,在描述豹子时,就可以说它具有食肉动物的所有特征,同时再加上身上有斑纹并且奔跑速度很快等特征就可以了。豹子继承了食肉动物的所有属性,只需要描述它独有的属性就可以了。

6.1.2 继承的概念

继承是从已有的类中派生新的类,新的类拥有已有类的数据属性和行为,并能扩展新的数据属性和行为。换句话说,继承就是在已经存在的类的基础上再扩展新的类。

已经存在的类称为父类、超类或者基类。新产生的类称为子类或派生类。子类拥有父类的所有特性。当然,也可以在子类中添加新的方法和成员变量,这些新添加的方法和成员变量仅仅属于子类。图 6-1 所示为生活中继承的实例。

微视频:
继承的实例

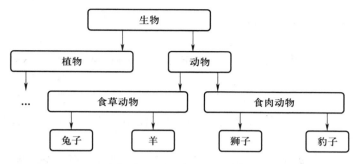

图 6-1　生活中继承的实例

　　继承是面向对象最显著的一个特性。Java 中的继承是使用已存在的类作为基础建立新类的技术,新类的定义中可以增加数据或功能,也可以使用父类的功能,但不能选择性地继承父类。

　　继承分为单继承和多继承。单继承是指一个子类最多只能有一个父类。多继承是指一个子类可以有两个以上的父类。由于多继承会带来二义性,在实际应用中应尽量使用单继承。Java 语言中的类只支持单继承,而接口支持多继承。Java 中多继承的功能是通过接口(interface)间接实现的。

微视频:
理解继承的
概念

　　子类在继承父类时,构造函数是不能被继承的。

6.1.3　继承的实现

1. extends 关键字

　　继承通过关键字 extends 实现。如果使用默认的 extends 子句,则继承的类为 Java.lang.Object 的子类。子类可以继承父类中访问权限为 public、protected 的成员变量和方法,但不能继承访问权限为 private 的成员变量和方法。

　　例 6.1　继承实例:货车类继承汽车类。

```
//ExtendsTest.java
public class ExtendsTest {
    public static void main(String[] args) {
        Truck t = new Truck();
        t.size = 100;    //货车类的一个实例 t 从汽车类继承了 size、color 属性
        System.out.println(t.size);
    }
}
class Car {    //汽车类
int size;        //车体大小
String color;  //颜色
}
```

源代码:例 6.1

```
class Truck extends Car {   //货车类
    String packingBox;   //货箱
}
```

由于货车类继承了汽车类,从而继承了汽车类的 size 和 color 属性。这个程序的输出结果是 100。

注意:

不建议直接写 t.size = 100。初始化成员变量最好使用构造方法,或者提供 set( )、get( )接口。

2. super 关键字

例 6.2 子类 Student 继承父类 SuperTest,当子类与父类拥有同名属性时,调用父类的属性可以通过关键字 super 或创建子类对象两种方法。

源代码:例 6.2

```
//Student.java
class SuperTest {
    int age = 9;
    String name;
    public void sayHello(){
        System.out.println("hello world..");
    }
}
class Student extends SuperTest{
    static int age = 90;
    public void test(){
        System.out.println("age = "+super.age);   //调用父类的属性方法一
        super.sayHello();   //调用父类的方法一
        SuperTest sd = new SuperTest ();
        System.out.println("age = "+sd.age);        //调用父类的属性方法二
        sd.sayHello();        //调用父类的方法二
    }
    public static void main(String args[]) {
        System.out.println("age = "+age);   //调用子类本身的属性
        Student s = new Student();
        s.test();
    }
}
```

程序运行结果:

```
age = 90
age = 9
hello word..
age = 9
```

hello word..

通过例 6.2 可以知道，子类继承父类后，如果子类的成员变量和父类的成员变量同名，则子类会把父类的成员变量隐藏起来，使用自己的成员变量。如果想调用父类的成员变量，可以通过创建父类的实例对象来实现，也可以通过关键字 super 实现。

拓展练习

编写研究生类继承学生类的程序（研究生有导师、研究方向属性及进行科研的方法）。

Java 提供关键字 super 来实现对父类中被屏蔽方法或成员变量的访问。super 关键字可以在以下 3 种情况中使用。

① 用来访问父类中被覆盖的方法。

② 用来调用父类中的构造方法。

③ 用来访问父类中被隐藏的成员变量。

只能在构造方法或实例方法内使用 super 关键字，在静态方法和静态代码块内不能使用 super 关键字。

6.1.4 类方法和实例方法在继承过程中的常见问题

类方法和实例方法在继承过程中会遇到以下常见问题。

① 子类方法不能缩小父类方法的访问权限。例如，在以下代码中，子类的 method( )方法是私有的，父类的 method( )方法是公共的，子类缩小了父类方法的防问权限，这是无效的方法覆盖，将导致编译错误。但子类可以放大父类方法的访问权限。

```
public class Base{
    public void method(){…}
}
public class Sub extends Base{
    private void method(){…}      //编译错误,子类方法缩小了父类方法的访问权限
}
public class Base{
    void method(){…}
}
public class Sub extends Base{
    public void method(){…}//不会报错,子类方法可以放大父类方法的访问权限
}
```

② 子类方法不能抛出比父类方法更多的异常（异常将在后面的章节中介绍）。子类方法抛出的异常必须和父类方法抛出的异常相同或者是父类方法抛出的异常类的子类。

③ 父类的静态方法不能被子类覆盖为非静态方法。

④ 子类可以定义与父类的静态方法同名的静态方法，以便在子类中隐藏父类的静态方法。

编译时,子类定义的静态方法也必须满足与方法覆盖类似的约束,方法的参数名和返回类型应与父类一致,不能缩小父类方法的访问权限,不能抛出更多的异常。

⑤ 父类的非静态方法不能被子类覆盖为静态方法。

⑥ 父类的私有方法不能被子类覆盖。

6.1.5　继承的特点与优点

如上所述,继承的基本原则是:子类继承父类的所有成员变量(包括静态成员);子类继承除父类构造方法外的所有成员方法(包括静态方法);子类不能继承父类的构造方法,但在其构造方法中会隐含调用父类的默认构造方法。

Java 的类是单继承的,不支持多继承,即 extends 关键字后只能有一个类名称,即直接父类。因此,Java 的类继承关系形成一个树形结构,而不是网状结构。

继承的特点是具有层次结构,有了这种层次结构,就可以把编程工作量分解到不同的层次中。

继承具有以下特点:

① 提供多继承机制。从理论上说,一个类可以是多个一般类的子类,可以从多个一般类中继承属性与方法,这便是多继承。Java 出于安全性和可靠性的考虑,仅支持单继承,而使用接口机制来实现多继承。

② 继承通过增强一致性来减少模块间的接口和界面,大大增加了程序的易维护性。

③ 继承提供了软件复用功能。若类 B 继承类 A,则建立类 B 时,只需要再描述与类 A(基类)不同的少量特征(数据成员和成员方法)即可。这种做法能降低代码和数据的冗余度,大大增加程序的可重用性。

④ 继承简化了人们对事物的认识和描述,能清晰地体现相关类间的层次结构关系。

⑤ 继承关系是传递的。若类 C 继承类 B,类 B 继承类 A,则类 C 既有从类 B 那里继承下来的属性与方法,也有从类 A 那里继承下来的属性与方法,还可以有自己新定义的属性与方法。继承的属性和方法尽管是隐式的,但仍是类 C 的属性和方法。继承是在一些比较一般的类的基础上构造、建立和扩充新类的最有效的手段。

继承是提高代码的复用性和系统扩展性的一种有效手段。继承关系有一定的适用条件,在书写代码时不能随便建立继承关系,而应该合理地选用继承。

继承具有以下优点:

① 父类的属性和方法可用于子类。

② 可以轻松地自定义子类。

③ 保证代码的可重用性。

④ 设计应用程序变得更加简单。

微视频:
继承的优点

继承也有其不足之处:继承打破了代码的封装性,因为基类向子类暴露了实现细节,当基类的实现改变时,要相应地对子类做出改变,不能在运行时改变由父类继承来的实现。这里不做详细讨论。

6.2 多态

封装隐藏了类的内部实现机制,从而可以在不影响使用者的前提下改变类的内部结构,同时保护了数据。继承是为了重用父类代码,同时为实现多态性做准备。什么是多态呢? 方法的重写、重载与动态链接构成了多态性。Java 之所以引入多态的概念,是因为它在类的继承上和 C++不同。C++允许多继承,这确实为其带来了非常强大的功能,但是复杂的继承关系也给 C++开发者带来了更大的麻烦。为了规避风险,Java 只允许单继承,派生类与基类间有 IS-A 的关系。这样做虽然保证了继承关系的简单明了,但势必在功能上有很大限制,因此 Java 引入了多态性的概念以弥补这点不足。此外,抽象类和接口也是解决单继承限制的重要手段。

6.2.1 多态的概念

多态是指同一操作作用于不同的对象,可以有不同的解释,产生不同的执行结果。多态指同一个实体同时具有多种形式。它是面向对象程序设计的一个重要特征。如果一个语言只支持类而不支持多态,只能说明它是基于对象的,而不是面向对象的。

例 6.3 多态实例:定义 Football、Basketball、Popolong 3 个类分别继承 Game 类,当 play( )方法分别作用于这 3 个类所创建的对象时,产生不同的执行结果。

源代码:例 6.3

```
//Test.java
public class Test {
    public static void main(String[] args) {
        Game[] games = new Game[10];
        games[0] = new Basketball();
        games[1] = new Football();
        games[2] = new Popolong();
        for (int i = 0;i < games.length;i++) {
            if (games[i] != null)
                games[i].play();
        }
    }
}
class Game { //定义 Game 类
    protected void play() {
        System.out.println("play game");
    }
}
```

```
    }
    class Football extends Game {  //定义 Football 类并继承 Game 类
        protected void play() {
            System.out.println("play football");
            super.play();
        }

        void f() {
            play();
        }
    }
    class Basketball extends Game {  //定义 Basketball 类并继承 Game 类
        protected void play() {
            System.out.println("play basketball");
        }
    }
    class Popolong extends Game {  //定义 Popolong 类并继承 Game 类
        protected void play() {
            System.out.println("play popolong");
        }
    }
```

程序运行结果：

```
play basketball
play football
play game
play popolong
```

上面的程序是一个典型的多态的例子。虽然每个类都有 play( )方法,但执行的结果不同。对于多态,可以总结如下两点：

① 使用父类类型的引用指向子类的对象,该引用只能调用父类中定义的方法和变量。

② 如果子类重写了父类中的一个方法,那么在调用这个方法时,将会调用子类中的方法。

拓展练习

从上述代码中可以看出,在创建 games[0]、games[1]、games[2]对象时进行了类型提升。思考如下写法是否正确,并阐述原因。

```
Football football = new Game();
football.play();
```

多态可以提高代码的可扩展性及可维护性。简单来说,多态有表现多种形态的能力。

多态的实现步骤如下：

① 子类重写父类的方法。

② 把父类类型作为参数类型,该父类及其子类对象作为参数传入。

③ 运行时,根据实际创建的对象类型动态决定使用哪个方法。

多态性与继承、方法重写密切相关。使用多态不仅能减少编码的工作量,而且能大大提高程序的可维护性及可扩展性。

6.2.2 方法覆盖和方法重载

1. 方法覆盖

方法覆盖(overriding)是指在子类中,定义名称、参数个数与类型均与父类相同的方法,用以重写父类中的方法。

例 6.4 方法覆盖实例:子类 Child 继承父类 Father,在子类 Child 中定义与父类名称、参数个数与类型均相同的方法,实现对父类方法的覆盖。

源代码:例 6.4

```java
//Child.java
class Father {
    private int age = 21;
    String name = "nuc";
    public int grade = 3;
    int add( int a,int b) {
        a++;
        System.out.println("父类中的方法:");
        return a;
    }
}
public class Child extends Father {
    int add( int d,int f) {  //子类 Child 的 add()方法重载父类的同名方法
        d++;
        System.out.println("子类中的方法:");
        return d;
    }
    public static void main(String[] args) {
        Child c = new Child();
        System.out.println(c.add(4,3));
    }
}
```

程序运行结果:

子类中的方法:

6

子类 Child 继承了父类 Father,并重载了父类的 add(int d , String c)方法。子类的 add( )方法与父类的 add( )方法具有相同的参数个数与类型,因此父类类型的引用 child 在调用该方法时将会调用子类中重写的 add( )方法。在本例中,子类中的方法实现了对父类中方法的覆盖。

2. 方法重载

方法重载(overloading)是指在同一个类中定义多个名称相同,但参数个数或类型不同的方法,程序中的对象根据参数的个数或者类型调用相应的方法。

例 6.5　StudentOverload 类定义构造函数和 get( )方法,并重载了这两个方法,so1、so2 对象根据这两个方法的参数个数或类型调用相应的方法。

源代码:例 6.5

```java
// StudentOverload.java
public class StudentOverload {
    int age;
    String name;
    public StudentOverload(){}
    public StudentOverload(int age,String name){   //构造函数的重载
        this.age=age;
        this.name=name;
    }
    public void get(){}
    public void get(String n){    //get()方法的重载
        this.get();   //this 表示当前类的对象
        this.age++;
    }
    public void get(String n,int x){}
    public void get(int a,String b){}
    public static void main(String[] args){
        StudentOverload so1=new StudentOverload();//调用无参数构造函数
        so1.get();
        System.out.println("调用无参数构造函数后年龄为:"+so1.age);
        StudentOverload so2=new StudentOverload(21,"nuc");   //调用有参数构造函数
        so2.get();
        System.out.println("调用无参数 get( )方法后年龄为:"+so2.age);
        so2.get("sd");
        System.out.println("调用有参数 get(String n)方法后年龄为:"+so2.age);
    }
}
```

程序运行结果：

调用无参数构造函数后年龄为:0

调用无参数 get()方法后年龄为:21

调用有参数 get(String n)方法后年龄为:22

方法覆盖与方法重载均是 Java 多态的技巧,但两者存在以下区别:

① 方法覆盖要求参数(参数的个数与类型)必须一致;相反,方法重载要求参数不一致。

② 方法覆盖要求返回值类型必须一致,而方法重载对此不做要求。

③ 方法覆盖只能用于子类覆盖父类的方法,方法重载则针对同一个类的所有方法(包括从父类继承而来的方法)。

本章小结

本章首先引出继承在现实生活中的实例,继而详细介绍了继承的相关知识,包括继承的概念、实现、常见问题及继承的特点与优点。其次,介绍了多态的概念及方法覆盖与方法重载。继承与多态是面向对象程序设计与面向过程程序设计最大的区别之处,使用继承可以提高代码的复用性,使用多态可以提高代码的可扩展性及可维护性。

课后练习

1. 如果类 A 继承了类 B,则类 A 称为____类,而类 B 称为____类。____类的对象可作为____类的对象处理,反过来则不行,因为_____。

2. 当用 public 修饰符从基类派生一个类时,基类的 public 成员成为派生类的____成员,protected 成员成为派生类的____成员,private 成员则____。

3. 利用继承能够实现_____,这缩短了程序开发的时间。

4. 构造函数和析构函数可以继承吗? 派生类构造函数各部分的执行次序如何?

5. 什么是派生类的同名覆盖?

6. 试举出 3 个生活中继承的实例。

7. 试举出两个生活中多态的实例。

8. 阅读程序,分析程序运行结果。

```
public class A {
    int x = 1;
    int y = 2;
    public static void main(String[] args) {
        new B();
```

```
        }
    }
class B extends A {
    int x = 5;
    B( ) {
        System.out.println(x+y);
        System.out.println(super.x+y);
    }
}
```

9. 阅读程序,分析程序运行结果。

```
class StringTest {
    public static void main (String[ ] arg) {
        String s1 = new String("a try");
        String s2 = "a try";
        String s3 = s1;
        System.out.println(s1 == s2);
        System.out.println(s2 == s3);
        System.out.println(s1 == s3);
        System.out.println(s1.equals(s2));
        System.out.println(s1.equals(s3));
        System.out.println(s1.equals(s1));
        System.out.println(s1.compareTo(s2));
        System.out.println(s1.compareTo(s3));
        System.out.println(s1.compareTo(s1));
    }
}
```

10. 在 Eclipse 中实现第 6 题中所举继承例子的任意一个。

11. 在 Eclipse 中实现第 7 题中所举多态例子的任意一个。

微视频:
习题讲解

12. 定义一个长方体类,该类拥有长、宽、高 3 个属性及计算体积的方法;定义一个子类继承该长方体类,增加成员变量重量,并增加计算长方体表面积的方法。

第7章 内部类和异常

　　Java 只支持单继承,要实现多重继承有许多方法,本章将要介绍的内部类就是一种很好的解决办法,它可以使类继承多个具体类或抽象类。内部类使Java 的继承机制更加完善。

　　对于没有异常处理机制的语言,如 C 语言,在函数调用过程中只能通过检查函数返回值错误码的方式来判断函数调用是否正确执行,这会扰乱正常代码的执行流程。在程序运行过程中出现任何意外或者异常情况时,Java 有一套完整的处理机制来保障程序的完整性和健壮性,这就是异常处理。

本章要点:
- 了解内部类的定义及实现方法
- 掌握异常的概念
- 掌握异常的处理方式
- 学会自定义异常类

7.1 内部类

　　在一个类的内部定义的类称为内部类。内部类允许把一些逻辑相关的类组织在一起,除了可以减少命名冲突外,也可以控制内部类代码的可视性。内部类可以在对外界隐藏自己的同时访问隐藏自己的外部类的数据。下面通过一个简单的例子来认识内部类。

　　例 7.1　在 Outer 类中定义 Inner 类,了解内部类的定义及使用方法。

```
//Outer.java
public class Outer {
    public void doSomething() {
        class Inner {
            public void seeOuter() {
                System.out.println("this is inner class");
            }
        }
        Inner in = new Inner();
        in.seeOuter();
    }
```

源代码:例 7.1

```
    public static void main(String[] args) {
        Outer out = new Outer();
        out.doSomething();
    }
}
```

例 7.1 中定义了一个 Inner 内部类,创建了类的实例对象,通过实例对象调用了 seeOuter( )
方法。这个程序的输出是 this is inner class。

内部类有如下优点:

① 内部类对象可以访问创建它的对象的实现,包括私有数据。

② 内部类不为同一个包中的其他类所见,具有很好的封装性。

③ 匿名内部类可以方便地定义运行时回调。

④ 内部类的属性可以与外部类的属性同名,从而减少命名冲突。

在 Java 中,内部类可以分为静态内部类(static inner class 或 nested class)、成员内部类 mem-
ber inner class)、局部内部类(local inner class)和匿名内部类(anonymous inner class)。

7.1.1　静态内部类

当内部类对象不需要与其外部的类对象之间有联系时,可以定义内部类。将内部类声明为
static 时,通常称为静态内部类或者嵌套类。它可以不依赖于外部类实例而被实例化。静态内部
类除了不能访问外部类的数据外,与一般内部类没有区别。

例 7.2　掌握静态内部类的定义和使用方法。

源代码:例 7.2

```
//StaticTest.java
public class StaticTest {
    private static String name = "Lisa";
    private String num = "X001";
    //静态内部类可以用 public、protected、private 修饰
    static class Person{
        //静态内部类中可以定义静态或者非静态的成员
        private String address = "China";
        private static String x="as";
        public String mail = "Lisa@ yahoo.com.cn";//内部类公有成员
        public void display(){
            System.out.println(name);
            //静态内部类只能访问外部类的静态成员(包括静态变量和静态方法)
            System.out.println("Inner " + address);
            //访问本内部类的成员
        }
    }
}
```

```
    public void printInfo(){
        Person person = new Person();
        //外部类访问内部类的非静态成员:实例化内部类即可
        person.display();
        System.out.println(person.address);
        //可以访问内部类的私有成员
        System.out.println(Person.x);
        //外部类访问内部类的静态成员:内部类.静态成员
        System.out.println(person.mail);
        //可以访问内部类的公有成员
    }
    public static void main(String[] args){
        StaticTest staticTest = new StaticTest();
        staticTest.printInfo();
    }
}
```

程序运行结果:

```
Lisa
Inner China
China
email
Lisa@ yahoo.com.cn
```

通过例 7.2 可以得出以下结论:

① 静态内部类的实例不会自动持有外部类的特定实例的引用,在创建内部类的实例时,不必创建外部类的实例。

② 静态内部类可以直接访问外部类的静态成员,如果要访问外部类的实例成员,则必须通过外部类的实例访问。

③ 在静态内部类中可以定义静态成员和实例成员。

④ 可以通过完整的类名直接访问静态内部类的静态成员。

7.1.2 成员内部类

成员内部类作为外部类的一个成员存在,与外部类的属性、方法并列。成员内部类也称为非静态内部类。

例 7.3 掌握成员内部类的定义及使用方法。

```
//MemeberTest.java
public class MemberTest {
    private static int i = 1;
```

源代码:例 7.3

```
        private int j = 10;
        private int k = 20;
        public static void outer_f1() {
        }
        public void outer_f2() {
        }
        //成员内部类中不能定义静态成员
        //成员内部类可以访问外部类的所有成员
        class Inner {
            int j = 100; //内部类和外部类的实例变量可以共存
            int inner_i = 1;
            void inner_f1() {
                System.out.println(i);
                //在内部类中访问内部类的变量直接用变量名
                System.out.println(j);
                //在内部类中访问内部类的变量也可以用 this.变量名
                System.out.println(this.j);
                //在内部类中访问外部类中与内部类同名的实例变量用外部类名.this.变量名
                System.out.println(Outer.this.j);
                //如果内部类中没有与外部类同名的变量,则可以直接用变量名访问外部类变量
                System.out.println(k);
                outer_f1();
                outer_f2();
            }
        }
        public static void main(String[] args) {
            MemberTest out = new MemberTest ();
            MemberTest.Inner outin = out.new Inner();
            outin.inner_f1();
        }
}
```

程序运行结果:

1
100
100
10
20

根据例 7.3 可以得出以下结论:

① 成员内部类不能定义静态成员,只能定义对象成员。

② 内部类和外部类有同名的成员时,内部类可通过"外部类名.this.变量名"访问外部类成员。

③ 成员内部类可以访问外部类的所有成员。

④ 创建成员内部类实例时,外部类的实例必须已经存在。

7.1.3　局部内部类

在一个方法中定义的内部类,它的可见范围是当前方法。和局部变量一样,局部内部类不能用访问控制修饰符(public、private 和 protected)及 static 修饰符修饰。

例 7.4　掌握局部内部类的定义及使用方法。

```
//LocalTest.java
public class LocalTest {
    private int s = 100;
    private int out_i = 1;
    public void f(final int k) {
        final int s = 200;
        int i = 1;
        final int j = 10;
        class Inner { //定义在方法内部
            int s = 300;//可以定义与外部类同名的变量
            Inner(int k) {
                inner_f(k);
            }
            int inner_i = 100;
            void inner_f(int k) {
                System.out.println(out_i);
                //如果内部类没有与外部类同名的变量,在内部类中可以直接访问外部类的实例变量
                System.out.println(k);
                //可以访问外部类的局部变量(即方法内的变量),但是变量必须是 final 的
                System.out.println(s);
                //如果内部类中有与外部类同名的变量,直接用变量名访问的是内部类的变量
                System.out.println(this.s);
                //用"this.变量名"访问的也是内部类变量
                System.out.println(Outer.this.s);
                //用"外部类类名.this.变量名"访问的是外部类变量
            }
        }
        new Inner(k);
```

源代码:例 7.4

```
        }
    public static void main(String[] args) {
        //访问局部内部类必须先有外部类对象
        LocalTest out = new LocalTest ();
        out.f(3);
    }
}
```

程序运行结果:

```
1
3
300
300
100
```

通过例 7.4 可以得出局部内部类的特点:

① 局部内部类只能在当前方法中使用。

② 局部内部类和实例内部类一样,不能包含静态成员。

③ 在局部内部类中定义的内部类不能被 public、protected 和 private 这些访问控制修饰符修饰。

④ 局部内部类和实例内部类一样,可以访问外部类的所有成员。此外,局部内部类还可以访问所在方法中 final 类型的参数和变量。

7.1.4 匿名内部类

顾名思义,匿名内部类就是没有名字的内部类。表面上看起来它们似乎有名字,实际那不是它们的名字。当程序使用匿名内部类时,在定义匿名内部类的地方往往直接创建该类的一个对象。匿名内部类的声明格式如下:

```
new ParentName(){
    …//内部类的定义
};
```

满足以下条件时,使用匿名内部类比较合适:只用到类的一个实例;类在定义后马上使用;给类命名并不会使程序代码更容易被理解。

在使用匿名内部类时,要记住以下几个原则:

① 匿名内部类不能有构造方法。

② 匿名内部类不能定义任何静态成员、静态方法。

③ 匿名内部类不能使用 public、protected、private 和 static 修饰。

④ 只能创建匿名内部类的一个实例。

⑤ 匿名内部类为局部内部类,局部内部类的所有限制都对其有效。

例 7.5 掌握匿名内部类的运行机制。

```
// Car.java
public class Car {
    public void drive(){
        System.out.println("Driving a car!");
    }
    public static void main(String args[]){
        Car car = new Car(){
            public void drive(){
                System.out.println("Driving another car!");
            }
        };
        car.drive();
    }
}
```

源代码:例 7.5

执行这个程序后,输出结果是 Driving another car!,这和预想的不一样,这是因为 car 变量引用的不是 Car 对象,而是 Car 匿名子类的对象。

7.2 异常

7.2.1 引言

生活中经常会遇到"异常"的情况。例如,有一天同学们去教室上课,发现教室门锁着。这时,同学们会思考今天为什么不上课。不同的思考方式对应不同的处理方式。老师请假了? 打电话核实情况。今天是周末? 查日历确认。临时换教室了? 打电话向同学核实。人类都有处理"异常"情况的能力,那么计算机编写的程序是否也具有处理"异常"的功能呢? Java 语言中的异常处理机制是怎样的呢?

7.2.2 异常的基本概念

1. 异常的概念

异常就是在程序运行过程中发生的除正常情况以外的所有现象,是导致程序中断运行的一种指令流。先看下面的程序。

例 7.6 阅读程序,分析程序能否通过编译及正常运行,并分析产生运行结果的原因。

```
// ExceptionTest.java
public class ExceptionTest {
```

源代码:例 7.6

微视频:
生活中的异常实例

```
public static void divide(int a, int b) {
    int result = a /b;
    System.out.println(a + "/" + b + "=" + result);
}
public static void main(String[] args) {
    divide(10, 2);
    divide(10, 0);
}
}
```

程序运行结果：

```
10/2=5
Exception in thread "main" java.lang.ArithmeticException: / by zero
        at ExceptionTest.divide(ExceptionTest.java:4)
        at ExceptionTest.main(ExceptionTest.java:9)
```

　　例 7.6 实现的是两个数的相除,输出两数相除的结果。大家都知道,0 不能作除数。这段代码看起来正常,但是因为代码中用到了除,它就潜藏了出现异常的可能性。如果除数为 0,程序会发生运行错误并终止。由此可知,编译成功的程序未必可以正确运行。程序不能正确运行的原因有很多,空指针、数组越界、除数为零、用户提供的文件不存在、文件内容损坏等。程序不能正确运行,即意味着有异常发生。

2. 异常的分类

　　如图 7-1 所示,所有的异常都是从 Throwable 类派生的,最主要的两个继承类是 Error 和 Exception。Error 是指当程序发生不可控的错误时,通知用户并中止程序的执行。与异常不同的是,Error 及其子类的对象不应被抛出。一般常说的异常都是指 Exception,Exception 分为 Checked Exception(检查异常)和 Runtime Exception(运行时异常)。

　　Runtime Exception 包含在 java. lang 包中。以下是常见的运行时异常。

　　① java. lang. ArithmeticException:算术异常,如除 0。

　　② java. lang. NullPointerException:空指针引用,如没有初始化一个引用变量便使用。

　　③ java. lang. ArrayIndexOutOfBoundsException:数组越界,如调用一个有 10 个元素的 Array 数组的第 11 个元素的内容。

　　④ java. lang. NegativeArraySizeException:数组长度为负数异常。

　　⑤ ClassCastException:强制类型转换异常。

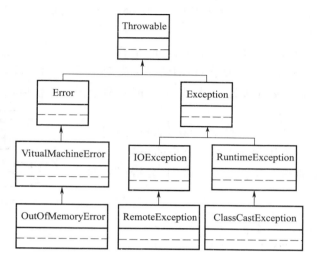

图 7-1　异常分类

7.2.3　异常处理机制

异常会改变程序的正常流程。异常产生后,正常的程序流程被打破,程序要么中止,要么转向异常处理语句。对于程序运行时出现的任何意外或者异常情况进行处理的方式称为异常处理。当一个异常事件发生后,该异常被虚拟机封装成异常对象抛出。负责处理异常的代码称为异常处理器,通过异常处理器来捕获异常。

只有 Java 语言提供了 Checked Exception。Java 语言认为 Checked Exception 都是可以被处理的异常,因此 Java 程序必须显式处理 Checked Exception。如果程序没有处理 Checked Exception,则编译时就会发生错误,无法编译。对异常的处理有两种方式:捕获异常和转移异常。

1. 捕获异常

捕获异常的异常处理方式对所有异常均适用。捕获异常的语句是 try-catch,try 语句块对容易发生异常的语句进行监控,catch 语句块对这些异常进行合理的捕获和处理。格式如下:

```
try {
    可能会出现异常情况的代码;
} catch(异常类型 异常参数) {
    异常处理代码
} catch(异常类型 异常参数) {
    异常处理代码
}
```

微视频:
异常处理机制

通过图 7-2 可以了解异常处理机制。当 try 语句块中没有抛出异常时,try 语句块中的语句会顺序执行完,catch 语句块的内容不会被执行;当 try 语句块

中抛出 catch 语句块所声明的异常类型对象时,程序跳过 try 语句块,直接执行 catch 语句块中的对应内容。注意:

① 可以存在多个 catch 语句块,执行哪个 catch 语句块要看抛出的异常对象是否是 catch 语句块中声明的异常类型。

② 异常只能被一个异常处理器所处理,不能声明两个异常处理器处理相同类型的异常。

③ 多个 catch 语句块所声明的异常类型不能越来越小。

④ 不能捕获一个在 try 语句块中没有抛出的异常。

例 7.7 比较下面的程序与例 7.6 的区别,分析产生的结果不同的原因。

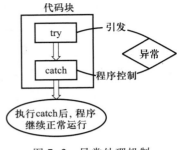

图 7-2 异常处理机制

源代码:例 7.7

```java
//ExceptionTest2.java
public class ExceptionTest2 {
    public static void divide(int a, int b) {
        try {
            int result = a /b;
            System.out.println(a + "/" + b + "=" + result);
        } catch (ArithmeticException e) {
            System.out.println("Sorry, error in divide");
        }
    }
    public static void main(String[] args) {
        divide(10, 2);
        divide(10, 0);
    }
}
```

程序运行结果:

```
10/2=5
Sorry, error in divide
```

程序 7.7 的执行结果中没有报错,这是因为可能发生异常的语句包含在 try 语句块中,当除数为 0 时,try 语句块抛出异常,catch 语句块捕获了相对应的数学异常并进行异常处理,输出了错误信息。因为有了 try-catch 语句这种异常处理机制,这个程序可以执行完毕。

在 try-catch 语句块后可以加入 finally 语句,指明任何情况下都必须执行的代码。由于异常会强制中断程序的正常流程,这会使得某些必须执行的步骤被忽略,从而影响程序的健壮性。可在 finally 语句块中释放相应的资源。

例 7.8 执行下列程序,分析运行结果。

源代码:例 7.8

```java
//ExceptionTest3.java
public class ExceptionTest3{
```

```
    public static void divide(int a, int b) throws ArithmeticException {
        int result = a/b;
        System.out.println(a + "/" + b + "=" + result);
    }
    public static void main(String[] args) {
        try {
            divide(10, 2);
            divide(10, 0);
        } catch (ArithmeticException e) {
            System.out.println("Sorry, error in divide");
        }
        finally {
            System.out.println("这个程序执行完毕!");
        }
    }
}
```

程序运行结果:

```
10/2=5
```

这个程序执行完毕!

```
Sorry, error in divide
```

这个程序运行完毕!

程序 7.8 输出了 finally 语句块中的语句,这是因为 finally 语句块中的语句在任何情况下都会执行。finally 语句块一般用于释放程序占用的资源。

注意,这个程序是可行的,但不推荐如此编写。原因如下:

① 把与 try 语句块相关的操作孤立开来,使程序结构松散,可读性差。

② 影响程序的健壮性。假设 catch 语句块中继续有异常抛出,finally 语句块便不会执行。

微视频:
异常应用实例

2. 转移异常

当方法中产生了一个异常,但这个方法并不想做具体的异常处理时,此时可以为方法加上 throws 关键字,将异常转移。格式如下:

```
throws 异常名
```

例 7.9 掌握转移异常的定义方法及运行机制。

源代码:例 7.9

```
//ThrowsTest.java
public class ThrowsTest {
    public static void divide(int a, int b) throws ArithmeticException {
        int result = a /b;
        System.out.println(a + "/" + b + "=" + result);
```

```
        }
    public static void main(String[ ] args) {
        try{
            divide(10,2);
            divide(10,0);
        }catch(ArithmeticException e) {
            System.out.println("Sorry, error in divide");
        }
    }
}
```

程序运行结果：

```
10/2=5
Sorry, error in divide
```

程序运行结果与例 7.9 完全相同。当运行 divide( )方法时,它不想对异常进行处理,此时抛出一个算术异常。当除数为 0 时,调用此方法的主函数会接到抛出的异常并对异常进行处理。

7.2.4　自定义异常

在运行程序时,可以利用系统提供的异常进行异常处理,但若应用程序有特殊需求,已有的异常不能处理时,则可以建立自定义异常类,使系统能够识别这种异常并对异常进行处理。

通过继承 Exception 类或其子类,可以自定义异常类。格式如下：

```
Class name extends Exception{
    //异常处理
}
```

例 7.10　阅读程序,理解定义和使用自定义异常类的方法。

```
//Captor.java
class MyException extends Exception { //创建自定义异常类
    String message; //定义 String 类型变量
    public MyException(String ErrorMessagr) { //父类方法
        message = ErrorMessagr;
        System.out.println(message);
    }
}
public class Captor { //创建类
    static int divide(int x, int y) throws MyException {//定义方法抛出异常
        if (y == 0) { //判断参数是否等于 0
            throw new MyException("除数不能是 0");//异常信息
```

源代码:例 7.10

```
        }
        return x /y;//返回值
    }
    public static void main(String args[]) { //主方法
        try { //try 语句包含可能发生异常的语句
            int result = divide(3, 0);
        } catch (MyException e) { //处理自定义异常
            System.out.println("自定义异常处理完毕"); //输出异常信息
        }
    }
}
```

程序运行结果:

```
Sorry, error in divide
自定义异常处理完毕
```

通过自定义 MyException 异常类,当异常发生时,可以根据自定义异常类对异常进行捕获和处理,使程序正常执行。

拓展思维

参照实例编写程序,实现以下功能:首先输出"这是一个异常处理的例子",然后在程序中主动地产生一个 ArrayIndexOutOfBoundsException 类型异常,并用 catch 语句捕获这个异常,最后通过 ArrayIndexOutOfBoundsException 类的对象 e 的方法 getMessage( )给出异常的具体类型并显示。

7.2.5 异常处理语句的语法规则

异常处理语句应遵循以下语法规则。

① try 语句块不能脱离 catch 语句块或 finally 语句块而单独存在。try 语句块后面至少要有一个 catch 语句块或 finally 语句块。

② try 语句块后面可以有零个或多个 catch 语句块,还可以有零个或至多一个 finally 语句块。如果 catch 语句块和 finally 语句块并存,则 finally 语句块必须在 catch 语句块后面。

③ try 语句块后面可以只跟 finally 语句块。

④ 在 try 语句块中定义的变量的作用域为 try 语句块,在 catch 语句块和 finally 语句块中不能访问该变量。

⑤ 当 try 语句块后面有多个 catch 语句块时,Java 虚拟机会把实际抛出的异常对象依次和各个 catch 语句块声明的异常类型匹配,如果异常对象为某个异常或其子类的实例,就执行这个 catch 语句块,而不再执行其他 catch 语句块。

本章小结

本章介绍了 Java 语言中的内部类和异常处理机制。首先,详细阐述了内部类的概念及分类,通过具体的示例描述了 4 种内部类及其各自的特点。内部类可以减少在程序命名过程中的冲突,实现多继承,使程序结构更加简洁、优雅。

其次,通过对生活中具体事例的介绍,引入了面向对象编程中异常和异常处理的概念。读者应该深刻理解 Java 异常处理机制的特点,掌握异常处理的方法,学会自定义异常。

学习完本章后,读者需要对 Java 中的内部类以及异常有清晰的认识。只有熟练地掌握、运用它们,才能使程序更加健壮。

课后练习

1. 以下关于 Java 的局部内部类的说法中错误的是(   )。

A. 局部内部类只能在当前类中使用

B. 局部内部类不能包含静态成员

C. 局部内部类可以访问外部类的所有成员

D. 在局部内部类中定义的内部类不能被 private 修饰符修饰

2. 非静态内部类有时也称为实例内部类或成员内部类,它具有以下特点,除了(   )。

A. 在创建非静态内部类的实例时,外部类的实例并非必须存在

B. 非静态内部类的实例自动持有外部类的实例引用

C. 外部类实例和内部类实例之间是一对多的关系

D. 一个内部类实例只会引用一个外部类实例

3. 什么是异常?列出常见的异常,解释抛出、捕获异常的含义。

4. 简述 Java 的异常处理机制,并列出异常处理机制的优点。

5. 系统定义的异常与用户自定义的异常有何不同?如何使用这两类异常?

6. 分析下面程序的执行结果。

```
public class ExceptionExam{
    public static void main(String args[]){
        try{
            Int a[]=new int[3];
            System.out.println(a[3]);
        }catch(ArrayIndexOutOfBoundsException e){
```

```
        System.out.println("发生了异常");
    }finally{
        System.out.println("Finally!");
    }
  }
}
```

7. 编写一个使用自定义异常的小程序。

第8章 多线程

许多程序都包含一些独立的代码片段,如果能够让这些代码片段的执行时间彼此重叠,就可以获得更高的执行效率。线程就是为了实现这种重叠执行而引入的概念,它是可以独立、并发执行的程序单元。多线程是指程序中同时包含多个线程,它们可以并发工作,独立完成各自的功能,互不干扰。例如,在个人计算机中,在听音乐的同时,还可以跟朋友聊天、接收邮件、打印文件等,这便是利用了操作系统的多线程并发机制。

本章要点:

- 了解进程、线程和多线程的基本概念
- 掌握 Java 中线程创建的两种方法
- 了解线程的生命周期
- 掌握线程同步的概念和实现方法
- 了解死锁的概念以及如何避免死锁问题
- 了解线程组的相关概念

8.1 进程和线程

关于 Java 中进程、线程和多线程的概念,首先来看两个生活中的事例。

事例一:家庭主妇做家务

家庭主妇早晨起床后,需要洗衣服、烧开水、做饭和扫地。现在家庭主妇要同时做这 4 件事情,可以用洗衣机洗衣服,在洗衣服的过程中,可以用水壶烧水,接下来可以穿插着打扫卫生和做饭,这样 4 件事情就可以高效地完成。因此家庭主妇可以同时做许多事情。

事例二:读书

人在读书的时候,嘴巴在朗读,眼睛能够看着课本,同时大脑还可以思考,因此人可以同时做许多事情。

以上两个事例表明,人是能够并发执行多个任务的,而且能够更高效地完成任务。那么计算机能不能做到呢? 如果可以的话,计算机程序应如何设计呢? 这就需要了解 Java 中进程、线程和多线程的相关概念。

进程和线程这两个概念都来自于操作系统。进程是程序在计算机中的一次执行活动,它是操作系统进行资源分配和调度的一个独立单位。当运行一个程序时,就启动了一个进程。显然,程序是死的(静态的),进程是活的(动态的)。对进程的概念应从以下两方面理解:

第一,进程是一个实体。每一个进程都有独立的地址空间,一般情况下,包括文本区域(text region)、数据区域(data region)和堆栈(stack region)。文本区域存储处理器执行的代码;数据区域存储变量和进程执行期间使用的动态分配的内存;堆栈区域存储活动过程调用的指令和本地变量。

第二,进程是一个"执行中的程序"。程序是一个没有生命的实体,只有被操作系统执行时,它才成为一个活动的实体,称为进程。

线程有时也被称为轻量级进程(lightweight process,LWP),可以看作是进程的进一步细分,也就是把进程要完成的任务再细分成一个个子任务,每一个子任务就是一个线程。线程是程序执行流的最小单元。一个标准的线程由线程 ID、当前指令指针(PC)、寄存器集合和堆栈组成。另外,线程是进程中的一个实体,是被操作系统独立调度和分派的基本单位,线程本身不拥有系统资源,只拥有一些在运行中必不可少的资源(如程序计数器、一组寄存器和栈),但它可与同属一个进程的其他线程共享进程所拥有的全部资源。

例如,在事例一中,家庭主妇洗衣服、烧开水、做饭和扫地这 4 件事情整体可以看作一个进程,其中洗衣服、烧开水、做饭和扫地这 4 件事情就是其中的 4 个线程。

因此,一个程序至少有一个进程,一个进程可以有多个线程,每一个程序都至少有一个线程,若程序只有一个线程,那就是程序本身。

多线程是一种调度机制,允许在程序中并发执行多个线程,多个线程可以同时运行、并发处理,用来执行不同的任务,线程之间还能够进行交互。这种调度机制就好比事例一中的家庭主妇可以通过协调处理各项任务并最终把 4 个任务全部完成的过程。

微视频:
理解多线程
的概念

多线程处理可以同时运行多个线程。那么操作系统是如何实现多线程调度的呢?常用的多线程调度机制有强制剥夺和主动放弃。

强制剥夺是指一个线程如果连续占用 CPU 的时间过长,其他线程得不到执行,操作系统就会强行切换去执行其他线程。主动放弃是指一个线程如果目前没有事情可做,CPU 可以去执行其他线程。

需要注意的是,不同操作系统的多线程调度机制有所不同,上述的两种多线程调度机制是 Windows 操作系统常用的。

多线程技术能够将程序划分成多个独立的任务,因此使用多线程技术有以下优点。

① 多线程技术使程序的响应速度更快,因为用户界面可以在进行其他工作的同时一直处于活动状态。

② 当前没有正在处理的任务时,可以将处理器时间让给其他任务。

③ 占用大量处理时间的任务可以定期将处理器时间让给其他任务。

④ 可以随时停止任务。

⑤ 可以分别设置各个任务的优先级以优化性能。

多线程机制会降低一些计算效率,尽管如此,无论从程序的设计,资源的均衡,还是用户操作的方便性来看,都是利大于弊的。综合考虑,这一机制是非常有价值的。当然,如果本来就安装了多块 CPU,那么操作系统能够自行决定为不同的 CPU 分配哪些线程,程序的总体运行速度也会变得更快(所有这些都要求操作系统以及应用程序的支持)。多线程和多任务是充分发挥多处理机系统能力的一种最有效的方式。

8.2 Java 中线程的创建

在 Java 中,每个程序至少要有一个线程,称为主线程。当程序运行时,启动主线程,如果此时需要运行其他线程,则可以用以下两种方法创建新的线程:一种是继承 Thread 类;另一种是实现 Runnable 接口。下面分别介绍这两种方法。

8.2.1 继承 Thread 类

Thread 类位于 java.lang 包中。在 Java 程序中,java.lang 包会被自动导入,因此可以直接使用 Thread 类,而不用使用 import 语句导入包。通过这个类中的方法,可以启动、终止、中断线程以及查询线程的当前状态等。

使用扩展的 Thread 类创建线程的语法如下:

```
class 类名称 extends Thread{        //继承 Thread 类
    属性…;                          //类中定义的属性
    方法…;                          //类中定义的方法
    public void run(){              //覆盖 run()方法
        线程主体;
    }
}
```

例 8.1 继承 Thread 类,实现多线程。

```
//ThreadTest1.java
class MyThread extends Thread{ //继承 Thread 类,作为线程的实现类
    private String name;//表示线程的名称
    public MyThread(String name){
        this.name = name;//通过构造方法配置 name 属性
    }
    public void run(){//重写 run()方法,作为线程的操作主体
        for(int i = 0;i<3;i++){
            System.out.println(name + "运行,i = " + i);
        }
    }
}
public class ThreadTest1{
```

源代码:例 8.1

```
public static void main(String args[]){
    MyThread mt1 = new MyThread("线程 A ");//实例化对象
    MyThread mt2 = new MyThread("线程 B ");//实例化对象
    mt1.run();//调用线程主体
    mt2.run();//调用线程主体
    }
}
```

程序运行结果：

线程 A 运行,i = 0

线程 A 运行,i = 1

线程 A 运行,i = 2

线程 B 运行,i = 0

线程 B 运行,i = 1

线程 B 运行,i = 2

编译、运行后不难发现,例 8.1 是按照先执行完对象 mt1 后再执行对象 mt2 的顺序执行的,
并没有像多线程描述的那样是"交错运行"的。也就是说,线程实际上并没有真正启动。那么应
该如何正确地启动线程呢？

例 8.2 多线程的启动。

```
//ThreadTest2.java
class MyThread extends Thread{ //继承 Thread 类,作为线程的实现类
    private String name;//表示线程的名称
    public MyThread(String name){
        this.name = name;//通过构造方法配置 name 属性
    }
    public void run(){//重写 run()方法,作为线程的操作主体
        for(int i = 0;i<3;i++){
            System.out.println(name + "运行,i = " + i);
        }
    }
}
public class ThreadTest2{
    public static void main(String args[]){
        MyThread mt1 = new MyThread("线程 A ");//实例化对象
        MyThread mt2 = new MyThread("线程 B ");//实例化对象
        mt1.start();//调用线程主体
        mt2.start();//调用线程主体
    }
}
```

源代码:例 8.2

程序运行结果:

线程 B 运行,i = 0

线程 A 运行,i = 0

线程 A 运行,i = 1

线程 B 运行,i = 1

线程 A 运行,i = 2

线程 B 运行,i = 2

从例 8.2 的源代码可以看出,启动线程是通过调用从 Thread 类中继承而来的 start( )方法实现的,而不是直接调用 run( )方法。从程序的运行结果可以发现,通过调用 start( )方法,实现了两个线程的交错运行。而且,虽然在线程启动时调用的是 start( )方法,但实际上运行的是 run( )方法的主体。

8.2.2 实现 Runnable 接口

在 Java 中,也可以通过实现 Runnable 接口的方式实现多线程。Runnable 接口中只定义了一个抽象方法:

```
public void run( );
```

使用 Runnable 接口创建线程的语法如下:

```
class 类名称 implements Runnable{     //实现 Runnable 接口
    属性…;                            //类中定义的属性
    方法…;                            //类中定义的方法
    public void run(){                //重写 Runnable 接口中的 run( )方法
        线程主体;
    }
}
```

例 8.3 实现 Runnable 接口,创建线程。

源代码:例 8.3

```
//RunnableTest1.java
class MyThread implements Runnable{ //实现 Runnable 接口,作为线程
的实现类
    private String name;//表示线程的名称
    public MyThread(String name){
        this.name = name;//通过构造方法配置 name 属性
    }
    public void run(){ //重写 run( )方法,作为线程的操作主体
        for(int i=0;i<3;i++){
            System.out.println(name + "运行,i = " + i);
        }
    }
}
```

```
public class RunnableTest1{
    public static void main(String args[]){
        MyThread mt1 = new MyThread("线程 A ");//实例化对象
        MyThread mt2 = new MyThread("线程 B ");//实例化对象
        Thread t1 = new Thread(mt1);//实例化 Thread 类对象
        Thread t2 = new Thread(mt2);//实例化 Thread 类对象
        t1.start();//启动多线程
        t2.start();//启动多线程
    }
}
```

程序运行结果:

线程 A 运行,i = 0

线程 A 运行,i = 1

线程 A 运行,i = 2

线程 B 运行,i = 0

线程 B 运行,i = 1

线程 B 运行,i = 2

微视频:
多线程的实
例

以上两种方法都能够实现多线程,无论使用哪种方式,最终都是依靠继承 Thread 类中的 start( )方法来启动多线程的。

拓展练习

为什么不能直接调用 run( )方法来启动线程?

8.2.3 Thread 类和 Runnable 接口比较

通过 Thread 类和 Runnable 接口都可以实现多线程,那么两者有哪些联系和区别呢? 首先来观察 Thread 类的定义。

```
public class Thread extends Object implements Runnable
```

从 Thread 类的定义中可以发现,Thread 类也是 Runnable 接口的子类,但在 Thread 类中并没有完全实现 Runnable 接口中的 run( )方法,Thread 类中的 run( )方法调用的是 Runnable 接口中的 run( )方法,也就是说,该方法是由 Runnable 子类完成的。因此,如果通过继承 Thread 类来实现多线程,就必须覆盖 run( )方法。

Thread 和 Runnable 的子类都同时实现了 Runnable 接口,之后将 Runnable 子类的实例放到 Thread 类中。实际上,Thread 类和 Runnable 接口在使用上是有区别的,如果一个类继承了 Thread 类,则不适合用于多个线程之间的资源共享;而如果实现了 Runnable 接口,就可以方便地实现资源的共享。

(1) 继承 Thread 类

① 不能再继承其他父类,适用于单继承线程情况。

② 编写简单,可以直接操作线程。

(2)实现 Runnable 接口

① 可以将 CPU、代码和数据分开,条理清晰。

② 可以从其他的类继承,当一个线程已继承另一个类时,就只能用实现 Runnable 接口的方法来创建线程。

③ 便于实现资源的共享并保持程序风格的一致性。

因此,这两种方法各有利弊,继承 Thread 类比较简单,实现 Runnable 接口比较灵活,具体使用哪种方法可以根据实际情况而定。

8.3 线程的生命周期

无论是采用继承 Thread 类还是实现 Runnable 接口的方法来实现多线程,都需要在类的定义中实现 run() 方法,这个 run() 方法称为线程体(thread body)。按照线程体在计算机系统内存中的状态,可以将线程从创建到消亡分为新建、就绪、运行、阻塞和死亡 5 种状态。图 8-1 描述了线程生命周期中的几种状态和状态之间的转换关系。

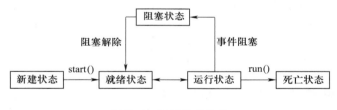

图 8-1　线程状态转换

1. 新建状态

线程在程序中通过构造方法创建一个线程对象后,创建的线程就处于新建状态。此时,线程对象已经被分配了内存空间,并且私有数据也被初始化,但是该线程还不能运行。此时的线程可以被调度,变成运行状态,也可以被终止,变成死亡状态。新建一个线程对象可以采用 Thread 类的构造方法来实现,例如"Thread thread = new Thread();"。

2. 就绪状态

在处于新建状态的线程中调用 start() 方法可以将线程的状态转换成就绪状态,即启动线程。此时,线程已经得到除 CPU 时间之外的其他系统资源,只等 JVM 的线程调度器按照线程的优先级对该线程进行调度,从而使该线程拥有能够获得 CPU 时间片的机会。

3. 运行状态

运行状态表示线程被调用并且获得了 CPU 的控制权。此时会自动调用该线程对象的 run() 方法,并且这个线程会一直运行到结束,除非该线程主动放弃 CPU 的控制权或者 CPU 的控制权被优先级更高的线程抢占。处于运行状态的线程在下列情况下会让出 CPU 的控制权。

① 线程运行完毕。
② 有比当前线程优先级更高的线程进入可运行状态。
③ 线程主动睡眠一段时间。
④ 线程在等待某一资源。

4. 阻塞状态

一个正在执行的线程在某些特殊情况下，可能会被人为挂起，让出 CPU，暂时中止执行，进入阻塞状态。例如，在运行状态下，如果调用 sleep( )、suspend( )、wait( ) 等方法，线程都将进入阻塞状态。线程阻塞时不能进入就绪队列，只有在某些事件唤醒线程后，线程才能重新进入就绪队列而处于就绪状态。

5. 死亡状态

正常情况下，run( ) 方法返回会使得线程终止。调用 stop( ) 方法或 destory( ) 方法也能终止线程，但不推荐使用这两个方法，因为 stop( ) 方法会使程序产生异常，而 destory( ) 方法强制终止线程，不释放内存，会造成内存泄露。

8.4 线程同步和死锁

8.4.1 线程同步的概念

同一进程的多个线程共享同一片存储空间，实现了程序并发，在带来方便的同时，也带来了访问冲突这个严重的问题。Java 语言提供了一个专门的机制来解决这种冲突，可以有效地避免同一个数据对象被多个线程同时访问，这套机制就是线程同步。

下面将通过模拟火车站售票系统中售卖某一车次火车票的操作来介绍线程同步的重要性。

例 8.4 售票问题。模拟火车站售票系统中的多个线程同时对某一车次车票的购买操作。在主程序中首先生成 3 个线程，然后启动它们，共定义 5 张车票，每一个线程都对车票进行购买操作。

```java
// SyncTest1.java
class MyThread implements Runnable{
    private int ticket = 5;//假设一共有 5 张票
    public void run(){
        for(int i = 0;i < 100;i++){
            if(ticket > 0){//还有票
                try{
                    Thread.sleep(300);//加入延迟
                }catch(InterruptedException e){
```

源代码:例 8.4

```
                    e.printStackTrace();
                }
                System.out.println ( Thread.currentThread ( ).getName ( )+ " 卖票:
                        ticket = " + ticket-- );
            }
        }
    }
}
public class SyncTest1{
    public static void main(String args[]){
        MyThread mt = new MyThread();//定义线程对象
        Thread t1 = new Thread(mt,"师范学院");//定义 Thread 对象
        Thread t2 = new Thread(mt,"中北大学");//定义 Thread 对象
        Thread t3 = new Thread(mt,"太原工业学院");//定义 Thread 对象
        t1.start();
        t2.start();
        t3.start();
    }
}
```

程序运行结果:

师范学院卖票:ticket = 5

中北大学卖票:ticket = 3

太原工业学院卖票:ticket = 4

太原工业学院卖票:ticket = 2

中北大学卖票:ticket = 1

师范学院卖票:ticket = 2

例 8.4 的结果表明,程序每次运行的结果都可能不同。为什么会这样呢? 这是因为多线程的不同步问题,多个线程在同时访问某一资源时,会造成数据访问混乱。Java 中的线程同步机制可以有效避免这一问题。在 Java 中,使用 synchronized 关键字来实现多线程的同步。线程同步有两种实现方法:一种是方法同步;另一种是对象同步。

8.4.2 方法同步

通过把类中的方法设为 synchronized 方法可实现多线程的同步,防止多线程数据崩溃,这种方法称作方法同步。具体过程是,当一个线程进入 synchronized 方法后,如果其他线程也要访问该方法,则只有等该 synchronized 方法执行完后才能访问。

使用 synchronized 关键字实现方法同步的语法如下:

```
public synchronized void methodName ([parameterList]){
```

```
        //…
    }
```

例 8.5   方法同步。

源代码:例 8.5

```
// SyncTest2.java
class MyThread implements Runnable{
    private int ticket = 5;// 假设一共有 5 张票
    public void run(){
        for(int i = 0;i<100;i++){
            this.sale();// 调用同步方法
        }
    }
    public synchronized void sale(){// 声明同步方法
        if(ticket>0){// 还有票
            try{
                Thread.sleep(300);// 加入延迟
            }catch( InterruptedException e){
                e.printStackTrace();
            }
            System.out.println(Thread.currentThread().getName()+"卖票:ticket = "
                        + ticket-- );
        }
    }
}
public class SyncTest2{
    public static void main( String args[]){
        MyThread mt = new MyThread();// 定义线程对象
        Thread t1 = new Thread(mt,"师范学院");// 定义 Thread 对象
        Thread t2 = new Thread(mt,"中北大学");// 定义 Thread 对象
        Thread t3 = new Thread(mt,"太原工业学院");// 定义 Thread 对象
        t1.start();
        t2.start();
        t3.start();
    }
}
```

程序运行结果:

中北大学卖票:ticket = 5
中北大学卖票:ticket = 4
中北大学卖票:ticket = 3

```
中北大学卖票:ticket = 2
师范学院卖票:ticket = 1
```

8.4.3 对象同步

用 synchronized 关键字修饰类的一个对象,来实现多线程同步的方法称为对象同步。当某个对象用 synchronized 关键字修饰时,表明该对象在任何时候都只能由一个线程访问。

使用 synchronized 关键字实现对象同步的语法如下:

```
synchronized(object){
    //程序代码
}
```

例 8.6 对象同步。

源代码:例 8.6

```
//SyncTest3.java
class MyThread implements Runnable{
    private int ticket = 5;//假设一共有 5 张票
    public void run(){
        for(int i = 0;i<10;i++){
            synchronized(this){//要对当前对象进行同步
                if(ticket>0){//还有票
                    try{
                        Thread.sleep(300);//加入延迟
                    }catch(InterruptedException e){
                        e.printStackTrace();
                    }
                    System.out.println(Thread.currentThread().getName()+"卖
                                        票:ticket = " + ticket-- );
                }
            }
        }
    }
}

public class SyncTest3{
    public static void main(String args[]){
        MyThread mt = new MyThread();//定义线程对象
        Thread t1 = new Thread(mt,"师范学院");//定义 Thread 对象
        Thread t2 = new Thread(mt,"中北大学");//定义 Thread 对象
        Thread t3 = new Thread(mt,"太原工业学院");//定义 Thread 对象
        t1.start();
        t2.start();
```

```
                t3.start();
        }
}
```

程序运行结果：

师范学院卖票:ticket = 5
师范学院卖票:ticket = 4
太原工业学院卖票:ticket = 3
太原工业学院卖票:ticket = 2
中北大学卖票:ticket = 1

8.4.4 两种方法的比较

其实,方法同步和对象同步这两种方法是相互等价的。例如：

```
public synchronized void methodName ([parameterList]){//修饰方法
    //…
}
```

等价于下面的对象同步：

```
public void methodName(){
    synchronized(this){
        //…//修饰对象的引用
    }
}
```

例 8.7 银行存款问题。

假设王红有一个银行账户,初始金额为 1 000 元,现在有 100 人要对此账户进行先存 20 元,后取 10 元的操作,有可能出现多人同时存、取款的情况,问账户的余额为多少。

源代码:例 8.7

```
//ThreadSyn1.java
//不采用线程同步控制机制的程序设计
public class ThreadSyn1 implements Runnable {
    Account acc;
    public ThreadSyn1(Account acc) {
        this.acc = acc;
    }
    public void run() {
        acc.deposit(20.0f);
        acc.withdraw(10.0f);
    }
    static Thread[] threads = new Thread[100]; //创建线程数组
```

```
    public static void main(String[] args) {
        final Account acc = new Account("王红", 1000.0f);
        for (int i = 0; i< 100; i++) {
            ThreadSyn1 my = new ThreadSyn1(acc);
            threads[i] = new Thread(my); //创建新线程
            threads[i].start(); //运行线程
        }
        for (int i = 0; i< 100; i++) {
            try {
                threads[i].join();
            } catch (InterruptedException e) {

            }
        }
        System.out.println("完成,王红的账户余额:" + acc.getBalance());
    }

}


class Account {
    String name;
    float account;
    public Account(String name, float account) {
        this.name = name;
        this.account = account;
    }
    public void deposit(float amt) { //实现存款的功能
        float tmp = account;
        tmp += amt;
        try {
            Thread.sleep(1);
        } catch (InterruptedException e) {

        }
        account = tmp;
    }
    public void withdraw(float amt) { //实现取款的功能
        float tmp = account;
        tmp -= amt;
        try {
            Thread.sleep(1);
```

```
            } catch (InterruptedException e) {
            }
            account = tmp;
    }
    public float getBalance() {
        return account;
    }
}
```

程序运行结果:

完成,王红的账户余额:1140.0

```
//ThreadSyn2.java
//采用线程同步控制机制的程序设计
public class ThreadSyn2 implements Runnable {
    Account acc;
    public ThreadSyn2(Account acc) {
        this.acc = acc;
    }
    public void run() {
        acc.deposit(20.0f);
        acc.withdraw(10.0f);
    }
    static Thread[] threads = new Thread[100]; //创建线程数组
    public static void main(String[] args) {
        final Account acc = new Account("王红", 1000.0f);
        for (int i = 0; i < 100; i++) {
            ThreadSyn2 my = new ThreadSyn2(acc);
            threads[i] = new Thread(my); //创建新线程
            threads[i].start(); //运行线程
        }
        for (int i = 0; i < 100; i++) {
            try {
                threads[i].join();
            } catch (InterruptedException e) {
            }
        }
        System.out.println("完成,王红的账户余额:" + acc.getBalance());
    }
}
```

```
    }
class Account {
    String name;
    float account;
    public Account(String name, float account) {
        this.name = name;
        this.account = account;
    }
    public synchronized void deposit(float amt) {  //实现存款的功能
        float tmp = account;
        tmp += amt;
        try {
            Thread.sleep(1);
        } catch (InterruptedException e) {
        }
        account = tmp;
    }
    public synchronized void withdraw(float amt) {  //实现取款的功能
        float tmp = account;
        tmp -= amt;
        try {
            Thread.sleep(1);
        } catch (InterruptedException e) {
        }
        account = tmp;
    }
    public float getBalance() {
        return account;
    }
}
```

程序运行结果:

完成,王红的账户余额:2000.0

拓展练习

试改写例 8.6 中的程序,采用对象同步的方法实现多线程技术的同步控制。

由此可知,采用程序的多线程技术,可以解决生活中的实际问题。例如:

微视频:
多线程的核心思想

① 多人同时对同一账户存、取款的问题。

② 多人同时购票的问题。

需要注意的是,同步机制虽然简单,但有可能造成死锁,导致线程之间互相等待,每个线程都不能往下执行。

8.4.5 死锁

同步机制虽然很方便,但可能会导致死锁。死锁是指两个或两个以上的进程在执行过程中,因争夺资源而造成的一种互相等待的现象,若无外力作用,它们都将无法执行下去。在这种情况下,多个线程在等待对方完成某个操作,从而产生死锁现象。

例如,一个线程持有对象 X,另一个线程持有对象 Y,若第一个线程拥有对象 X 但必须拥有 Y 才能执行;同样,第二个线程拥有 Y 但必须同时拥有 X 才能执行;这样,这两个线程就会无限期地相互等待,线程就会出现死锁。这就像两个人吃饭一样,一个人拿到了筷子,另一个人拿到了碗,而这两个人吃饭都需要同时拥有碗和筷子,因而他们俩都想要对方的筷子和碗,而导致相互等待,这就产生了死锁。

产生的死锁主要原因如下:

① 系统资源不足。

② 进程运行推进的顺序不合适。

③ 资源分配不当。

在操作系统中,产生死锁的条件有 4 个:

① 互斥条件:所谓互斥,就是进程在某一时间内独占资源。

② 请求与保持条件:一个进程因请求资源而阻塞时,对已获得的资源保持不放。

③ 不剥夺条件:进程已获得资源,在未使用完之前,不能强行剥夺。

④ 循环等待条件:若干进程之间形成一种有尾相接的循环等待资源关系。

为了防止出现死锁,可以从死锁产生的 4 个条件入手解决,只要破坏一个必要条件即可。因此,在 Java 语言程序设计中使用多线程技术时,需要遵循如下原则:

① 在指定的任务真正需要并行时才使用多线程进行程序设计。

② 在对象的同步方法中需要调用其他方法时需要小心。

③ 在 synchronized 封装的代码块中的时间应尽可能短,需要长时间运行的任务尽量不要放在其中。

8.5 线程组

8.5.1 线程组简介

线程组(thread group)是包含许多线程的对象集。线程组拥有一个名字以及与它相关的一些属性,可以用一个组来管理其中的线程。线程组能够有效地组织 JVM 的线程,并且可以提供一些组间的安全性。

在 Java 中,每个线程都隶属于唯一的一个线程组,这个线程组在线程创建时指定并在线程的整个生命周期内都不能更改。可以通过调用包含 ThreadGroup 类型参数的 Thread 类构造方法来指定线程所属的线程组。若没有指定,则线程默认隶属于名为 main 的系统线程组。除了预先创建的系统线程组外,所有线程组都必须显式创建。

在 Java 中,除系统线程组外的每个线程组又隶属于另一个线程组,可以在创建线程组时指定其所隶属的线程组,若没有指定,则默认隶属于系统线程组。这样,所有线程组和线程组成了一棵以系统线程组为根的树,如图 8-2 所示。

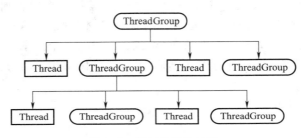

图 8-2   线程组层次示意

8.5.2   ThreadGroup 类

Java 中的线程组由 java.lang 包中的 ThreadGroup 类实现。在生成线程时,可以指定将线程放在某个线程组中,也可以由系统将其放在某个默认的线程组中。通常,默认的线程组就是生成该线程所在的线程组。一旦线程加入某个线程组,它将一直是这个线程组的成员,而不能被移出这个线程组。

ThreadGroup 类提供了一些方法对线程组中的线程和子线程组进行操作。下面对这些方法进行介绍。

① getName():返回线程组的名称。

② getParent():返回线程组的父线程组的名称。

③ activeCount():返回线程组中活动线程的数目。

④ activeGroupCount():返回线程组中活动线程组的数目。

⑤ enumerate(Thread[ ]):把线程组中的所有活动线程复制到指定数组中。

⑥ enumerate(ThreadGroup[ ]):把线程组中的所有活动线程组复制到指定数组中。

⑦ getMaxPriority():返回线程组的最高优先级。

⑧ setMaxPriority(in tpri):设置线程组的最高优先级。

⑨ getThreadGroup():返回线程组。

⑩ interrupt():中断线程组中的所有线程。

⑪ destroy():销毁线程组及其所有子线程组。

⑫ isDaemon():测试线程组是否为一个后台程序线程组。

⑬ isDestroyed():测试线程组是否已经被销毁。

⑭ parentOf(ThreadGroup g):测试线程组是否为线程组 g 或 g 的子线程组。

⑮ toString():返回线程组的字符串表示形式。

另外,ThreadGroup 类还提供了几个方法用来改变线程组中所有线程的当前状态,如 resume()、stop()、suspend(),但这些方法现在已不推荐使用。对线程组的挂起或运行可以通过优先级的调整或让线程睡眠(sleep)来实现。

例 8.8 线程组基本方法的使用。

```java
// TestThreadGroup.java
public class TestThreadGroup {
    public static void main(String[] args) {
        ThreadGroup tg1 = new ThreadGroup("thread_group1");
        Thread thread1 = new Thread(tg1, "thread1");
        Thread thread2 = new Thread(tg1, "thread2");
        tg1.list();
        tg1.setDaemon(true);
        System.out.println(tg1.getName() + "的父线程组是" + tg1.getParent().getName());
        thread1.start();
        Thread[] threadArray1 = new Thread[tg1.activeCount()];
        tg1.enumerate(threadArray1, false);
        System.out.println(tg1.getName() + "的活动线程有" + threadArray1.length);
        ThreadGroup[] threadGroupArray1 = new ThreadGroup[tg1.activeGroupCount()];
        tg1.enumerate(threadGroupArray1, false);
        System.out.println(tg1.getName()+"的活动线程组有"+threadGroupArray1.length);
        ThreadGroup tg2 = new ThreadGroup(tg1, "thread_group2");
        Thread thread3 = new Thread(tg2, "thread3");
        Thread thread4 = new Thread(tg2, "thread4");
        tg2.list();
        tg2.setDaemon(true);
        System.out.println(tg2.getName() + "的父线程组是" + tg2.getParent().getName());
        Thread[] threadArray2 = new Thread[tg2.activeCount()];
        tg2.enumerate(threadArray2, false);
        System.out.println(tg2.getName() + "的活动线程有" + threadArray2.length);
        ThreadGroup[] threadGroupArray2 = new ThreadGroup[tg2.activeGroupCount()];
```

源代码:例 8.8

```
        tg2.enumerate(threadGroupArray2, false);
        System.out.println(tg2.getName()+"的活动线程组有"+threadGroupArray2.length);
    }
}
```

程序运行结果:

```
java.lang.ThreadGroup[name=thread_group1,maxpri=10]
thread_group1 的父线程组是 main
thread_group1 的活动线程有 1
thread_group1 的活动线程组有 0
java.lang.ThreadGroup[name=thread_group2,maxpri=10]
thread_group2 的父线程组是 thread_group1
thread_group2 的活动线程有 0
thread_group2 的活动线程组有 0
```

8.6　综合应用举例

例 8.9　*生产者消费者问题。*

问题描述:有一群生产者进程在生产产品,并将这些产品提供给消费者进程消费。为使生产者进程和消费者进程能并发执行,在它们之间设置有缓冲区,生产者进程可将所生产的产品放入一个缓冲区中,消费者进程可从缓冲区取得一个产品消费。尽管所有的生产者进程和消费者进程都是以异步方式运行的,但它们之间必须保持同步,即不允许消费者进程到一个空缓冲区中取产品,也不允许生产者进程向一个已装有消息、尚未被取走产品的缓冲区投放产品。

```
ProductTest.java
//服务员类,其对象被生产者和消费者共享                              源代码:例 8.9
public class Clerk {
    //-1 表示目前服务员手中没有产品
    private int product = -1;
    //这个方法由厨师(生产者)调用,该方法往服务员手中放产品
    public synchronized void setProduct(int p) {
        if(this.product != -1) { //服务员手中有产品
            try {
                //服务员手中有产品,厨师须等待
                wait();
            }
            catch(InterruptedException e) {
                e.printStackTrace();
```

```
                    }
                }
                this.product = p;
                System.out.printf("厨师(生产者)炒出(%d)%n", this.product);
                //通知等待区中的一个吃货(消费者)可以继续工作
                notifyAll();
        }
        //这个方法由消费者调用,该方法从服务员手中取产品
        public synchronized intgetProduct() {
            if(this.product == -1) { //服务员手中没有产品
                try {
                    //消费者须等待
                    wait();
                }
                catch(InterruptedException e) {
                    e.printStackTrace();
                }
            }
            int p = this.product;
            System.out.printf("吃货(消费者)吃掉 (%d)%n", this.product);
            System.out.println("");
            this.product = -1; //取走产品,-1 表示目前服务员手中无产品
            //通知等待区中的一个生产者可以继续工作
            notifyAll();
            return p;
        }
}


//消费者线程类
public class Consumer implements Runnable {
    private Clerk clerk;
    public Consumer(Clerk clerk) {
        this.clerk = clerk;
    }
    public void run() {
        System.out.println("吃货(消费者)开始大吃 ......");
        //消耗 10 个整数
        for(int i = 1; i<= 10; i++) {
```

```java
        try {
            //等待随机时间
            Thread.sleep((int)(Math.random() * 3000));
        }
        catch(InterruptedException e) {
            e.printStackTrace();
        }
        //从服务员处取走产品
        clerk.getProduct();
        }
    }
}


//生产者线程类
public class Producer implements Runnable {
    private Clerk clerk;
    public Producer(Clerk clerk) {
        this.clerk = clerk;
    }
    public void run() {
        System.out.println("厨师(生产者)开始炒制菜品......");
        //生产 1~10 的整数
        for(int product = 1; product <= 10; product++) {
            try {
                //暂停随机时间
                Thread.sleep((int) Math.random() * 3000);
            }
            catch(InterruptedException e) {
                e.printStackTrace();
            }
            //将产品交给服务员
            clerk.setProduct(product);
        }
    }
}
public class ProductTest {
    public static void main(String[] args) {
    Clerk clerk = new Clerk();
```

```
//生产者线程
Thread producerThread = new Thread(new Producer(clerk));
//消费者线程
Thread consumerThread = new Thread(new Consumer(clerk));
producerThread.start();
consumerThread.start();
    }
}
```

程序运行结果：

厨师(生产者)开始炒制菜品 ......

吃货(消费者)开始大吃 ......

厨师(生产者)炒出(1)

吃货(消费者)吃掉(1)

厨师(生产者)炒出(2)

吃货(消费者)吃掉(2)

厨师(生产者)炒出(3)

吃货(消费者)吃掉(3)

本章小结

　　本章主要讲解 Java 语言的重要特征——多线程机制。首先介绍了进程、线程和多线程的基本概念，以及多线程机制的内涵；其次详细介绍了实现多线程的两种方法：继承 Thread 类和实现 Runnable 接口；然后着重说明了线程的 5 种状态——新建、就绪、运行、阻塞和死亡；接着重点讲解了线程同步和死锁的相关概念，以及同步的实现方法和死锁的避免措施；最后介绍了线程组的相关知识。通过本章的学习，希望读者对多线程机制有所了解，并能深入体会Java 语言的多线程特点。

课后练习

1. 如果线程死亡，它便不能运行。（　　　）

2. 在 Java 中，高优先级的可运行线程会抢占低优先级线程。（　　　）

3. 程序开发者必须创建一个线程去管理内存的分配。（　　　）

4. 当调用一个正在运行线程的 stop( )方法时，该线程便会进入休眠状态。（　　　）

5. 下列说法中错误的一项是（　　　）。

A. 线程就是程序

B. 线程是一个程序的单个执行流

C. 多线程是指一个程序的多个执行流

D. 多线程用于实现并发

6. 下列不能使线程从等待阻塞状态进入对象阻塞状态的操作是(　　　)。

A. 等待阴塞状态下的线程被 notify( )唤醒

B. 等待阻塞状态下的线程被 interrput( )中断

C. 等待时间到

D. 等待阻塞状态下的线程调用 wait( )方法

7. 下列可以使线程从运行状态进入其他阻塞状态的方法是(　　　)。

A. sleep( )　　　　　　　B. wait( )　　　　　　C. yield( )　　　　　　D. start( )

8. 下列说法中错误的一项是(　　　)。

A. 一个线程是一个 Thread 类的实例

B. 线程是从 Runnable 实例的 run( )方法开始执行的

C. 新建的线程调用 start( )方法就能立即进入运行状态

D. 线程操作的数据来自 Runnable 实例

9. 用(　　　)方法可以改变线程的优先级。

A. run( )　　　　　　　　B. setPriority( )　　　　C. yield( )　　　　　　D. sleep( )

10. 下列说法中错误的一项是(　　　)。

A. Java 中的第一个线程都属于某个线程组

B. 线程只能在其创建时设置所属的线程组

C. 线程创建之后可以从一个线程组转移到另一个线程组

D. 新建的线程默认情况下属于其父线程所属的线程组

11. 在操作系统中,被称作轻型进程的是_____。

12. 在 Java 程序中,run( )方法的实现有两种方式:_____和_____。

13. 多个线程并发执行时,各个线程中的语句是顺序执行的,但是线程之间的相对执行顺序是_____的。

14. 程序中可能出现一种情况:多个线程互相等待对方持有的锁,而在得到对方的锁之前都不会释放自己的锁,这就是_____。

15. 线程的优先级是在 Thread 类的常数_____和_____之间的一个值。

16. 一个单 CPU 的计算机如何同时执行多个线程？简述其原理。

17. sleep( )和 wait( )两种方法有什么区别？

18. 有如下代码:

```
class MyThread extends Thread{
    private int data;
```

```
        public void run(){
            data += 2;
            System.out.print(data + "");
        }
    }
public class TestMyThread{
    public static void main(String args[]){
        Thread t1 = new MyThread();
        Thread t2 = new MyThread();
        Thread t3 = new MyThread();
        t1.start();
        t2.start();
        t3.start();
        System.out.println();
    }
}
```

写出上述程序的运行结果。

19. 有如下代码：

```
class Computation implements Runnable {
    private int result;
    public Computation() {
    }
    public void run() {
        countprint(this.result);
    }
    public synchronized void countprint(int result) {
        result = result + 2;
        System.out.println(result + "");
    }
}
public class TestComputation{
    public static void main(String args[]){
    Runnable target = new Computation();
        new Thread(target).start();
        new Thread(target).start();
        new Thread(target).start();
        new Thread(target).start();
    }
```

```
    }
```

写出该程序的运行结果。

20. 有如下代码:

```
class MyValue{
    private int data;
    public void m(){
        int result = 0;
        result += 2;
        data += 2;
        System.out.println(result + "" + data);
    }
}
class MyThread extends Thread{
    private MyValue mv;
    public MyThread(MyValue mv){
        this.mv = mv;
    }
    public void run(){
        synchronized(mv){
            mv.m();
        }
    }
}
public class TestMyThread{
    public static void main(String args[]){
        MyValue mv = new MyValue();
        Thread t1 = new MyThread(mv);
        Thread t2 = new MyThread(mv);
        Thread t3 = new MyThread(mv);
        t1.start();
        t2.start();
        t3.start();
    }
}
```

(1) 写出该程序的输出结果。

(2) 如果把 run( )方法中的 synchronized 代码块去掉,直接调用 run( )方法会产生同步问题。如果不允许改动 MyThread 类,应该如何修改以保证代码同步?

21. 创建两个线程,要求如下:

（1）一个线程输出 100 个 1~26，另一个线程输出 100 个 A~Z。

（2）一个线程使用继承 Thread 类的写法，另一个线程使用实现 Runnable 接口的写法。

22. 完成下列程序要求。

Student 类的代码如下：

```
class Student{
    String name;
    int age;
    //构造方法和 get/set 方法请自行补充完成
    ...
    //学生问老师问题
    public void ask(Teacher t){
        t.answer(this);//调用老师的 answer()方法
    }
    public void study(){
        System.out.println(name + "study");
    }
    public void doHomework(){
        System.out.println(name + "do homework");
    }
}
//定义 Teacher 接口
interface Teacher{
    void answer(Student stu);
}
```

给出一个 Teacher 接口的实现类。该实现类实现 answer()方法时，要求学生每次调用老师的 answer()方法都创建一个新线程，该线程调用学生的 study()方法和 doHomework()方法。

第 9 章　接口和实现

Java 语言为了增加系统安全性并降低程序复杂性,只允许类的单继承,而不支持多重继承。但同时 Java 提供了接口(interface)机制,结合单继承可以实现多重继承的功能。

Java 语言中的接口是一组常量和抽象方法的集合。接口提供了方法声明与实现相分离的机制,即一个接口中只有方法的声明,没有方法的实现,因此这些方法可以在不同的地方被不同的类实现,并且这些实现可以具有不同的行为(功能)。每个实现接口的类可以根据各自的需要实现接口中声明的方法。因此,这些方法在实现接口的各类中表现出多态性。

本章要点:

- 了解接口的定义
- 掌握接口的实现

9.1　接口的定义

Java 语言不支持多重继承,即一个子类只能有一个父类,若子类需要继承多个父类,这时需要使用接口。

接口需要使用关键字 interface 定义。接口的定义和类的定义十分相似,分为接口声明和接口体。接口体中包含常量定义和方法定义两部分。方法体中只进行方法的声明,不提供方法的实现,因此方法的定义没有方法体,且用分号结尾。其形式如下:

```
[修饰符] interface 接口名 [extends 父接口名列表]｛
    [public] [static] [final]常量;
    [public] [abstract] 方法;
｝
```

修饰符:可选参数,用于指定接口的访问权限,可选值有 public,表示任意类均可以使用这个接口。如果省略,则使用默认的访问权限,即只有与该接口定义在同一包中的类才可以访问这个接口。

接口名:必选参数,用于指定接口的名称,接口名必须是合法的 Java 语言标识符。一般情况下,接口名要求首字母大写。

extends 父接口名列表:可选参数,用于指定要定义的接口继承于哪个父接口。当使用 extends 关键字时,父接口名为必选参数。当有多个父类接口时,用逗号","分隔。

方法:接口中的方法只有定义而没有实现。

说明：

① 一个接口可以继承其他接口，被继承的接口叫作父接口。继承时，接口将继承父接口中的常量和抽象方法。

② 成员变量的声明形式如下：

`[public][static][final]` 成员变量名=常量；

即接口中的成员变量都是 public 权限的 static 常量，正因为如此，public、static 和 final 都可以省略。

③ 成员方法的声明形式如下：

`[public][abstract]` 返回值类型 成员方法名(参数表)；

④ 与 Java 的类文件一样，接口文件的文件名必须与接口名相同。

例 9.1 以下是一个接口声明。

```
//CalInterface.java
public interface CalInterface{
    final float PI = 3.14159f;//定义用于表示圆周率的常量 PI
    float getArea(float r);//定义一个用于计算面积的方法 getArea()
    //定义一个用于计算周长的方法 getCircumference()
    float getCircumference(float r);
}
```

源代码：例 9.1

9.2 接口的实现

接口在定义后，可以在类中实现该接口。在类中实现接口需要使用关键字 implements，其基本格式如下：

`[修饰符] class <类名>[extends 父类名][implements 接口列表]{}`

修饰符：可选参数，用于指定类的访问权限，可选值为 public、abstract 和 final。

类名：必选参数，用于指定类的名称，类名必须是合法的 Java 语言标识符。一般情况下，类名要求首字母大写。

extends 父类名：可选参数，用于指定要定义的类继承于哪个父类。当使用 extends 关键字时，父类名为必选参数。

implements 接口列表：可选参数，用于指定该类实现的是哪些接口。当使用 implements 关键字时，接口列表为必选参数。当接口列表中存在多个接口名时，各个接口名之间使用逗号","分隔。

在类中实现接口时，方法的名字、返回值类型、参数的个数及类型必须与接口中的定义完全一致，并且必须实现接口中的所有方法。

说明：

实现接口的类必须实现接口中所有的抽象方法。即使类中不使用某抽象方法，也必须实现它,通常用空方法体实现不需要返回值的抽象方法,而用返回默认值(如 0)的方法体实现需要返回值的抽象方法。在实现抽象方法时,需要指定 public 权限,否则会产生访问权限错误。

接口具有如下特点:

① 类只能定义单继承,而接口可以定义多重继承;若是多重继承,可以通过使用 extends 后面的父接口来定义。

② 接口可以没有父接口,即接口不存在最高层,这与类的最高层是 Object 类不同。

③ 接口中的方法只能被声明为 public 或 abstract,如果不声明,则默认为 public abstract;接口中的成员变量只能使用 public、static 和 final 声明,如果不声明,则默认为 public static final。例如:

```
static double PI = 3.14159;
```

④ 在接口中只定义方法名、返回值和参数表,而不定义方法体。

例 9.2　实现接口的例子。

```
//Cire.java
public class Cire implements CalInterface {
    public float getArea(float r) {
        float area = PI * r * r;//计算圆面积并赋值给变量 area
        return area;//返回计算后的圆面积
    }
    public float getCircumference(float r) {
        float circumference = 2 * PI * r; //计算圆周长并赋值给变量 circumference
        return circumference; //返回计算后的圆周长
    }
    public static void main(String[] args) {
        Cire c = new Cire();
        float f = c.getArea(2.0f);
        System.out.println(Float.toString(f));
    }
}
```

源代码:例 9.2

9.3　接口的使用

有了接口定义与实现的基础后,就可以使用接口了。下面是接口用法的具体实例。

例 9.3　接口应用举例。

```
// InterfaceTest1.java
//定义接口
```

源代码:例 9.3

```java
interface Fight {
    void fight();
}
// 小胖和小瘦实现这个接口
class xiaopang implements Fight {
    public void fight() {
        System.out.println("小胖打人很疼!");
    }
}

class xiaoshou implements Fight {
    public void fight() {
        System.out.println("小瘦打人一点都不疼!");
    }
}
public class InterfaceTest1{
    public static void main(String args[]) {
        Fight a = new xiaopang();
        Fight b = new xiaoshou();
        a.fight();
        b.fight();
    }
}
```

程序运行结果:

小胖打人很疼!

小瘦打人一点都不疼!

例 9.4 接口应用举例。

```java
// InterfaceTest2.java
interface charge {
    public void aircondition_cost();
}

interface temperature {
    public void controlTemperature();
}
class Taxi implements charge, temperature {
    public void aircondition_cost() {
        System.out.println("出租车:1.60 元每千米,起价 3 千米");
    }

    public void controlTemperature() {
```

源代码:例 9.4

```
        System.out.println("安装了海尔空调");
    }
}
class Cinema implements charge, temperature {
    public void aircondition_cost() {
        System.out.println("电影院:门票,10 元每张");
    }
    public void controlTemperature() {
        System.out.println("安装了中央空调");
    }
}
public class InterfaceTest2 {
    public static void main(String[] args) {
        Taxi taxi1 = new Taxi();
        Cinema cinema1 = new Cinema();
        taxi1.aircondition_cost();
        cinema1.aircondition_cost();
        taxi1.controlTemperature();
        cinema1.controlTemperature();
    }
}
```

程序运行结果:

出租车:1.60 元每千米,起价 3 千米

电影院:门票,10 元每张

安装了海尔空调

安装了中央空调

9.4　扩展接口与接口的多重继承

与类一样,接口也可以使用 extends 关键字扩展接口,生成子接口。原来的接口称为基本接口(base interface)或父接口(super interface),扩展出的接口称为派生接口或子接口。通过这种机制,派生接口不仅可以拥有父接口的成员,同时也可以加入新的成员以满足实际问题的需求。与类不同的一点是,一个接口可以扩展多个接口,继承它们所有的属性,而一个类只能扩展一个类。显然,接口不能扩展类,接口的方法必须全部是抽象的。例如:

```
Interface A extends B{…}
```

这条语句表示定义接口 A 并继承接口 B,使 A 成为 B 的子接口,并且 A 具有 B 的所有属性。

再如：

```
interface Father
{
    int age = 40;
    void wash();
}
interface Mother
{
    long Bankaccount = 10000;
    void cook();
}
interface Baby extends Father,Mother
{
    void cry();
}
```

Baby 接口继承了 Father、Mother 两个接口中所有的方法与常量，并且增加了一个 cry()方法，因此在 Baby 接口中有如下常量和抽象方法：

```
int age = 40;
long Bankaccount = 10000;
void cook();
void wash();
void cry();
```

但是，如果 Father、Mother 两个接口中有重名的方法或常量应如何处理呢？可以分为以下两种情况。

1. 方法重名

如果两个方法一模一样，则保留其中一个。因为接口中的方法都是抽象的，没有实现，所以当两个方法的参数个数、类型以及返回值均相同时，不存在选择哪一个的问题。如果重名的两个方法有不同的参数个数或者类型，则 Baby 接口继承这两个方法，即方法被重载。如果两个方法仅是返回值类型不同，则会产生一种无法实现的错误。

例 9.5　方法重名实例。

```
//Father.java
public class Father
{
    private String houseName = "FatherHouse";
    public String getHouseName()    //父类中的方法 getHouseName()
    {
        return houseName;
```

源代码:例 9.5

```
        }
    }
CourierNew// Family.java
public interface Family
{
    public String getHouseName();//接口中的方法 getHouseName()
}
CourierNew// Son.java
public class Son extends Father implements Family()
{
    public String getHouseName(String s)
    {
        class MyHouse implements Family
        {
            private String houseName;
            private MyHouse(String house)
            {
                houseName = house;
            }
            public String getHouseName()
            {
                return houseName;
            }
        }
        return new MyHouse(s).getHouseName();
    }
    public static void main(String[]args)
    {
        Son son = new Son();
        //得到家的房子
        System.out.println(son.getHouseName("FamilyHouse"));
        //得到老爸的房子
        System.out.println(son.getHouseName());
    }
}
```

2. 常量重名

如果常量重名,则重名的常量都保留,使用原来的接口名字作为前缀。

例 9.6 常量重名实例。

```
//Test2.java
interface Inter1 {
    public static final int A = 0;
}
interface Inter2 {
    public static final int A = 1;
    public static final int B = 2;
}
class Demo implements Inter1, Inter2 {
}//实现两个接口

public class Test2{
    public static void main(String[] args) {
        System.out.println(Demo.B);
        System.out.println(Inter1.A);
        System.out.println(Inter2.A);
        System.out.println(Demo.B);
    }
}
```

源代码:例9.6

程序运行结果为:

2
0
1
2

本章小结

本章介绍了类的接口及其实现。类只能单继承,而实现接口时,则一次可以实现多个接口,从而实现多重继承的功能。接口就是一组对类的要求,它反映了一组没有内在联系、不相关的类之间的通信协议。接口中只包含常量和方法的定义,没有变量和方法的实现,是一种特殊的抽象类。

课后练习

1. 在 Java 中,能实现多重继承的方式是( )。

A. 接口   B. 继承   C. 内部类   D. 适配器

2. 下列选项中,用于定义接口的关键字是(　　　)。

A. interface　　　　　　B. implements　　　　　C. abstract　　　　　D. class

3. 下列选项中,用于实现接口的关键字是(　　　)。

A. interface　　　　　　B. implements　　　　　C. abstract　　　　　D. class

4. 下列接口定义中合法的是(　　　)。

A. public interface A{ int a( );}

B. public interface B implements java.lang.String { }

C. interface C { int a;}

D. private interface D { }

E. abstract interface E { }

F. 以上定义均不合法

5. 下列定义在接口中的方法合法的是(　　　)。

A. static void main( );

B. final static void main( );

C. void main( ) {}

D. private void main( );

E. public abstract void main( );

F. 以上定义都不是

6. 如果一个类引用了某个接口,则必须在类体中重写接口中定义的所有＿＿＿＿＿＿＿方法。

7. 在 Java 程序中,通过类的定义只能实现＿＿＿＿＿＿重继承,但通过接口的定义可以实现＿＿＿＿＿＿重继承。

8. 简述抽象类与接口的异同点。

有以下程序代码:

9.
```
interface Playable {
    void play();
}
interface Bounceable {
    void play();
}
interface Rollable extends Playable, Bounceable {
    Ballball = new Ball("PingPang");
}
public class Ball implements Rollable {
    private String name;
    public String getName() {
```

```
        return name;
    }
    public Ball(String name) {
        this.name = name;
    }
    public void play() {
        Ball ball = new Ball("Football");
        System.out.println(ball.getName());
    }
}
```

指出上面程序的错误之处,并说明原因。

10. 试编写一个 People 接口,定义一个抽象类 Employee,定义一个具体类 Management 继承 Employee 类,并编写测试运行类(其中的参数与方法请自行设计)。

11. 定义一个 ClassName 接口,接口中只有一个抽象方法 getClassName( );设计一个类 Company,该类实现接口 ClassName 中的方法 getClassName( ),功能是获取该类的类名称;编写应用程序使用 Campany 类。

第三部分　Java 实用编程篇

本篇是 Java 语言程序设计的重要应用,是对 Java 语言编程能力的全面提升,同时也是对 Java 基础知识和面向对象的实践应用。本篇大量介绍 Java 语言中的实用类和接口,同时设计了多个文件输入输出和图形用户界面的实例,可以使 Java 初学者很轻松地实现 Java 的高级编程。本篇的学习策略是循序渐进与应用实例相结合,旨在拓展知识面的同时,提升读者运用 Java 语言进行项目设计和开发的能力。

本篇安排了常用实用类、基于 Swing 的图形用户界面和输入输出 3 章内容。

第 10 章常用实用类介绍 String 类、Date 类、Calendar 类、Arrays 类以及正则表达式等,并且结合实例讲解这些实用类的使用方法。用户在使用 Java 语言进行程序设计的过程中,如果能够充分、合理地利用类库中提供的类和接口,不仅可以完成字符串的处理、数学计算、绘图等多方面的工作,而且可以大大提高编程效率,使程序简洁、易懂。

图形用户界面(GUI)可以提供数据的直观表示,友好的界面可带来操作上的便捷,交互性能够使程序更具有吸引力。第 11 章基于 Swing 的图形用户界面将介绍利用 Swing 组件设计图形用户界面的方法,并详细讲解常用的 Swing 组件以及图形用户界面中事件的处理模型,不仅方便设计者进行图形用户界面设计,而且便于用户理解应用程序。

输入输出是程序设计所必须的,Java 中的输入输出均通过数据流来实现。第 12 章输入输出主要介绍 InputStream、OutputStream、Reader、Writer 和 File 等 5 种用于输入输出的类。利用这些类,Java 程序可以很方便地实现多种输入输出操作和复杂的文件和目录管理。

第 10 章　常用实用类

Java 中提供了很多操作类库。类库是 Java API(Application Programming Interface,应用程序接口),是系统提供的已实现的标准类的集合。本章将介绍在实际开发时常用的实用类库,包括String 类、StringBuffer 类、Date 类、Calendar 类、DateFormat 类、Math 类、Random 类、Arrays 类、Big-Integer 类、BigDecimal 类以及正则表达式。

本章要点:
- 了解常用实用类的定义及基本操作
- 了解常用实用类的使用方法

10.1　String 类

Java 语言使用 java. lang 包中的 String 类来创建字符串常量,字符串的值在创建之后不能更改,而 StringBuffer 类则用于处理那些可能发生变化的字符串。String 类和 StringBuffer 类均继承了 Object 类,10. 2 节将对 StringBuffer 类做详细介绍。本节着重介绍字符串的声明及初始化,以及一些常用的 String 类方法。

10.1.1　字符串的声明及初始化

Java 中要使用字符串变量时,首先要声明 String 类对象并进行初始化。

声明 String 类对象的语法格式如下:

```
String stringName;
```

stringName 为用户自定义的常量名。

字符串的初始化有以下两种方式。

第一种方式是对 String 类对象直接赋值,格式如下:

```
stringName = "字符串常量";
```

第二种方法是调用 String 类的构造方法,格式如下:

```
stringName = new String("字符串常量");
```

例 10.1　字符串初始化方法一。

```
// StringTest1.java
public class StringTest1{
    public static void main(String args[]){
```

源代码:例 10.1

```
        String name;
        name = "LiMing"; //初始化 String 对象
        System.out.println("姓名:" + name);
    }
}
```

程序运行结果:

姓名:LiMing

在 StringTest1. java 程序中,String name 声明了一个 name 对象;name = "LiMing"语句直接对已声明的 name 对象赋值。

例 10.2　字符串初始化方法二。

```
// StringTest2.java
public class StringTest2{
    public static void main(String args[]){
        String name;
        name = new String("LiMing"); //使用构造方法初始化 String 对象
        System.out.println("姓名:" + name);
    }
}
```

源代码:例 10.2

程序运行结果:

姓名:LiMing

在 StringTest2. java 程序中, name = new String("LiMing")调用 String 类的构造方法对已声明的 name 对象赋值。

10.1.2　常用方法

String 类的方法很多,限于篇幅,本小节仅列出一些重要和常用的方法,读者可以查阅 Java API 帮助文档了解更多的内容。

① String(char[ ] value):将一个字符数组转换为一个字符串。

② String(char[ ] value, int offset, int count):将一个指定范围的字符数组转换为字符串。

③ String(byte[ ] bytes):将一个 byte 数组全部转换为字符串。

④ String(byte[ ] bytes, int offset, int count):将指定范围的 byte 数组转换为字符串。

⑤ char[ ] toCharArray( ):将一个字符串转换为字符数组。

⑥ char charAt(int index):从一个字符串中取出指定位置的字符。

⑦ byte[ ] getBytes( ):将一个字符串转换为 byte 数组。

⑧ int length( ):取得字符串的长度。

⑨ int indexOf(String str):从头开始查找指定字符串的位置。

⑩ int indexOf(String str, int fromIndex):从指定位置开始查找指定字符串的位置。

⑪ String trim( ):清除字符串左、右两端的空格。

⑫ String substring(int beginIndex):从指定位置开始到最后进行字符串的截取。

⑬ String substring(int begin,int end):指定开始点和结束点截取字符串。

⑭ String[ ] split(String regex):对照指定的字符串对字符串进行拆分。

⑮ String toUpperCase( ):将一个字符串全部转换为大写字母。

⑯ String toLowerCase( ):将一个字符串全部转换为小写字母。

⑰ boolean startsWith(String prefix):判断是否以指定的字符串开头。

⑱ boolean endsWith(String suffix):判断是否以指定的字符串结尾。

⑲ boolean equals(String str):判断两个字符串的内容是否相等。

⑳ boolean equalsIgnoreCase(String str):不区分大小写比较两个字符串是否相等。

㉑ String replaceAll(Sring regex,String replacement):字符串的替换。

10.1.3　String 类方法应用实例

例 10.3　截取 String 类对象的子串。

```
// SubString.java
public class SubString {
    public static void main(String args[]){
        String str1 = "Java is interesting";
        int n = str1.length( ); //获取字符串长度
        String str2 = str1.substring(5) ; //取得 str1 字符串中第5个位置后的字符串
        //取得 str1 字符串中第8~19个位置的字符串
        String str3 = str1.substring(8, 19);
        System.out.println("字符串长度:" + n);
        System.out.println("str2 = " + str2);
        System.out.println("str3 = " + str3);
    }
}
```

源代码:例 10.3

程序运行结果:

字符串长度:19

str2 = is interesting

str3 = interesting

方法 str1. substring(5) 获得一个新的字符串 str2,它是字符串 str1 的一个子串。该子串始于 str1 字符串第 5 个位置处的字符,一直到 str1 字符串的末尾。方法 str1. substring(8, 19)获得一个新的字符串 str3,该字符串从 str1 字符串的第 8 个位置开始,一直到第 19 个位置结束。

拓展训练

改写例 10.3,使用 String 类的方法将 str1 字符串以空格拆分为 3 个单词,并全部改为大写字母。

例 10.4 字符串检索。

源代码:例 10.4

```java
//StringRetrieve.java
public class StringRetrieve {
    public static void main(String args[]){
        String str1 = "Java is interesting";
        int n1 = str1.indexOf('v');
        int n2 = str1.indexOf('i', 10);
        int n3 = str1.indexOf("is");
        System.out.println("字符 v 在字符串中首次出现的位置:" + n1);
        System.out.println("从第 10 个字符起 i 在串中首次出现的位置:" + n2);
        System.out.println("is 在字符串中首次出现的位置:" + n3);
    }
}
```

程序运行结果:

字符 v 在字符串中首次出现的位置:2
从第 10 个字符起 i 在串中首次出现的位置:16
is 在字符串中首次出现的位置:5

10.2 StringBuffer 类

在实际开发中经常会遇到需要对字符串的内容进行动态修改的情形,而 String 对象在创建后是不能修改的,因此 Java 语言提供了另外一种能够修改的、类似字符串缓冲区的 StringBuffer 类。StringBuffer 类主要用来实现对字符串的动态添加、插入、删除、替换等操作。

StringBuffer 类的主要操作是 append()方法。append()方法始终将字符添加到缓冲区的末尾。例如,如果 z 引用一个当前内容为 start 的 StringBuffer 对象,则调用 z.append("le") 会使字符串缓冲区包含 Startle。

例 10.5 使用 append()方法连接字符串。

源代码:例 10.5

```java
//StringBufferAppend.java
public class StringBufferAppend {
    public static void main(String args[]){
        StringBuffer buf =new StringBuffer(); //声明 StringBuffer 对象
        buf.append("Hello "); //向 StringBuffer 中添加内容
        buf.append("World").append("!!!"); //可以连续调用 append()方法
        buf.append("\n"); //添加一个转义字符
        buf.append("数字 =").append(1).append("\n"); //添加数字
```

```
        buf.append("字符 = ").append('C').append("\n");//添加字符
        buf.append("布尔 = ").append(true);//添加布尔值
        System.out.println(buf);//直接输出对象,默认调用 toString()方法
    }
}
```

程序运行结果:

```
Hello World!!!
数字 = 1
字符 = C
布尔 = true
```

在程序 StringBufferAppend. java 中,使用了 append( )方法对字符串进行连接,返回一个 StringBuffer 类的实例,这样就可以采用代码链的形式一直调用 append( )方法。

10. 2. 1　常用方法

StringBuffer 类的方法很多,限于篇幅,本小节仅列出一些重要和常用的方法,读者可以查阅 Java API 帮助文档了解更多的内容。

① StringBuffer( ):StringBuffer 的构造方法。

② StringBuffer append(char c):StringBuffer 类中提供了大量的追加操作,可以向 StringBuffer 中追加内容,此方法可以添加任何的数据类型。

③ StringBuffer append(StringBuffer sb):同上。

④ StringBuffer append(String str):同上。

⑤ int indexOf(String str):查找指定字符串是否存在。

⑥ int indexOf(String str,int fromIndex):从指定位置开始查找指定字符串是否存在。

⑦ StringBuffer insert(int offset,String str):在指定位置添加指定字符串。

⑧ StringBuffer reverse( ):将字符串内容反转保存。

⑨ StringBuffer replace(int start,int end,String str):指定内容进行替换。

⑩ int length( ):返回内容的长度。

⑪ StringBuffer delete(int start,int end):删除指定范围的字符串。

⑫ String toString( ):自继承 Object 类的方法,用于将指定内容转换为 String 类型。

10. 2. 2　**StringBuffer** 类方法应用实例

可以使用 StringBuffer 类的 insert( )方法在指定位置上为 StringBuffer 对象添加内容。

例 10. 6　在任意位置处为 StringBuffer 对象添加内容。

源代码:例 10. 6

```
//StringBufferInsert.java
public class StringBufferInsert{
    public static void main(String args[]){
```

```
        StringBuffer buf=new StringBuffer(); //声明 StringBuffer 对象
        buf.append("World!!"); //添加内容
        buf.insert(0, "Hello "); //在第一个内容之前添加内容
        System.out.println(buf);
        buf.insert(buf.length(), "JAVA"); //在最后添加内容
        System.out.println(buf);
    }
}
```

程序运行结果：

Hello World!!

Hello World!! JAVA

StringBuffer 类提供了 reverse( )方法,可以将字符串反转。

例 10.7 字符串的反转。

源代码:例 10.7

```
//StringBufferReverse.java
public class StringBufferReverse {
    public static void main(String args[]){
        StringBuffer buf=new StringBuffer(); //声明 StringBuffer 对象
        buf.append("World!!"); //添加内容
        buf.insert(0, "Hello "); //在第一个内容之前添加内容
        String str=buf.reverse().toString(); //将内容反转后转换为 String 类型
        System.out.println(str); //将内容输出
    }
}
```

程序运行结果：

!! dlroW olleH

以上程序通过 append( )和 insert( )方法向 StringBuffer 对象加入数据后,使用 reverse( )方法将所有的内容以逆序的方式输出。

使用 StringBuffer 类的 replace( )方法可以对指定范围的内容进行替换。

例 10.8 替换字符串指定范围的内容。

源代码:例 10.8

```
//StringBufferReplace.java
public class StringBufferReplace{
    public static void main(String args[]){
        StringBuffer buf=new StringBuffer(); //声明 StringBuffer 对象
        buf.append("Hello ").append("World!!"); //向 StringBuffer 对象添加内容
        buf.replace(6, 11, "China"); //将 World 的内容替换
        System.out.println("内容替换之后的结果:" + buf); //输出内容
    }
}
```

程序运行结果：

内容替换之后的结果:Hello China!!

通过 StringBuffer 类的 substring( ) 方法可以直接从 StringBuffer 对象的指定范围中截取内容。

例 10. 9　对 StringBuffer 字符串对象进行截取。

```java
//StringBufferSubstring.java
public class StringBufferSubstring{
    public static void main(String args[]){
        StringBuffer buf=new StringBuffer();  //声明 StringBuffer 对象
        buf.append("Hello ").append("World!!");  //向 StringBuffer 对象添加内容
        buf.replace(6, 11, "China");  //将 World 的内容替换
        String str=buf.substring(6, 11);  //截取指定范围的内容
        System.out.println("内容替换之后的结果:" + str);  //输出内容
    }
}
```

程序运行结果：

内容替换之后的结果:China

通过 StringBuffer 类的 delete( ) 方法可以删除指定范围的内容。

例 10. 10　删除指定范围内的字符串。

```java
//StringBufferDelete.java
public class StringBufferDelete{
    public static void main(String args[]){
        StringBuffer buf=new StringBuffer();  //声明 StringBuffer 对象
        buf.append("Hello ").append("World!!");  //向 StringBuffer 对象添加内容
        buf.replace(6, 11, "China");  //将 World 的内容替换
        String str=buf.delete(6, 11).toString();  //删除指定范围中的内容
        System.out.println("删除之后的结果:" + str);  //输出内容
    }
}
```

程序运行的结果：

删除之后的结果:Hello !!

通过 StringBuffer 类的 index( ) 方法可以查找指定内容,如果找到,则返回内容的位置;如果没有找到,则返回-1。

例 10. 11　查找指定的内容是否存在。

```java
//StringBufferIndex.java
public class StringBufferIndex{
    public static void main(String args[]){
```

```
StringBuffer buf=new StringBuffer(); //声明 StringBuffer 对象
buf.append("Hello ").append("World!!"); //向 StringBuffer 对象添加内容
if (buf.indexOf("Hello") == -1){
    System.out.println("没有查找到指定的内容");
} else { //不为-1 表示查找到内容
    System.out.println("可以查找到指定的内容");
}
    }
}
```

程序运行的结果：

可以查找到指定的内容

10.3　Date 类

Java 中的 Date 类用于处理日期及时间类型的数据。直接使用 java. util. Date 类中的构造方法就可以得到一个完整的日期。Date 类从 JDK 1.0 起就存在，但正因为历史悠久，所以它的大部分构造方法、实例方法都已经过时，不再推荐使用了。

10.3.1　构造器

Date 类提供了 6 个构造方法，但其中 4 个已经不再被推荐使用（Deprecated，使用不再推荐的方法时，编译器会发出警告信息，并导致程序性能、安全性等方面的问题），剩下的两个构造方法分别如下：

① Date( )：用系统当前的日期和时间构建对象。

② Date(long date)：以长整型数 date 构建对象。date 是从 1970 年 1 月 1 日 0 时起所经过的毫秒数。

例 10.12　获取当前系统的日期。

```
//DateTest.java
public class DateTest{                                          源代码：例 10.12
    public static void main(String args[]){
        Date d=new Date();
        System.out.println("当前系统的时间是:" + d);
        System.out.println("当前系统的时间(中国格式)是:" + d.toLocaleString());
    }
}
```

程序运行的结果：

当前系统的时间是:Mon Apr 27 11:40:01 CST 2015

当前系统的时间(中国格式)是:2015-4-27 11:40:01

10.3.2 常用方法

与 Date 构造方法相同的是,Date 对象的大部分方法也不再被推荐使用,剩下为数不多的几个方法如下:

① boolen after(Date when):测试当前日期是否在指定日期 when 之后。

② boolen before(Date when):测试当前日期是否在指定日期 when 之前。

③ int compareTo(Date anotherDate):比较两个日期的顺序。如果相等,则返回 0;如果当前日期在 anotherDate 之后,则返回 1;否则返回−1。

④ long getTime():返回自 1970 年 1 月 1 日 00:00:00 GMT 以来的毫秒数。

⑤ void setTime(long time):设置 Date 对象,以表示 1970 年 1 月 1 日 00:00:00 GMT 以后 time 毫秒的时间点。

因为 Date 类的很多方法已经不推荐使用,所以 Date 类的功能已经被大大削弱了。例如,对时间进行加减运算,获取指定的年、月、日等。如果需要对日期进行这些运算,则应该使用 Calendar 类。

10.4   Calendar 类

因为 Date 类在设计上存在缺陷,所以 Java 提供了 Calendar 类来更好地处理日期和时间。Calendar 类可以将取得的时间精确到毫秒,支持不同的日历系统,提供多数日历系统所具有的一般功能。

Calendar 类是一个抽象类。如果要使用一个抽象类,则必须依靠对象的多态性,通过子类进行父类的实例化操作。Java 本身提供了一个 Calendar 类的子类——GregorianCalendar 类。

另外,Calendar 类提供了几个静态 getInstance() 方法来获取 Calendar 对象。这些方法根据 TimeZone、Locale 来获取特定的 Calendar 对象。如果不指定 TimeZone、Locale,则使用默认的 TimeZone、Locale 来创建 Calendar 对象。

10.4.1 Calendar 类常数

Calendar 类提供了如下一些日常使用的静态数据成员:

① AM(上午)、PM(下午)、AM_PM(上午或下午)。

② MONDAY~SUNDAY(星期一~星期天)。

③ JANUARY~DECENBER(一月~十二月)。

④ EAR(公元或公元前)、YEAR(年)、MONTH(月)、DATE(日)。

⑤ HOUR(时)、MINUTE(分)、SECOND(秒)、MILLISENCOND(毫秒)。

⑥ WEEK_OF_MONTH(月中的第几周)、WEEK_OF_YEAR(年中的第几周)。

⑦ DAY_OF_MONTH(月的第几天)、DAY_OF_WEEK(星期几)、DAY_OF_YEAR(一年中的第几天)等。

10.4.2　构造方法和常用方法

Calendar 类的方法很多,限于篇幅,本节仅列出一些重要和常用的方法,读者可以查阅 Java API 帮助文档了解更多的内容。

1. 构造方法

Calendar 类有以下构造方法:

① protected Calendar():以系统默认的时区构建 Calendar 对象。

② protected Calendar(TimeZone zone,Locale aLocale)以指定的时区构建 Calendar 对象。

2. 常用方法

Calendar 类有以下常用方法:

① boolean after(Object when):判断当前 Calendar 对象表示的时间是否在指定 Object 表示的时间之后。

② boolean before(Object when):判断当前 Calendar 对象表示的时间是否在指定 Object 表示的时间之前。

③ final void set(int year,int month,int date,int hour,int minute,int second):设置字段 YEAR、MONTH、DAY_OF_MONTH、HOUR、MINUTE 和 SECOND 的值。

④ final void set(int year,int month,int date):设置日历字段 YEAE、MONTH 和 DAY_OF_MONTH 的值。

⑤ final void setTime(Date date):使用给定的 Date 设置当前 Calendar 对象的时间。

⑥ public int get(int field):返回给定日历字段的值。

⑦ static Calendar getInstance():使用默认时区和语言环境获得一个日历。

⑧ final Date getTime():返回一个表示当前 Calendar 时间值(从历元至现在的毫秒偏移量)的 Date 对象。

⑨ TimeZone getTimeZone():使用指定时区和默认语言环境获得一个日历。

⑩ long getTimeMillis():返回当前 Calendar 的时间值,以毫秒为单位。

⑪ static Calendar getInstance(Locale aLocale):使用默认时区和指定语言环境获得一个日历。

⑫ static Calendar getInstance(TimeZone zone):使用指定时区和默认语言环境获得一个日历。

⑬ static Calendar getInstance(TimeZone zone,Locale aLocale):使用指定时区和语言环境获得一个日历。

10.4.3 Calendar 类方法应用实例

Calendar 是抽象类,虽然不能直接建立该类的对象,但可以通过该类的类方法获得 Calendar 对象。

例 10.13 使用 Calendar 类的方法获取日期和时间。

源代码:例 10.13

```java
//DateFormatTest.java
public class DateFormatTest {
    public static void main(String args[]) {
        Calendar calendar = Calendar.getInstance(); //使用默认时区得到对象
        CalendarTest testCalendar = new CalendarTest();
        System.out.print("当前的日期时间:");
        testCalendar.display(calendar);
        System.out.println("");
        calendar.set(2000, 0, 30, 20, 10, 5);
        System.out.print("新设置日期时间:");
        testCalendar.display(calendar);
    }
}
class CalendarTest {
    String[] am_pm = { "上午", "下午" };
    public void display(Calendar cal) {
        System.out.print(cal.get(Calendar.YEAR) + ".");
        System.out.print(cal.get(Calendar.MONTH) + 1 + ".");
        System.out.print(cal.get(Calendar.DATE) + " ");
        System.out.print(am_pm[cal.get(Calendar.AM_PM)] + " ");
        System.out.print(cal.get(Calendar.HOUR) + " :");
        System.out.print(cal.get(Calendar.MINUTE) + " :");
        System.out.print(cal.get(Calendar.SECOND));
    }
}
```

程序运行的结果:

当前的日期时间:2015.4.27 上午 11:25:57

新设置日期时间:2000.1.30 下午 8:10:5

10.5 DateFormat 类

Calendar 类基本可以代替 Date 类,但在某些情况下仍然要用到 Date 类。特别是有时候需要将一个 Date 类型的日期用指定的格式输出,或者将一个指定格式的日期的字符串转换为 Date 对象,这时候就需要用到 DateFormat 类。

DateFormat 类是一个抽象类,定义在 java. text 包中。java. text. SimpleDateFormat 类是 Date-Format 类的一个具体的实现子类,可以使用该类把 Date 类型的对象转换为本地类型的日期字符串,或者把字符串类型的日期转换为 Date 对象。

在 Java 程序设计中,可以使用 SimpleDateFormat 类和它的抽象基类 DateFormat 完成日期数据的格式定制。

例 10. 14 指定格式日期的输出。

源代码:例 10.14

```java
//DateFormat.java
public class DateFormat{
    public static void main(String args[]){
        DateFormat df1 = new SimpleDateFormat("yyyy-MM-dd");
        DateFormat df2 = new SimpleDateFormat("yyyy-MM-dd hh:mm:ss");
        //按照日期格式化
        System.out.println("日期:" + df1.format(new Date()));
        //按照日期时间格式化
        System.out.println("日期时间:" + df2.format(new Date()));
    }
}
```

程序运行的结果:

```
日期:2015-04-27
日期时间:2015-04-27 11:24:48
```

10. 6　Math 类

Java 语言在 java. lang. Math 包中提供了一个执行基本数学运算的 Math 类。这个类包括常见的数学运算方法,如三角函数方法、指数函数方法、对数函数方法、平方根函数方法等。除此之外,该类还提供了一些常用的数学常量,例如 E、PI 等。本章将介绍 Math 类的基本操作。

10. 6. 1　Math 类常量

常用的 Math 类常量如下:
① static final double E = 2. 718281828459045;
② static final double PI = 3. 141592653589739;

10. 6. 2　常用方法

Math 类的方法很多,限于篇幅,本节仅列出一些重要和常用的方法,读者可以查阅 Java API

帮助文档了解更多的内容。

① static 数据类型 abs(数据类型 a):求 a 的绝对值。其中数据类型可以是 int、long、float 和 double。这是重载方法。

② static 数据类型 min(数据类型 a,数据类型 b):求 a、b 中的最小值。数据类型如上所述。

③ static 数据类型 max(数据类型 a,数据类型 b):求 a,b 中的最大值。数据类型如上所述。

④ static double acos(double a):返回 arccos a 的值。

⑤ static double asin(double a):返回 arcsin a 的值。

⑥ static double atan(double a):返回 arctan a 的值。

⑦ static double cos(double a):返回 cos a 的值。

⑧ static double sin(double a):返回 sin a 的值。

⑨ static double tan(double a):返回 tan a 的值。

⑩ static double exp(double a):返回 e^a 的值。

⑪ static double log(double a):返回 ln a 的值。

⑫ static double pow(double a,double b):返回 a^b 的值。

⑬ static double random():产生 0～1 之间的随机值,包括 0 但不包括 1。

⑭ static double rint(double a):返回靠近 a 且等于整数的值,相当于四舍五入去掉小数部分。

⑮ static long round(double a):返回 a 靠近 long 类型的值。

⑯ static int round(float a):返回 a 靠近 int 类型的值。

⑰ static double sqrt(double a):返回 a 的平方根。

⑱ static double toDegrees(double angrad):将 angrad 表示的弧度转换为度数。

⑲ static double toRadians(double angdeg):将 angdeg 表示的度数转换为弧度。

Math 类提供了三角函数及其他的数学计算方法,它们都是静态的,可以直接作为类方法使用,不需要专门创建 Math 类的对象。

10.6.3　Math 类方法应用实例

例 10.15　Math 类的基本操作实例。

```
//MathTest.java
public class MathTest{
    public static void main(String args[]){
        System.out.println("求平方根:" + Math.sqrt(9.0));
        System.out.println("求两数的最大值:" + Math.max(10, 30));
        System.out.println("求两数的最小值:" + Math.min(10, 30));
        System.out.println("2 的 3 次方:" + Math.pow(2, 3));
        System.out.println("四舍五入:" + Math.round(33.6));
    }
}
```

源代码:例 **10.15**

程序运行结果：

求平方根：3.0

求两数的最大值：30

求两数的最小值：10

2 的 3 次方：8.0

四舍五入：34

例 10.16 三角函数实例。

源代码：例 10.16

```
//TrigonometricFunction.java
public class TrigonometricFunction{
    public static void main(String[] args){
        //取 90° 的正弦值
        System.out.println("90° 的正弦值:" + Math.sin(Math.PI /2));
        //取 0° 的余弦值
        System.out.println("0° 的余弦值:" + Math.cos(0));
        //取 60° 的正切值
        System.out.println("60° 的正切值:" + Math.tan(Math.PI /3));
        //取 2 的平方根与 2 商的反正弦值
        System.out.println("2 的平方根与 2 商的反正弦值:" + Math.asin(Math.sqrt(2)
                    /2));
        //取 2 的平方根与 2 商的反余弦
        System.out.println("2 的平方根与 2 商的反余弦值:" + Math.acos(Math.sqrt(2)
                    /2));
        System.out.println("1 的反正切值:" + Math.atan(1) );  //取 1 的反正切值
        //取 120° 的弧度值
        System.out.println("120° 的弧度值:" + Math.toRadians(120.0));
        //取 π/2 的角度值
        System.out.println("π/2 的角度值:" + Math.toDegrees(Math. PI /2));
    }
}
```

程序运行结果：

90° 的正弦值：1.0

0° 的余弦值：1.0

60° 的正切值：1.7320508075688767

2 的平方根与 2 商的反正弦值：0.7853981633974484

2 的平方根与 2 商的反余弦值：0.7853981633974483

1 的反正切值：0.7853981633974483

120° 的弧度值：2.0943951023931953

π/2 的角度值：90.0

10.7　Random 类

Math 类中的 random( )方法可以产生 0~1 之间的随机数,除此之外,Java 的 java.util 包中还提供了一种可以获取伪随机数的方式,即 Random 类。Java 程序设计中,可以通过实例化一个 Random 对象创建一个随机数生成器。

10.7.1　构造方法

使用 Random 类产生伪随机数需要一个初始值(又称种子数),如果种子数相同,则产生的随机数序列就相同;如果种子数不同,则可以产生不同的随机数序列。Random 类中有两种产生随机数的方法。

① Random r＝new Random( );

其中,r 是 Random 对象。

以这种方式实例化对象时,Java 编译器以系统当前时间作为随机数生成器的种子,因为每时每刻的时间不可能相同,所以产生的随机数也将不同。但是如果程序的运行速度太快,也会产生两次运行结果相同的随机数。

② Random r＝new Random(seedValue);

该方式设置 seedValue 种子,以此种子构造 Random 对象,生成伪随机数。

10.7.2　常用方法

Random 类的方法很多,限于篇幅,本节仅列出一些重要和常用的方法,读者可以查阅 Java API 帮助文档了解更多的内容。

① int next(int bits):生成下一个伪随机数。

② boolean nextBoolean( ):返回下一个伪随机数,它是取自此随机数生成器序列的均匀分布的 boolean 值。

③ double nextDouble( ):返回下一个伪随机数,它是取自此随机数生成器序列、在 0.0 和 1.0 之间均匀分布的 double 值。

④ float nextFloat( ):返回下一个伪随机数,它是取自此随机数生成器序列、在 0.0 和 1.0 之间均匀分布的 float 值。

⑤ int nextInt(int n):返回下一个伪随机数,它是取自此随机数生成器序列、在 0(包括)和指定值(不包括)之间均匀分布的 int 值。

⑥ void setSeed(long seed):使用单个 long 种子设置随机数生成器的种子。

10.7.3　Random 类方法应用实例

例 10.17　生成 10 个随机数字,且数字均不大于 100。

```
//RandomTest.java
public class RandomTest{
    public static void main(String args[]){
        Random r = new Random(); //实例化 Random 对象
        for (int i = 0; i < 10; i++) {
            System.out.print(r.nextInt(100) + " ");
        }
    }
}
```

源代码:例 10.17

程序运行结果:

81 61 37 26 57 90 13 35 47 3

10.8 Arrays 类

Java 的 java.util 包中定义了对数组操作的 Arrays 类,可以实现数组元素的查找,数组内容的填充、排序等。

10.8.1 常用方法

Arrays 类的方法很多,限于篇幅,本节仅列出一些重要和常用的方法,读者可以查阅 Java API 帮助文档了解更多的内容。

① static boolean equals(int[] a1,int[] a2):判断两个数组 a1 和 a2 是否相等。

② static void fill(int[] a,int val):将指定内容 val 填充到数组 a 中。

③ static void sort(int[] a):对数组 a 排序。

④ static int binarySearch(int[] a,int key):对排序后的数组进行检索。

⑤ static String toString(int[] a):输出数组信息。

10.8.2 Arrays 类方法应用实例

例 10.18 数组的排序与填充。

源代码:例 10.18

```
//ArraysTest.java
public class ArraysTest{
    public static void main(String arg[]){
        int temp[]={ 3, 4, 5, 7, 9, 1, 2, 6, 8 }; //声明一个整型数组
        Arrays.sort(temp); //进行排序操作
        System.out.print("排序后的数组:");
        System.out.println(Arrays.toString(temp)); //以字符串形式输出数组
```

```
// 如果要使用二分法查询, 则必须针对排序后的数组
int point = Arrays.binarySearch(temp, 3); // 检索位置
System.out.println("元素'3'的位置在:" + point);
Arrays.fill(temp, 3); // 填充数组
System.out.print("数组填充:");
System.out.println(Arrays.toString(temp));
    }
}
```

程序运行结果:

排序后的数组:[1, 2, 3, 4, 5, 6, 7, 8, 9]

元素'3'的位置在:2

数组填充:[3, 3, 3, 3, 3, 3, 3, 3, 3]

在程序 ArraysTest. java 中, 首先使用静态初始化的方式声明一个一维数组, 然后利用 Arrays 类的 sort( )方法进行排序, 并通过二分查找法查找指定的内容是否存在, 重新将数组的内容填充后, 又利用 toString( )方法将全部的内容以 String 形式输出。

拓展训练

改写例 10.18 的 ArraysTest. java 程序, 对于数组 temp 中第 2 个元素(包括)到第 6 个元素(不包括), 如果原先的值小于 5, 则做加 1 操作; 如果大于 5, 则做减 1 操作, 输出最终的值。

10.9 BigInteger 类

在 Java 程序设计中, 如果要表示的数字超出了 long 类型的表示范围, 可以使用定义在 java. math 包中的 BigInteger 类进行操作。BigInteger 类对象表示一个大整数, 原则上只要计算机的内存足够大, 整数可以有无限位。

10.9.1 常用方法

BigInteger 类的方法很多, 限于篇幅, 本节仅列出一些重要和常用的方法, 读者可以查阅 Java API 帮助文档了解更多的内容。

1. 数学运算常用方法

① BigInteger add(BigInteger val):加法运算。

② BigInteger subtract(BigInteger val):减法运算。

③ BigInteger multiply(BigInteger val):乘法运算。

④ BigInteger divide(BigInteger val):除法运算。

⑤ BigInteger remainder(BigInteger val):求余数。

⑥ BigInteger mod(BigInteger m):求余数,总是返回非负数字。

⑦ BigInteger[ ] divideAndRemainder(BigInteger val):返回数组,第一个元素是商,第二个元素是余数。

⑧ BigInteger pow(int exponent):求一个数字的 *n* 次方。

⑨ BigInteger min(BigInteger val):求最小值。

⑩ BigInteger max(BigInteger val):求最大值。

⑪ int compareTo(BigInteger val):与另外一个数字比较,返回值为-1、0 或 1,分别表示小于、等于和大于。

⑫ BigInteger abs( ):求绝对值。

2. 位运算和移位运算常用方法

① BigInteger add(BigInteger val):返回与另外一个大数按位与的结果。

② BigInteger not( ):返回按位取反的结果。

③ BigInteger or(BigInteger val):返回按位或的结果。

④ BigInteger shiftLeft(int n):返回左移 *n* 位的结果。

⑤ BigInteger shiftRight(int n):返回右移 *n* 位的结果。

10.9.2 BigInteger 类方法应用实例

例 10. 19 BigInteger 类的基本操作实例。

```java
//BigIntegerTest.java
public class BigIntegerTest{
    public static void main(String args[]){
        BigInteger bi1 =new BigInteger("123456789"); //声明 BigInteger 对象
        BigInteger bi2 =new BigInteger("987654321"); //声明 BigInteger 对象
        System.out.println("加法操作:" + bi2.add(bi1)); //加法操作
        System.out.println("减法操作:" + bi2.subtract(bi1)); //减法操作
        System.out.println("乘法操作:" + bi2.multiply(bi1)); //乘法操作
        System.out.println("除法操作:" + bi2.divide(bi1)); //除法操作
        System.out.println("最大数:" + bi2.max(bi1)); //求出最大数
        System.out.println("最小数:" + bi2.min(bi1)); //求出最小数
        System.out.println("左移 2 位后:" + bi1.shiftLeft(2) ); //求左移 2 位后的结果
        BigInteger result[]=bi2.divideAndRemainder(bi1); //求出余数的除法操作
        System.out.println("商是:" + result[0] + ";余数是:" + result[1]);
    }
}
```

程序运行结果:

加法操作:1111111110

减法操作:864197532

乘法操作:121932631112635269

除法操作:8

最大数:987654321

最小数:123456789

左移 2 位后:493827156

商是:8;余数是:9

10. 10　BigDecimal 类

在实际应用中,有时候需要对更大或者更小的数进行运算和处理。float 和 double 类型只能用来做科学计算或者工程计算,处理 16 位有效数字。在商业计算中,要用到 java. math 包中提供的 BigDecimal 类,用来对超过 16 位有效位的数进行精确运算。BigDecimal 类创建的是对象,不能使用传统的+、-、*、∕等算术运算符直接对其对象进行数学运算,而必须调用其相对应的方法,方法中的参数也必须是 BigDecimal 类的对象。

10. 10. 1　常用方法

BigDecimal 类的方法很多,限于篇幅,本节仅列出一些重要和常用的方法,读者可以查阅 Java API 帮助文档了解更多的内容。

① BigDecimal(double val):将 double 表示形式转换为 BigDecimal。

② BigDecimal(int val):将 int 表示形式转换为 BigDecimal。

③ BigDecimal(String val):将字符串表示形式转换为 BigDecimal。

④ BigDecimal add(BigDecimal val):加法运算。

⑤ BigDecimal subtract(BigDecimal val):减法运算。

⑥ BigDecimal multiply(BigDecimal val):乘法运算。

⑦ BigDecimal divide(BigDecimal val):除法运算。

10. 10. 2　BigDecimal 类方法应用实例

例 10. 20　BigInteger 类的基本操作实例。

```
//BigDecimalTest.java
public class BigDecimalTest{
    public static void main(String args[]){
        //声明 BigDecimal 对象
        BigDecimal bi1 =new BigDecimal("123456789.123456");
        //声明 BigDecimal 对象
```

源代码:例 10.20

```
          BigDecimal bi2 = new BigDecimal("987654321.987654");
          System.out.println("加法操作:" + bi2.add(bi1)); //加法操作
          System.out.println("减法操作:" + bi2.subtract(bi1)); //减法操作
          System.out.println("乘法操作:" + bi2.multiply(bi1)); //乘法操作
          System.out.println("除法操作:" + bi2.divide(bi1, 10, 5)); //除法操作
      }
  }
```

程序运行结果:

加法操作:1111111111.111110

减法操作:864197532.864198

乘法操作:1219326313356499712.458313812224

除法操作:8.0000000729

10.11　正则表达式

正则表达式在字符数据处理中起着非常重要的作用,可以用正则表达式完成大部分的数据分析、处理工作。例如,判断一个串是否是数字、是否是有效的 E-mail 地址,从海量的文字资料中提取有价值的数据等。如果不使用正则表达式,程序可能会很长,并且容易出错。在 JDK 1.4 的测试版之后,JDK 中包含了 java.util.regex 正则表达式库。java.util.regex 是一个用正则表达式所制订的模式对字符串进行匹配的类库包。

在实际的程序开发中,正则表达式被广泛地应用于字符串的查找、替换、匹配等操作。因此,灵活地使用正则表达式对程序员来说非常重要。

常用正则规范的定义如表 10-1~10-3 所示。

表 10-1　常用正则规范

序号	规范	描述	序号	规范	描述
1	\\	表示反斜线(\)字符串	9	\w	表示字母、数字、下划线
2	\t	表示制表符	10	\W	表示非字母、数字、下划线
3	\n	表示换行	11	\s	表示所有空白字符(换行、空格等)
4	[abc]	字符 a、b 或 c	12	\S	表示所有非空白字符
5	[^abc]	表示除了 a、b、c 之外的任意字符	13	^	行的开头
6	[a-zA-Z0-9]	表示由字母、数字组成	14	$	行的结尾
7	\d	表示数字	15	.	匹配除换行符之外的任意字符
8	\D	表示非数字			

表 10-2   数量表示（X 表示一组规范）

序号	规范	描述	序号	规范	描述
1	X	必须出现一次	5	X{n}	必须出现 n 次
2	X?	可以出现 0 次或 1 次	6	X{n,}	必须出现 n 次以上
3	X*	可以出现 0 次、1 次或多次	7	X{n,m}	必须出现 n~m 次
4	X+	可以出现 1 次或多次			

表 10-3   逻辑运算符（X、Y 表示一组规范）

序号	规范	描述
1	XY	X 规范后跟着 Y 规范
2	X|Y	X 规范或 Y 规范
3	(X)	作为一个捕获组规范

应用正则表达式必须依靠 java.util.regex 包中的 Pattern 类和 Matcher 类。Pattern 类的主要作用是进行正则规范的编写，而 Matcher 类主要用于执行规范，验证一个字符串是否符合其规范。

10.11.1   常用方法

正则表达式的常用方法如下：

① public static Pattern compile(String regex)：指定正则表达式的规则。在 Pattern 类中，如果要取得 Pattern 类的实例，则必须调用 compile() 方法。

② public Matcher matcher(CharSequence input)：返回 Matcher 类的实例。

③ public String[] split(String regex)：以 regex 作为分隔符，把字符串分割成多个字符串。

④ boolean matches()：执行验证。

⑤ String replaceAll(String replacement)：字符串替换。

⑥ static boolean matches(String regex, CharSequence input)：编译给定正则表达式并尝试将给定输入 input 与 regex 进行匹配。

10.11.2   正则表达式应用实例

例 10.21   正则表达式基本使用实例。

```
//RegexTest.java
public class RegexTest{
    public static void main(String[] args){
```

源代码：例 10.21

```java
        Pattern pattern = Pattern.compile("b*g");
        Matcher matcher = pattern.matcher("bbg");
        System.out.println(matcher.matches());
        System.out.println(pattern.matches("b*g","bbg"));
        // 验证邮政编码
        System.out.println(pattern.matches("[0-9]{6}", "100038"));
        System.out.println(pattern.matches("//d{6}", "100038"));
        // 验证电话号码
        System.out.println(pattern.matches("[0-9]{3,4}//-?[0-9]+", "
                                02178989799"));
        // 字符替换
        charReplace();
        // 验证 E-mail
        validateEmail("HelloWorld@ 163.com");
    }


    // 字符串的替换
    public static void charReplace(){
        String regex = "a+";
        Pattern pattern = Pattern.compile(regex);
        Matcher matcher = pattern.matcher("okaaaa LetmeAseeaaa aa booa");
        String s = matcher.replaceAll("A");
        System.out.println(s);
    }


    // 验证 E-mail
    public static void validateEmail(String email){
        String regex = "[0-9a-zA-Z]+@[0-9a-zA-Z]+//.[0-9a-zA-Z]+";
        Pattern pattern = Pattern.compile(regex);
        Matcher matcher = pattern.matcher(email);
        if(matcher.matches()){
            System.out.println("这是合法的 E-mail");
        }else{
            System.out.println("这是非法的 E-mail");
        }
    }
}
```

程序运行结果：

```
true
true
true
false
false
okA LetmeAseeA A booA
```
这是非法的 E-mail

拓展训练

改写例 10.21 的 RegexTest. java 程序,使用正则表达式判断一个字符串是否为身份证号码(包括对最后一位是否为 X 的判断)。

本章小结

本章介绍了 String 类、StringBuffer 类、Date 类、Calendar 类、DateFormat 类、Math 类、Random 类、Arrays 类、BigInteger 类、BigDecimal 类以及正则表达式。它们在 Java 程序设计中是非常实用的一些类。学习完本章后,读者需要对这些类的常用方法以及各参数的含义有明确的认识。只有熟练地掌握、运用它们,才能使程序的编写变得方便、快捷。

课后练习

1. 下列 String 类的( )方法返回指定字符串的一部分。
A. extractstring( )　　　　B. substring( )　　　　C. Substring( )　　　　D. Middlestring( )
2. 对于下列代码:

String str1 = "java";
String str2 = "java";
String str3 = new String("java");
StringBuffer str4 = new StringBuffer("java");

以下表达式的值为 true 的是( )。

A. str1 == str2;　　　　　　　　　　　　B. str1 == str4;
C. str2 == str3;　　　　　　　　　　　　D. str3 == str4;

3. 以下程序段的输出结果是( )。

public class Test {

```
public static void main(String args[]){
    String str = "ABCDE";
    str.substring(3);
    str.concat("XYZ");
    System.out.print(str);
    }
}
```

A. DE   B. DEXYZ   C. ABCDE   D. CDEXYZ

4. 要产生[20,999]之间的随机整数,可以使用的表达式是( )。

A. (int)(20+Math.random() * 97)

B. 20+(int)(Math.random() * 980)

C. (int)Math.random() * 999

D. 20+(int)Math.random() * 980

5. 如果要使条件 method(-4.4)==-4 成立,则需要用到的 java.lang.Math 类中的方法是( )。

A. round()   B. min()   C. trunc()

D. abs()   E. floor()   F. ceil()

6. 对于 String 对象,可以使用"="赋值,也可以使用 new 关键字赋值,两种方式有什么区别?

7. String 类和 StringBuffer 类有什么区别?

8. Date 类和 Calender 类有什么区别和联系?

9. DateFormart 类有什么作用? 用简单代码展示其使用方法。

10. SimpleDateFormat 类有什么作用? 用简单代码展示其使用方法。

11. 编写一个截取字符串的函数,输入为一个字符串和字节数,输出为按字节截取的字符串。要保证汉字不被截半个,如输入" "我 ABC",4",输出应为"我 AB";输入" "我 ABC 汉 DEF",6",应该输出"我 ABC"而不是"我 ABC+汉的半个"。

12. 使用 String 类的 toUpperCase() 方法可以将一个字符串中的小写字母转换的大写字母;使用 toLowerCase() 方法可以将一个字符串中的大写字母转换为小写字母。编写一个程序,使用这两个方法实现大小写的转换。

13. 使用 String 类的 concat() 方法可以把参数指定的字符串连接到当前字符串的尾部获得一个新的字符串。编写一个程序,通过连接两个字符串得到一个新字符串,并输出这个新字符串。

14. String 类的 charAt() 方法可以得到当前字符串指定位置上的一个字符。编写程序,使用该方法得到一个字符串中的第一个和最后一个字符。

15. 输出某年某月的日历页,通过 main() 方法的参数将年份和月份传递到程序中。

16. 计算两个日期之间的间隔天数。要求年、月、日通过 main() 方法的参数传递到程序中。

第 11 章 基于 Swing 的图形用户界面

本章介绍用于实现应用程序与用户进行交互的图形用户界面的设计。对于一个优秀的应用程序来讲,良好的图形用户界面是必不可少的。如果缺少良好的图形用户界面,就会给用户理解和使用应用程序带来不便。Java 的抽象窗口工具集(Abstract Window Toolkit,AWT)和组件集 Swing 为图形用户界面的设计提供了很多类,有助于用户理解应用程序。本章将介绍利用 Swing 组件设计图形用户界面的方法,并详细介绍常用的 Swing 组件,以及图形用户界面中事件的处理模型。通过本章的学习,读者可以设计出简单的图形用户界面,为更高级的应用程序编写打下基础。

本章要点:
- 了解图形用户界面中的 Swing 组件
- 了解图形用户界面中事件的处理
- 掌握图形用户界面的设计

本章主要知识脉络如图 11-1 所示。

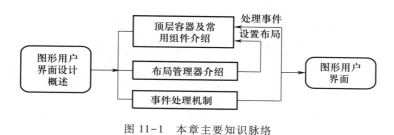

图 11-1 本章主要知识脉络

11.1 图形用户界面设计概述

使用过 Windows 操作系统的用户对于 GUI 肯定很熟悉。在 GUI 应用程序中,各种 GUI 元素有机地结合在一起,它们不但为用户提供漂亮的外观,而且提供与用户进行交互的各种方法。在 Java 语言中,这些元素主要是通过 java.awt 包和 javax.swing 包中的类来控制与操作的。

11.1.1 AWT 简介

AWT 是 Sun 公司提供的用于图形用户界面编程的类库。AWT 是在 JDK 1.0 与 JDK 1.1 中提出的。虽然目前 Java 平台依然支持 AWT,但在开发 GUI 时更常用的是 Swing。AWT 与 Swing

的最大区别是,Swing 组件的实现没有采用任何本地代码,完全由 Java 语言实现,具有平台独立的 API,并且具有平台独立的实现。在面向对象的类库中,一旦公布了一个类或组件,这个类或组件就不能轻易地丢弃,因为已经有其他类使用了这个类或组件,如果丢掉这个类或组件,将存在重新编码的问题。AWT 的模式在很大程度上影响了 Swing 的模式,二者的某些机制甚至是一致的,AWT 可以说是 Swing 的基础,故 Java 中仍保留 AWT。

1. AWT 的基本原理

Java 是一种跨平台的语言,Java 程序要能够在不同的平台上运行,为此,AWT 类库中的各种操作被定义在一个"抽象窗口"中进行。抽象窗口使得界面的设计能够独立于界面的实现,使得利用 AWT 开发的 GUI 能够适用于所有的平台,满足 Java 程序的可移植性要求。

AWT 在设计之初确定的目标,就是要具有独立于平台的 API,同时要保留每个平台的界面显示风格(Look and Feel,L&F)。例如,对于按钮,AWT 只定义了一个由 Button 类提供的 API,但不同平台中的按钮外观是不同的,如 Windows 平台和 Solaris 平台。AWT 对于这个看似自相矛盾的目标的实现方法是:定义各种组件(components)类,提供平台独立的 API,利用特定于平台的各种类的实现(称为对等组件,peers)提供具有特定平台风格的界面显示风格。因此,在特定平台上,每个 AWT 组件类都有一个对等组件类,每个 AWT 组件对象都有一个控制该对象外观的本地对等组件对象,AWT 工具集中包含本地代码。AWT 组件与本地对等组件的关系如图 11-2 所示。

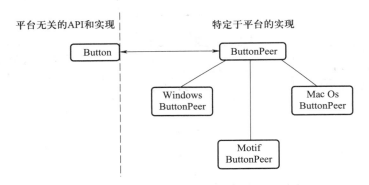

图 11-2 AWT 组件与本地对等组件

2. AWT 组件

AWT 可用于 Java Application 和 Java Applet GUI 的开发,它所提供的类和接口的主要功能有:用户界面组件;事件处理模型;图形和图像工具,包括形状、颜色和字体类;布局管理器,可以灵活设置窗口布局;数据传送类,可以通过本地平台的剪贴板进行剪切和粘贴操作。

常用的 AWT 组件包括按钮(Button)、复选框(Checkbox)、下拉式列表(Choice)、框架(Frame)、标签(Label)、列表(List)、面板(Panel)、文本区(TextArea)、文本域(TextField)、对话框(Dialog)等。

Java.awt 包中描述的主要组件类与接口以及它们之间的层次关系如图 11-3 所示。AWT 的所有组件都是抽象类 Component 或 MenuComponent 类的子类。Component 类是一个抽象类,它是 AWT 中所有组件的父类,如图 11-3 所示。它为其子类提供了很多功能,例如设置组件在窗体中的位置、组件的大小、组件显示内容的字体、前景色与背景色等。当用户与组件交互时,单击组件将会产生事件。AWTEvent 类以及它的子类用来定义相应的组件所发生的各种事件。

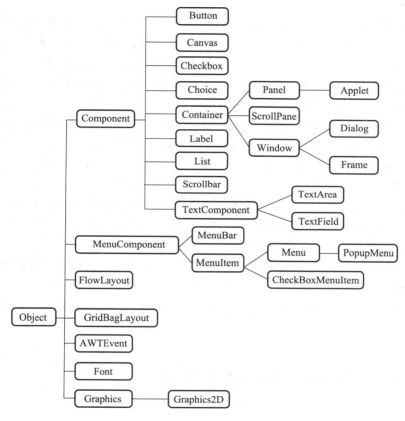

图 11-3　AWT 的组件类与接口之间的层次结构

11.1.2　Swing 简介

Swing 的提出是以 AWT 为基础的。与 AWT 不同的是,Swing 有一套独立于操作系统的图形界面类库,而 AWT 采用与特定平台相关的实现;Swing 围绕 JComponent 的新组件构建,而 JComponent 则由 AWT 的容器类扩展而来。JComponent 定义了两种类型的组件:顶层容器(JFrame、JPanel、JDialog 和 JWindow)和组件(JButton、JMenu 等)。顶层容器定义了可以包含轻量级组件的框架,一个顶层 Swing 容器提供一个区域,轻量级组件可在这个区域中绘制自身。顶层容器是它们所对应的重量级 AWT 组件的子类,这些容器依靠它们的 AWT 父类的本地方法与硬件进行适当的交互。从结构上说,Swing 的很多组件采用的是数据和显示分开的结构;从资源类型上说,Swing 是轻型窗口工具包,AWT 是重型窗口工具包。

与 AWT 相比,Swing 具有很大的优势,列举如下:

① 组件种类丰富。Swing 提供了非常广泛的标准组件,这点与 AWT 类似。除了标准组件外,Swing 还提供了大量的第三方组件,具有良好的可扩展性,许多商业或开源的 Swing 组件库都可以方便地获取。

② 组件具有更丰富的特性。Swing 不仅包含所有平台的特性,还能根据程序所运行的平台增加额外的特性。Swing 的组件特性遵循特定原则,容易扩展,因此能够提供比 AWT 更多的功能。

③ 具有良好的组件 API 模型支持。Swing 遵循 MVC(Model-View-Controller)模型,这是一种非常成功的设计模型。经过多年的演化,Swing 组件的 API 变得强大且灵活、易扩展,它的 API 设计被认为是最成功的 GUI API 之一。

④ 良好的观感(look and feel)支持。Swing Component 并不绘制自身,而是将这个功能委托给 UI Delegate(用户界面委托)完成。每个 Component 都有自己的 UI Delegate,因此 Java 程序必须确定每一个 Component 应该使用的 UI Class——需要一个高层的类来确定所有种类的 Component UI,这个类就是 Look And Feel Class。在实际的 Java 程序中,对于每个组件,由高级的 GUI 委托将 GUI 渲染委托给具体的 GUI 类,这些类被注册到一个展现特定观感的 Look And Feel 对象上。

⑤ GUI 库标准。Swing 和 AWT 都是 JRE 中的标准库,因此不需要将它们随应用程序一起分发。由于它们是与平台无关的,因此不用担心平台的兼容性。

⑥ 性能成熟、稳定。Swing 经历了 7 年的发展,在 Java 5 之后变得越来越成熟。Swing 在每个平台上都有相同的性能,不存在明显的性能差异。

虽然 Swing 比 AWT 具有很大的优势,但这并不表明 Swing 可以取代 AWT,相反,Swing 依赖于 AWT。

11.2　基于 Swing 的 GUI 程序设计

11.2.1　基于 Swing 的 GUI 程序设计方法

在介绍 GUI 程序设计方法之前,先来看一个简单的 Swing GUI 应用程序,初步体验一下基于 Swing 的图形用户界面。

例 11.1　在一个框架窗口中显示两个标签 lab1、lab2 和一个按钮 button1,上面的标签显示一串固定的文字信息,单击按钮后在下面的标签上显示系统的当前时间。

```
//SwingTest.java
import java.awt.*;
import java.awt.event.*;
```

源代码:例 11.1

```java
import javax.swing.*;
import javax.swing.JButton;
import javax.swing.JFrame;
import javax.swing.JLabel;
import java.util.*;
//继承 JFrame 类并实现 ActionListener 接口
public class SwingTest extends JFrame implements ActionListener {
    JButton button1;      //声明按钮对象
    JLabel lab1, lab2;    //声明标签对象
    SwingTest() {         //定义构造方法
        super("Swing 应用程序的例子");    //调用父类的构造方法
        //定义标签,文字居中
        lab1 = new JLabel("一个显示系统时间的 GUI 程序", JLabel.CENTER);
        lab2 = new JLabel("");      //定义无文字标签
        button1 = new JButton("现在时刻[T]");    //定义按钮
        button1.setActionCommand("time");      //设置按钮时间的控制名称
        button1.addActionListener(this);       //给按钮注册事件监听器
        //向内容窗格添加标签 lab1
        getContentPane().add(lab1, BorderLayout.NORTH);
        //向内容窗格添加标签 lab2
        getContentPane().add(lab2, BorderLayout.CENTER);
        //向内容窗格添加按钮 button1
        getContentPane().add(button1, BorderLayout.SOUTH);
    }

    //对按钮引发的事件进行编程
    public void actionPerformed(ActionEvent e) {    //捕获按钮事件
        Calendar c1 = Calendar.getInstance();    //获取系统时间
        if (e.getActionCommand().equals("time")) {
            lab2.setText("北京时间:" + c1.get(Calendar.DAY_OF_MONTH) + "日"
                + c1.get(Calendar.HOUR_OF_DAY) + "时"
                + c1.get(Calendar.MINUTE) + "分");    //设置标签文字
            //设置标签文字,居中对齐
            lab2.setHorizontalAlignment(JLabel.CENTER);
        } else
            System.exit(0);
    }
```

```
public static void main(String args[]) {    //主方法
    JFrame frame=new SwingTest();    //创建 JFrame 对象,初始不可见
    //设置框架关闭按钮事件
    frame.setDefaultCloseOperation(JFrame.EXIT_ON_CLOSE);
    frame.pack();    //压缩框架的显示区域
    frame.setVisible(true);    //显示框架主窗口
    }
}
```

程序运行结果如图 11-4 所示。

例 11.1 中使用了一个按钮 button1,两个标签 lab1 和 lab2,lab1 用于显示一行固定的文字,按钮 button1 用于触发显示"现在时刻[T]"的事件,事件响应结果在标签 lab2 中体现出来。需要注意的是,GUI 组件(如按钮、标签等)必须嵌入容器(如例 11.1 中的 JFrame)对象中才可以正常使用,组件在容器中的位置可以通过布局管理器(如例 11.1 中的 BorderLayout)来设置。

图 11-4　例 11.1 的运行结果

基于 Swing 的 GUI 应用程序的设计过程一般分为以下几步。

(1) 引入合适的包和类

一般的 Swing GUI 应用程序应引入需要的包(如例 11.1 中的前 3 个引入语句,它们分别表示引入 awt 包、awt 事件处理包和 swing 包),例 11.1 中的第 7 个引入语句表示引入 util 包,这是 Calendar 类所需要的。根据程序的需要,有时候需要引入 javax. swing 包或 java. awt 包的子包。

由于 Swing 组件使用 AWT 的结构,包括 AWT 的事件驱动模式,因此使用 Swing 组件的程序一般需要引入 awt 包。

(2) 使用默认的观感或设置自定义观感

例 11.1 中的程序使用的是默认的观感。

(3) 创建顶层容器并设置它的布局

创建 GUI 的顶层容器,用于放置各种 GUI 组件,并进行布局管理器等设置。例 11.1 中程序的顶层容器为 JFrame 框架,采用的布局管理器为默认的边界布局管理器 BorderLayout。

(4) 定义并添加 GUI 组件

定义所需的组件,进行相应的设置(如边界、在顶层容器中的位置等),并添加到容器中显示。需要注意的是,应避免 Swing 组件与 AWT 组件混合使用。例 11.1 中的程序使用两个标签(JLabel 类的对象)组件和一个按钮(JButton 类的对象)组件。

(5) 对组件或事件编码

要编写对组件进行操作所引发事件的程序代码,以进行事件处理。例 11.1 中的程序对按钮事件进行了注册和捕获,并且对按钮事件的处理编写了代码。

(6) 显示顶层容器,将整个 GUI 显示出来

例 11.1 中的程序语句 frame. setVisible(true)即为实现此功能。

11.2.2　顶层容器及常用组件

组成 GUI 的组件如按钮、标签、对话框等不能独立使用,必须放在顶层容器内。容器(container)是 Component 抽象类的一个子类。一个容器可以容纳多个组件,并使它们成为一个整体。容器可以简化图形用户界面的设计,以整体结构来布置界面。容器本身也是一个组件,所以具有组件的所有性质,另外还具有容纳其他组件的功能。在 GUI 应用程序中,可以通过 add( )方法向容器中添加组件。在 Swing 中,常用的 3 种顶层容器是 JFrame、JPanel 和 JApplet,它们分别对应 AWT 中的 Frame、Panel 和 Applet。

基于 Swing 的 GUI 具有这样的层次包容关系:顶层容器-中间容器-基本组件。每个使用 Swing 组件的 GUI 程序都至少有一个顶层容器,这个顶层容器是包含层次的根节点,该根节点会包含所有将在这个顶层容器中出现的 Swing 组件。

通常情况下,一个单独的基于 Swing GUI 的应用程序至少有一个包含层次,且它的根节点是 JFrame。举例来说,如果一个应用程序拥有一个窗口和两个对话框,那么这个应用程序将有 3 个包含层次,也即有 3 个顶层容器。一个包含层次将 JFrame 作为它的根节点,另外两个包含层次各将一个 JDialog 作为它的根节点。

一个基于 Swing 组件的小程序(applet)至少含有一个包含层次,并且可以确定其中必有一个是以 JApplet 对象作为其根节点的。例如,一个小程序带有一个对话框,则它有两个包含层次。在浏览器窗口中的组件将会置于一个包含层次,它的根节点是一个 JApplet 对象。对话框会有一个包含层次,它的根节点是一个 JDialog 对象。

当使用顶层容器类 JFrame、JDialog、JApplet 时,必须注意以下几点。

① 为了将所有的组件都显示在屏幕上,每个 GUI 组件必须是包含层次的一部分。包含层次是组件的一个树形结构,最顶层的容器是它的根。

② 每个 GUI 组件只能被包含一次,不能同时包含在两个根容器中。如果一个组件已经在一个容器中,这时试图将它加入一个新的容器,则这个组件会从第一个容器移除,并加入第二个容器中。

③ 每个顶层容器都有一个内容面板(content pane),一般情况下,这个内容面板包含(直接或间接地)所有顶层容器 GUI 的可视组件。

④ 可以在顶层容器中加入一个菜单条(menu bar)。通常,菜单条被放置在顶层容器中,但在内容面板外。

上文提到可以通过 add( )方法将组件加入内容面板中。例如,在 JFrame 的实例对象 Jframe 的内容面板中加入显示内容为“I'm a label!”的标签,并将该标签放在面板的中间位置。代码如下:

```
JLabel lab=new JLabel("I'm a label!",JLabel.CENTER);
Jframe.getContentPane().add(lab, BorderLayout.CENTER);
```

从以上两行代码可以看出,在向顶层容器中添加组件时,必须先找到顶层容器的内容面板,这通过 getContentPane( )方法实现。默认的内容面板是一个简单的中间容器,它继承自 JCompo-nent,使用边界布局管理器 BorderLayout 作为它的面板布局管理器。常用的中间容器有 JPanel(面板)、JScrollPane(滚动窗格)、JSplitPane(拆分窗格)、JLayeredPane(分层窗格)等。

定制一个内容面板很简单,只需要设置面板布局管理器或添加边框即可。这里必须注意,getContentPane( )方法将返回一个 Container 对象,而不是 JComponent 对象。这意味着如果需要使用 JComponent 类的部分功能,还必须将返回值进行类型转换或创建自定义的组件作为内容面板。通常采用第二种方式,因为第二种方式比较清晰、明朗。另一种有时会使用的方法是简单地将一个自定义的组件添加列内容面板,完全遮盖住内容面板。

如果创建自定义的内容面板,要确保它是不透明的。一个不透明的 JPanel 将是一个不错的选择。

注意:默认情况下,JPanel 的布局为 FlowLayout,若要使用其他布局,可使用 setLayout( )方法进行设置。

为了使一个组件成为内容面板,需要使用顶层容器的 setContentPane( )方法,例如:

```
JPanel contentPane=new JPanel(new BorderLayout());
//setBorder( )方法用来设置边框,someBorder 是 Border 类的一个实例
contentPane.setBorder(someBorder);
//someComponent 指某种 GUI 组件
contentPane.add(someComponent, BorderLayout.CENTER);
//anotherComponent 是相对于 someComponent 而言的,指另一种 GUI 组件
//组件出现在最后一行布局内容之后
contentPane.add(anotherComponent,BorderLayout.PAGE_END);
//contentPane.setOpaque(true);   //设置面板不透明
//topLevelContainer 指一个顶层容器
topLevelContainer.setContentPane(contentPane);
```

注意,不要使用透明的容器作为内容面板,如 JScrollPane、JSplitPane 和 JTabbedPane。一个透明的内容面板将导致组件混乱。

下面介绍常用的顶层容器以及常用的 GUI 组件。

1. 框架(JFrame)

JFrame 类对象是最常用的顶层容器,一般用来作为 Java Application 的主窗口,Applet 有时也使用 JFrame。如果需要创建依赖于另一个窗口的窗口,可以使用对话框类 JDialog;如果要在一个窗口中建立另一个窗口,使用内部窗口类 JIternalFrame。

顶层容器 JFrame 的常用方法有以下 3 种。

(1) 构造方法

- JFrame( )
- JFrame(String title)

创建初始不显示的窗口对象,使用 setVisible(true)方法显示窗口。

（2）设置单击关闭窗口按钮的操作

public void setDefaultCloseOperation(int operation)

可选择的参数值如下：

- WindowConstants. DISPOSE_ON_CLOSE：关闭窗口，释放资源。
- WindowConstants. HIDE_ON_CLOSE：隐藏窗口。
- WindowConstants. DO_NOTHING_CLOSE：不做任何动作。
- JFrame. EXIT_ON_CLOSE：退出应用系统。

（3）窗口的装饰设置

Static void setDefaultLookAndFeelDecorated(Boolean defaultLookAndFeelDecorated)

指定窗口是否使用当前 Look&Feel 提供的窗口装饰。窗口装饰指窗口的边框、标题以及用来关闭或最小化窗口的按钮。

例 11.2 通过构造 JFrame 对象创建一个窗体，窗体标题为"Hi，我是一个窗体，大家认识一下"，窗体大小为 300×200。

```java
// ExamframeTest.java
import javax.swing.*;
class ExamframeTest {
    public static void main(String[] args) {
        JFrame win = new JFrame( "Hi,我是一个窗体,大家认识一下");
        win.setSize(300, 200);   //设置窗体的大小
        win.setVisible(true);   //设置窗体可见
        //设置窗体关闭按钮事件
        win.setDefaultCloseOperation(JFrame.EXIT_ON_CLOSE);
    }
}
```

源代码：例 11.2

程序的运行结果如图 11-5 所示。

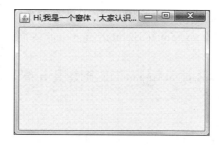

图 11-5 例 11.2 的运行结果

拓展练习

改变窗体的观感：设置例 11.2 中的窗体使用当前 Look&Feel 提供的窗口装饰，观察窗体会

发生什么变化(考虑是应该先创建窗体再设置窗口装饰,还是先设置窗口装饰再创建窗体)。

2. 面板(JPanel)

JPanel 是一个轻量容器组件,用法与 Panel 相同,可用于容纳界面中的其他 GUI 元素。在 GUI 应用程序中使用面板组件,可以保证在布局管理器的设置下容纳更多的组件,实现容器嵌套的目的。JPanel、JScrollPane、JSplitPane、JInteralFrame 都属于常用的中间容器。JPanel 的默认布局管理器是 FlowLayout。

3. JApplet 类

Swing 常用的类有两个:一个是 JFrame 窗体类,另一个是 JApplet 小应用程序类。其中 JApplet 类依赖浏览器执行。很多浏览器都支持 JApplet,包括 IE、Firefox 等。但如果用 IE 6 执行的话,IE 6 会有脚本警告。由于 JApplet 和 JFrame 都是只包含一个组件的容器,因此 JApplet 和 JFrame 之间是互相通用的。

4. 标签 (JLabel)

JLabel 对象可以显示文本、图像或同时显示二者。可以通过设置垂直和水平对齐方式,指定标签显示区中的标签内容在何处对齐。默认情况下,标签在其显示区内垂直居中对齐,只显示文本的标签是开始边对齐,而只显示图像的标签则水平居中对齐。还可以指定文本相对于图像的位置。默认情况下,文本位于图像的结尾边,文本和图像都垂直对齐。

根据标签的 ComponentOrientation 属性值可确定其开始边和结尾边。目前,默认的 ComponentOrientation 设置将开始边映射到左边,将结尾边映射到右边。还可以使用 setIconTextGap( ) 方法指定文本和图像之间应该出现多少像素,默认情况下为 4 个像素。

JLabel 类有如下构造方法:

① JLabel( ):创建无图像并且标题为空字符串的 JLabel 实例。

② JLabel(Icon image):创建具有指定图像的 JLabel 实例。

③ JLabel(Icon image, int horizontalAlignment):创建具有指定图像和水平对齐方式的 JLabel 实例。

④ JLabel(String text):创建具有指定文本的 JLabel 实例。

⑤ JLabel(String text, Icon icon, int horizontalAlignment):创建具有指定文本、图像和水平对齐方式的 JLabel 实例。

⑥ JLabel(String text, int horizontalAlignment):创建具有指定文本和水平对齐方式的 JLabel 实例。

JLabel 类常用的方法如下:

① String getText( ):返回标签所显示的文本字符串。

② void setText(String text):定义标签要显示的单行文本。

③ Icon getIcon( ):返回标签显示的图形图像(字形、图标)。

④ void setIcon(Icon icon):定义标签要显示的图标。

例 11. 3　在内容面板中添加一个标签,标签上显示"赞!"。

```
//Jlabel.java
import java.awt.*;
import javax.swing.*;
public class Jlabel extends JApplet{
    public void init(){
        Container con=this.getContentPane();  //增加一个内容窗格
        JLabel label=new JLabel("赞!",JLabel.CENTER);  //定义一个标签,文字居中
        con.add(label);  //把标签 label 添加到内容面板中
    }
}
```

源代码:例 11.3

程序运行结果如图 11-6 所示。

图 11-6　例 11.3 的运行结果

5. 按钮(JButton)

JButton 类具有如下构造方法:

① JButton():创建不带文本或图标的按钮。

② JButton(Action a):创建一个按钮,其属性从所提供的 Action 中获取。

③ JButton(Icon icon):创建一个带图标的按钮。

④ JButton(String text):创建一个带文本的按钮。

⑤ JButton(String text, Icon icon):创建一个带初始文本和图标的按钮。

JButton 类常用的方法如下:

① protected void configurePropertiesFromAction(Action a):该方法根据 Action 实例中的值设置 AbstractButton 的属性。

② AccessibleContext getAccessibleContext():获得与此 JButton 关联的 AccessibleContext。

③ String getUIClassID():以字符串的形式返回指定呈现此组件的 L&F 类的类名。

④ boolean isDefaultButton():获得 defaultButton 属性的值,如果为 true,则意味着此按钮是其 JRootPane 的当前默认按钮。

⑤ boolean isDefaultCapable( ):获得 defaultCapable 属性的值。

⑥ protected String paramString( ):返回此 JButton 的字符串表示形式。

⑦ void removeNotify ( ):重 写 JComponent. removeNotify 以检 查 按 钮 当前是否被设置为 RootPane 的默认按钮,如果是,则将 RootPane 的默认按钮设置为 null,以确保 RootPane 不继续停留在无效的按钮引用上。

⑧ void setDefaultCapable(boolean defaultCapable):设置 defaultCapable 属性,该属性确定此按钮是否可以是其根窗格的默认按钮。

⑨ void updateUI( ):根据当前外观的值重置 UI 属性。

例 11.4　使用 JButton 的小应用程序。在内容面板中添加两个按钮 b1、b2,按钮 b1 和 b2 上的内容分别为“Hi,Linda.”和“How are you?”。

```
//Jbutton.java
import java.awt.*;
import javax.swing.*;
public class Jbutton extends JApplet {
    JButton b1,b2;
    public void init() {
        b1 = new JButton("Hi,Linda.");
        b2 = new JButton("How are you?");
        Container con = this.getContentPane();
        con.setLayout(new FlowLayout());    //内容面板采用流式布局
        con.add(b1);
        con.add(b2);
    }
}
```

源代码:例 11.4

程序的运行结果如图 11-7 所示。

图 11-7　例 11.4 的运行结果

拓展练习

在例 11.4 中,把带文本的按钮改成带图标(可以为任意 ImageIcon 类支持的图片格式,如 gif、jpg、png 等)的按钮,并且设置布局管理器为边界布局管理器 BorderLayout,注意按钮的摆放位置。

6. 文本组件

(1)单行文本输入框(JTextField)

在许多情况下,用户需要输入一些文字,这时就要用到文本输入框。单行文本输入框是由 JTextField 类实现的。它的构造函数如下:

- JTextField():构造一个新的单行文本输入框。
- JTextField(int length):构造一个指定长度的单行文本输入框。
- JTextField(String text):构造一个指定初始内容的单行文本输入框。
- JTextField(String text,int length):构造一个指定长度和初始内容的单行文本输入框。
- JTextField(Document docu,String text,int length):指定文件存储模式构造一个指定长度和初始内容的单行文本输入框。

(2)多行文本输入框(JTextArea)

多行文本输入框的功能与单行文本输入框的功能相同,只是它能显示更多的文字。因为单行文本输入框只能输入一行文字,所以需要输入和显示较多文字时,就要用到多行文本输入框。多行文本输入框是由 JTextArea 类实现的。JTextArea 类的构造方法如下:

- JTextArea():构造一个新的多行文本输入框。
- JTextArea(int row,int column):构造一个指定长度和宽度的多行文本输入框。
- JTextArea(String text):构造一个显示指定文字的多行文本输入框。
- JTextArea(String text,int row,int column):构造一个指定长度和宽度,并显示指定文字的多行文本输入框。
- JTextArea(Document doc):构造一个指定文件存储模式的多行文本输入框。
- JTextArea(Document doc,String text,int row,int column):构造一个指定文件存储模式,指定长度和宽度,并显示指定文字的多行文本输入框。

(3)密码框(JPasswordField)

密码框实际上是一种特殊类型的文本框。和文本框不同的是:向密码框中输入文本时,显示的不是实际输入的信息,而是特殊字符(通常是"＊")。另外,可以用方法 setEchoChar(char c)改变默认的回显字符。

需要注意的是,取得文本框中的文本使用 getText()方法,该方法返回的是一个 String 类型的对象;而取得密码框中的文本要使用 getPassword()方法,该方法返回的是一个 char 数组。

例如,创建一个长度为 20 个字符的密码框,代码如下:

```
JPasswordField txtPwd=new JPasswrodField(20);
```

设定该密码框的回显字符为"#"：

```
txtPwd.setEchoChar('#');
```

通过 getPassword( )方法获取密码框中的内容：

```
char[ ] pwd=txtPwd.getPassword();
```

也可以方便地将 char 数组转换为 String 类型的对象：

```
String pwdStr=new String(txtPwd.getPassword());
```

例 11.5　文本组件的用法示例。示例中有一个单行文本框,显示内容为"系统默认输入的密码:",此处设置为只读格式;有一个密码框,以"＊"显示系统默认输入的密码(密码框中可以手动输入需要的内容);还有一个 5 行 5 列的多行文本框(文本框的行数和列数可以手动设置)。

```
//TextTest.java                                              源代码:例 11.5
public class TextTest extends JFrame {
    public TextTest() {
        Container contentPane =this.getContentPane();
        //面板使用网格布局
        JPanel jPanel1 =new JPanel(new GridLayout(3,1));
        //创建一个单行文本框对象,指定初值为"系统默认输入的密码:"
        JTextField jTextField1 =new JTextField("系统默认输入的密码:");
        //设置创建的单行文本框对象为只读
        jTextField1.setEditable(false);
        //创建一个密码框,指定默认初值为"password"
        JPasswordField jPasswordField1 =new JPasswordField("password");
        jPasswordField1.setEchoChar('*');    //设置密码以"＊"显示
        JTextArea jTextArea1 =new JTextArea("我是一个文本框,可以填写好多行信息哦!",
                                            5,5);
        jPanel1.add(jTextField1);
        jPanel1.add(jPasswordField1);
        jPanel1.add(jTextArea1);
        contentPane.add(jPanel1);
        this.setTitle("TextDemo");
        this.setSize(300,200);
        this.setVisible(true);
    }
    public static void main(String args[]) {
        TextTest test =new TextTest();
    }
}
```

程序运行结果如图 11-8 所示。

图 11-8　文本组件示例程序运行结果

拓展练习

在例 11.5 中,密码框中的内容默认以"＊"显示,尝试获取密码框的内容并显示在文本框中。

7. 复选框(JCheckBox)

复选框是一个可以被选中和取消选中的组件,它将选中状态显示给用户。按照惯例,可以选中组中任意数量的复选框。

JCheckBox 类有以下构造方法:

① JCheckBox():创建一个没有文本、图标并且最初未被选中的复选框。

② JCheckBox(Action a):创建一个复选框,其属性从所提供的 Action 获取。

③ JCheckBox(Icon icon):创建有一个图标、最初未被选中的复选框。

④ JCheckBox(Icon icon, boolean selected):创建一个带图标的复选框,并指定其最初是否处于选中状态。

⑤ JCheckBox(String text):创建一个带文本、最初未被选中的复选框。

⑥ JCheckBox(String text, boolean selected):创建一个带文本的复选框,并指定其最初是否处于选中状态。

⑦ JCheckBox(String text, Icon icon):创建带有指定文本和图标、最初未被选中的复选框。

⑧ JCheckBox(String text, Icon icon, boolean selected):创建一个带文本和图标的复选框,并指定其最初是否处于选中状态。

JCheckBox 类的常用方法如下:

① protected void configurePropertiesFromAction(Action a):该方法根据 Action 实例的值设置 ActionEvent 源的属性。

② protected PropertyChangeListener createActionPropertyChangeListener(Action a):该方法创建 PropertyChangeListener,在 Action 实例上进行属性更改时,用于更新 ActionEvent 源。

③ AccessibleContext getAccessibleContext():获得与此 JCheckBox 关联的 AccessibleContext。

④ String getUIClassID():返回指定呈现此组件的 L&F 类名的字符串。

⑤ boolean isBorderPaintedFlat():获得 borderPaintedFlat 属性的值。

⑥ protected String paramString( ):返回此 JCheckBox 的字符串表示形式。

⑦ void setBorderPaintedFlat(boolean b):设置 borderPaintedFlat 属性,该属性为外观提供关于复选框边框外观的提示。

⑧ void updateUI( ):根据当前外观重置 UI 属性值。

例 11.6 使用 JCheckBox 的小应用程序。通过一个标签组件 lab 提示用户从 3 个复选框中选择自己的爱好,复选框组件可以多选。

源代码:例 11.6

```java
//JCheckbox.java
public class JCheckbox extends JApplet {
    JCheckBox hobby1, hobby2, hobby3; //定义复选框组件
    JPanel pane;
    public void init() {
        Container con = this.getContentPane();
        con.setLayout( new BorderLayout( ));
        hobby1 = new JCheckBox( "music");
        hobby2 = new JCheckBox( "sports");
        hobby3 = new JCheckBox( "reading");
        pane = new JPanel( );
        pane.add(hobby1);    //把复选框组件添加到面板 pane 中
        pane.add(hobby2);
        pane.add(hobby3);
        //设置面板 pane 在根窗口中居中显示
        con.add(pane, BorderLayout.CENTER);
        //在根窗口中添加标签 lab,放置于根窗口的北方,标签上的内容居中显示
        con.add( "North", new JLabel( "Please choose your hobbies:",JLabel.CENTER));
    }
}
```

程序运行结果如图 11-9 所示。

图 11-9 例 11.6 运行结果

8. 单选按钮(JRadioButton)

单选按钮可被选中或取消选中,并可向用户显示其状态。JRadioButton 组件经常与 Button-Group 对象配合使用(创建一个 ButtonGroup 对象,并用其 add( )方法将 JRadioButton 对象包含在 ButtonGroup 中),可创建一组按钮,一次只能选择其中的一个按钮。

注意,ButtonGroup 对象为逻辑分组,不是物理分组。要创建按钮面板,仍需要创建一个 JPanel 或类似的容器对象。

JRadioButton 类具有如下构造方法:

① JRadioButton( ):创建一个初始化为未选中的单选按钮,其文本未设定。

② JRadioButton(Action a):创建一个单选按钮,其属性来自要执行的动作 Action。

③ JRadioButton(Icon icon):创建一个初始化为未选中的单选按钮,其具有指定的图像但无文本。

④ JRadioButton(Icon icon, boolean selected):创建一个具有指定图像和选中状态的单选按钮,但无文本。

⑤ JRadioButton(String text):创建一个具有指定文本但未被选中的单选按钮。

⑥ JRadioButton(String text, boolean selected):创建一个具有指定文本和选中状态的单选按钮。

⑦ JRadioButton(String text, Icon icon):创建一个具有指定的文本和图像并初始化为未选中的单选按钮。

⑧ JRadioButton(String text, Icon icon, boolean selected):创建一个具有指定文本、图像和选中状态的单选按钮。

JRadioButton 类的常用方法如下:

① protected void configurePropertiesFromAction(Action a):该方法根据 Action 实例中的值设置 ActionEvent 源的属性。

② protected PropertyChangeListener createActionPropertyChangeListener(Action a):该方法创建 PropertyChangeListener,当属性在其 Action 实例中更改时,用于更新 ActionEvent 源。

③ AccessibleContext getAccessibleContext( ):获取与此 JRadioButton 相关联的 AccessibleContext。

④ String getUIClassID( ):返回呈现此组件的 L&F 类的名称。

⑤ protected String paramString( ):返回此 JRadioButton 的字符串表示形式。

⑥ void updateUI( ):将 UI 属性重置为当前外观对应的值。

例 11.7 创建一个按钮组 ButtonGroup 对象,向其中添加 3 个单选按钮,单选按钮显示的内容分别为 sports、music 和 reading。

源代码:例 11.7

```
//Jradiobutton.java
public class Jradiobutton extends JApplet {
    JRadioButton hobby1, hobby2, hobby3;
    JPanel pane;
```

```
ButtonGroup group;
public void init() {
      Container con=this.getContentPane();
      con.setLayout(new BorderLayout());
      hobby1 = new JRadioButton("sports");
      hobby2 = new JRadioButton("music");
      hobby3 = new JRadioButton("reading");
      pane=new JPanel();
      //定义一个按钮组对象,用于组织多个单选按钮
      group=new ButtonGroup();
      group.add(hobby1);
      group.add(hobby2);
      group.add(hobby3);
      pane.add(hobby1);
      pane.add(hobby2);
      pane.add(hobby3);
      //把面板放于窗体的 Center 位置
      con.add(pane, BorderLayout.CENTER);
   }
}
```

程序运行结果如图 11-10 所示。

图 11-10   例 11.7 的运行结果

该例题可以与例 11.6 对比学习,注意区分复选框与单选按钮的不同用法。

9. 下拉列表组件(JComboBox)

下拉列表组件类 JComboBox 是将按钮或可编辑字段与下拉列表组合的组件。用户可以从下拉列表中选择值,下拉列表在用户请求时显示。如果组合框处于可编辑状态,则组合框将包括用户可在其中输入值的可编辑字段。

JComboBox 类具有如下构造方法:

① JComboBox( )：创建具有默认数据模型的 JComboBox。

② JComboBox(ComboBoxModel aModel)：创建一个 JComboBox，其选项取自现有的 ComboB-oxModel。

③ JComboBox(Object[ ] items)：创建包含指定数组中元素的 JComboBox。

④ JComboBox(Vector<? > items)：创建包含指定 Vector 中元素的 JComboBox。

JComboBox 类的常用方法如下：

① void actionPerformed(ActionEvent e)：此方法作为实现事件处理的公共方法。

② void addActionListener(ActionListener l)：注册事件监听器 ActionListener。

③ void addItem(Object anObject)：为选项列表添加内容项。

④ void addItemListener(ItemListener aListener)：添加 ItemListener。

例 11.8　下拉列表组件 JComboBox 示例程序。

```
//Jcombox.java
public class Jcombox extends JApplet{
    JComboBox combox;
    public void init(){
        Container con=this.getContentPane();  //获取内容面板
        con.setLayout(new BorderLayout());  //采用边界布局
        combox=new JComboBox();  //创建下拉列表组件对象
        combox.addItem("sports");  //向下拉列表组件中添加内容项
        combox.addItem("painting");
        combox.addItem("music");
        //将下拉列表组件置于窗体的底部,这里用 SOUTH(南部)来表示
        con.add(combox,BorderLayout.SOUTH);
    }
}
```

源代码:例 11.8

程序运行结果如图 11-11 所示。

图 11-11　例 11.8 的运行结果

图 11-11 所示为单击下拉按钮后的效果,可以对 3 个选项进行选择。

10. 卡片选项页面(JTabbedPane)

JTabbedPane 允许用户选择给定标题或图标的选项卡,在一组组件之间进行切换。使用 addTab( )和 insertTab( )方法可以将选项卡/组件添加到 JTabbedPane 对象中。选项卡通过对应于添加位置的索引来表示,其中第一个选项卡的索引为 0,最后一个选项卡的索引为选项卡数减 1。

JTabbedPane 使用 SingleSelectionModel 来表示选项卡索引集和当前所选择的索引。如果选项卡数大于 0,则总会有一个被选定的索引,此索引默认被初始化为第一个选项卡。如果选项卡数为 0,则所选择的索引为 -1。

JTabbedPane 类具有以下构造方法:

① JTabbedPane( ):创建一个具有默认的 JTabbedPane. TOP 选项卡布局的空 JTabbedPane。

② JTabbedPane(int tabPlacement):创建一个空的 JTabbedPane,使其具有以下指定选项卡布局中的一种:JTabbedPane. TOP、JTabbedPane. BOTTOM、JTabbedPane. LEFT 和 JTabbedPane. RIGHT。

③ JTabbedPane(int tabPlacement, int tabLayoutPolicy):创建一个空的 JTabbedPane,使其具有指定的选项卡布局和选项卡布局策略。

JTabbedPane 类的常用方法如下:

① void addTab(String title, Component component):添加一个由 title 表示、没有图标的 component。

② void addTab(String title, Icon icon, Component component):添加一个由 title 和/或 icon 表示的 component,其中任意一个都可以为 null。

③ void addTab(String title, Icon icon, Component component, String tip):添加一个由 title 和/或 icon 表示的 component 和 tip,其中任意一个都可以为 null。

④ void setModel(SingleSelectionModel model):设置要用于此选项卡窗格的模型。

在小应用程序中使用选项窗格的一般过程如下:

① 创建 JTabbedPane 对象。

② 调用 addTab( )方法在窗格中增加一个标签。

③ 重复步骤②。

④ 将选项窗格加入小应用程序的内容窗格。

例 11.9 创建一个 JTabbedPane 对象,其中包含两个标签项:用于选择颜色的 colors 标签项和用于选择球类运动的 sports 标签项。要求 colors 标签项中包含一个 JLabel 标签(与选项卡中的标签项进行区分)和 3 个表示颜色的按钮,sports 标签项中包含一个 JLabel 标签和一个 ButtonGroup 按钮组(用于放置 3 个表示不同球类运动的单选按钮)。

源代码:例 11.9

```
//JtabbedPane.java
public class JtabbedPane extends JApplet {
```

```
    public void init() {
        JTabbedPane tab = new JTabbedPane();          //创建选项卡对象
        tab.addTab("colors", new ColorPanel());       //向选项卡中添加标签项
        tab.addTab("sports", new SportPanel());
        this.getContentPane().add(tab);
    }
}
//定义 ColorPanel 类
class ColorPanel extends JPanel {
    public ColorPanel() {
        JLabel lab1 = new JLabel("选择你喜欢的颜色:");
        JButton b1 = new JButton("Red");
        JButton b2 = new JButton("Blue");
        JButton b3 = new JButton("Black");
        this.add(lab1);
        this.add(b1);
        this.add(b2);
        this.add(b3);
    }
}
//定义 SportPanel 类
class SportPanel extends JPanel {
    public SportPanel() {
        JLabel lab2 = new JLabel("哪种球类运动是你的最爱?");
        JRadioButton rb1 = new JRadioButton("basketball");
        JRadioButton rb2 = new JRadioButton("football");
        JRadioButton rb3 = new JRadioButton("baseball");
        ButtonGroup group = new ButtonGroup();
        group.add(rb1);
        group.add(rb2);
        group.add(rb3);
        this.add(lab2);
        this.add(rb1);
        this.add(rb2);
        this.add(rb3);
    }
}
```

程序运行结果如图 11-12 所示。

（a）　　　　　　　　　　　　　　（b）

图 11-12　例 11.9 的运行结果

图 11-12（a）所示是应用程序运行后显示的结果（默认显示选项卡第一个标签项的内容），图 11-12（b）所示是选择 sports 标签项后显示的结果。

拓展练习

在例 11.9 中尝试再添加一个包含多个复选框（如表示选课时可供选择的课程）的标签项，熟练掌握选项卡的用法。

11.　菜单（Menu）

菜单也是一种常用的 GUI 组件。菜单采用的是一种层次结构，最顶层是菜单栏（JMenu-Bar）；在菜单栏中可以添加若干个菜单（JMenu），每个菜单中又可以添加若干个菜单选项（JMenuItem）、分隔线（Separator）或菜单（也称为子菜单）。

构建应用程序的菜单时，需要先创建一个菜单栏。代码如下：

```
JMemuBar menuBar=new JMenuBar();
```

通常，使用框架的 setJMenuBar（JMenuBar aMenuBar）方法将菜单栏置于框架中。代码如下：

```
frame.setJMenuBar(menuBar);
```

随后，创建所需要的各菜单并逐个添加到菜单栏中。例如：

```
JMenu menuDBAccount=new JMenu("电表出账(C)");
…
JMenu menuSysConfig=new JMenu("系统设置(X)");
menuBar.add(menuDBAccount);
…
menuBar.add(menuSysConfig);
```

通常的菜单选项是 JMenuItem，也可以使用复选框或单选按钮类型的菜单选项，分别是 JCheckBoxMenuItem 和 JRadioButtonMenuItem。和 JRadioButton 一样，使用 JRadioButtonMenuItem

时,需要将它们添加到同一个按钮组中。

当选择一个菜单选项时,会生成一个动作事件(ActionEvent)。为菜单选项添加事件监听器可以监听其动作事件,例如 sysConfigItem. addActionListener(aListener)。

为一个菜单或菜单选项设置快捷键的代码如下:

menuSysConfig. setMnemonic('X') ;

sysConfigItem. setMnemonic('S') ;

如果需要快速选择未打开的菜单中的菜单选项或子菜单,可以使用加速键。例如,当希望按下 Ctrl+L 组合键时立刻选中 lockItem 菜单选项,而不管 lockItem 所在的菜单是否已经打开时,可以使用下面的方法为 lockItem 设置加速键:

KeyStroke ks = KeyStroke. getKeyStroke(KeyEvent. VK_L, InputEvent. CTRL_MASK) ;

lockItem. setAccelerator(ks) ;

12. 对话框(Dialog)

对话框是用户和应用程序进行交互(对话)的桥梁。对话框可以收集用户的输入数据并传递给应用程序,也可以向用户显示应用程序的运行信息。

对话框分为模式(modal)和非模式两种。模式对话框处于可见状态时,用户不能与应用程序的其他窗口进行交互,而非模式对话框则没有此限制。

Java 中提供了一个 JOptionPane 类用于创建简单的模式对话框,如果希望创建非模式对话框或自定义对话框,可以使用 JDialog 类。

JOptionPane 类中提供了以下 4 种静态方法,用以显示 4 种常用的对话框。

- showMessageDialog:消息对话框。
- showInputDialog:输入对话框。
- showConfirmDialog:确认对话框。
- showOptionDialog:选项对话框。

JOptionPane 对话框主要由图标、消息以及按钮几个部分构成。

JOptionPane 类中定义了如下 5 个常量:

- JOptionPane. QUESTION_MESSAGE
- JOptionPane. INFORMATION_MESSAGE
- JOptionPane. WARNING_MESSAGE
- JOptionPane. ERROR_MESSAGE
- JOptionPane. PLAIN_MESSAGE　　//不使用图标

前 4 个常量对应 4 个图标,第 5 个常量表示不使用图标。开发人员可以使用这些常量指定对话框中显示的图标。当然,对话框也提供了方法,使得开发人员可以使用自定义的图标。

JOptionPane 对话框不仅可以显示字符串类型的消息,还可以显示其他类型的消息。例如,可以显示一幅图片或一个 GUI 组件。更广泛地,这里的消息可以是任何类型的对象或对象数组。

JOptionPane 对话框底部的按钮取决于对话框的类型和选项类型。例如,对于确认对话框,可以使用如下 4 种选项类型之一:

- DEFAULT_ OPTION
- YES_NO_OPTION
- YES_NO_CANCEL_OPTION
- OK_CANCEL_OPTION

如果要设计登录对话框,可以使用 LoginDialog 类。LoginDialog 类继承自 JDialog 类。Login-Dialog 类的构建方法如下:

public LoginDialog(Frame f, String s, boolean b)

构建方法中包含 3 个参数,f 和 s 分别是对话框的父窗口和标题,布尔类型的参数 b 用来确定对话框的类型,当取值为 true 时,表示模式对话框;当取值为 false 时,表示非模式对话框。

11. 2. 3　观感设置

Swing 目前支持跨平台的 Java L&F,也称为 Metal L&F;当前运行平台的 L&F;Windows L&F;Motif L&F;从 JDK 1. 4. 2 开始,支持 GTK+L&F 等。

Java Swing 的一个重要特征是可插入的"观感"体系,一个 Swing 应用程序或一个最终用户可指明所需要的观感,使得 Swing 应用程序的外观和行为都可以被定制。Swing 运行一个默认的 Java 观感(也称为 Metal 观感),还实现了模仿 Motif 和 Windows 的观感(由 LookAndFeel 抽象类提供)。这样,一个 Swing 程序可拥有 Java 程序的独特外观,也可以拥有用户熟悉的 Windows 操作系统的外观。

与观感密切相关的除了 LookAndFeel 抽象类,最重要的就是 UIManager 类。UIManager 类是 Swing 界面管理的核心,管理 Swing 的小应用程序以及应用程序样式的状态。UIManager 类提供下列静态方法,用于更换与管理观感。

- static void addAuxiliaryLookAndFeel(LookAndFeel laf):增加一个 Look and Feel 到辅助的 Look and Feels 列表。
- static LookAndFeel[ ] getAuxiliaryLookAndFeels( ):返回辅助的 Look and Feels 列表(可能为空)。
- static String getCrossPlatformLookAndFeelClassName( ):返回默认的实现跨平台的 Look and Feel——即 Java Look and Feel(JLF)。
- static UIManager. LookAndFeelInfo[ ] getInstalledLookAndFeels( ):返回目前已经安装的 Look and Feel 的信息。
- static LookAndFeel getLookAndFeel( ):返回当前使用的 Look and Feel。
- static String getSystemLookAndFeelClassName( ):返回与当前系统相关的本地系统 Look

and Feel,如果没有实现本地 Look and Feel,则返回默认的跨平台的 Look and Feel。

　　● static void installLookAndFeel(String name, String className):创建一个新的 Look and Feel 并安装到当前系统。

　　● static void installLookAndFeel(UIManager. LookAndFeelInfo info):创建一个新的 Look and Feel 并安装到当前系统。

　　● static boolean removeAuxiliaryLookAndFeel(LookAndFeel laf):从辅助的 Look and Feels 列表删除一个 Look and Feel。

　　● static void setInstalledLookAndFeels(UIManager. LookAndFeelInfo[ ] infos):设置当前已安装的 Look and Feel。

　　● static void setLookAndFeel(LookAndFeel newLookAndFeel):设置当前使用的 Look and Feel。

　　● static void setLookAndFeel(String className):设置当前使用的 Look and Feel,参数是类名。

11. 2. 4　布局管理器

　　为了实现 Java 的跨平台特性并获得动态的布局效果,Java 在容器中设置了布局管理器(layout manager),负责对容器内组件的位置、大小等进行管理。Java 语言中提供了 FlowLayout、BorderLayout、GridLayout、CardLayout 等多种布局管理器。

　　每种容器都有默认的布局管理器。默认情况下,JPanel 使用 FlowLayout,而内容窗格 ContentPane(JApplet、JDialog 和 JFrame 对象的主容器)使用 BorderLayout。如果不希望使用默认的布局管理器,则可以使用所有容器的父类 Container 的 setLayout()方法来改变默认的布局管理器。例如,下面是 JPanel 使用 BorderLayout 的代码:

```
JPanel pane=new JPanel();
pane.setLayout(new BorderLayout());
```

　　当向面板或内容窗格等容器添加组件时,add()方法的参数个数和类型是不同的,这依赖于正在使用的容器的布局管理器。

　　下面介绍几种常见的布局管理器。

1. FlowLayout(流式布局管理器)

　　FlowLayout 布局是一种最基本的布局,是 Applet 和 JPanel 默认的布局管理器。这种布局把组件一个接一个从左至右、从上至下依次放在容器上,每一行中的组件默认为居中对齐。

　　组件按照设置的对齐方式排列,不管对齐方式如何,组件均按照从左到右的方式排列,一行排满后转到下一行。例如,按照右对齐排列,第一个组件在第一行最右侧,添加第二个组件时,第一个组件向左平移,第二个组件变成该行最右侧的组件,以此类推。

　　FlowLayout 类的常用构造函数、方法及其用途如表 11-1 所示。

表 11-1 FlowLayout 类的常用构造函数、方法及其用途

常用构造函数及方法	用途
FlowLayout( )	构造一个新的 FlowLayout,默认居中对齐,默认的水平和垂直间距是 5 个像素
FlowLayout(int align)	构造一个新的 FlowLayout,它具有指定的对齐方式,默认的水平和垂直间距是 5 个像素。 5 个参数值及其含义如下: 0 或 FlowLayout. lEFT:左对齐 1 或 FlowLayout. CENTER:居中对齐 2 或 FlowLayout. RIGHT:右对齐 3 或 FlowLayout. LEADING:控件与容器方向开始边对应 4 或 FlowLayout. TRAILING:控件与容器方向结束边对应 如果是 0、1、2、3、4 之外的整数,则为左对齐
FlowLayout(int align, int hgap, int vgap)	创建一个新的流布局管理器,它具有指定的对齐方式以及指定的水平和垂直间距
void setAlignment(int align)	设置布局的对齐方式
void setHgap(int hgap)	设置组件之间以及组件与容器边缘之间的水平间距
void setVgap(int vgap)	设置组件之间以及组件与容器边缘之间的垂直间距

例 11.10 流式布局 FlowLayout 演示。在窗体中放置 4 个按钮,通过调整窗口大小,观察按钮的位置变化。

```
//FlowLayoutTest.java
public class FlowLayoutTest extends JFrame {
    public FlowLayoutTest() {
        //设置窗体为流式布局,无参数,默认为居中对齐
        setLayout(new FlowLayout());
        //设置窗体中显示的字体格式
        setFont(new Font("Helvetica", Font.PLAIN, 14));
        //将按钮添加到窗体中
        getContentPane().add(new JButton("唐僧"));
        getContentPane().add(new JButton("悟空"));
        getContentPane().add(new JButton("八戒"));
```

源代码:例 11.10

```
            getContentPane().add(new JButton("沙僧"));
      }
      public static void main(String args[]) {
            FlowLayoutTest window = new FlowLayoutTest();
            window.setTitle("流式布局");
            //依据组件设定窗口的大小,使之正好容纳所有组件
            window.pack();
            window.setVisible(true);
            //设置窗体的默认关闭方式
            window.setDefaultCloseOperation(JFrame.EXIT_ON_CLOSE);
            window.setLocationRelativeTo(null);    //令窗体居中显示
      }
}
```

程序执行结果如图 11-13~图 1-15 所示,生成了一个居中显示的窗体,其中有 4 个按钮,按钮之间,按钮与窗体的上、下、左、右边缘都是默认 5 个像素的间距。改变窗体大小,注意观察组件和界面之间的间距。

图 11-13　原始界面

图 11-14　拉宽原始界面

图 11-15　拉窄原始界面

2. BorderLayout(边界布局管理器)

BorderLayout 是 Window、Dialog 和 Frame 的默认布局管理器。BorderLayout 布局管理器将容器分为 5 个位置:CENTER、EAST、WEST、NORTH、SOUTH,依次对应中、东、西、北、南,如图 11-16 所示。

NORTH		
WEST	CENTER	EAST
SOUTH		

图 11-16　BorderLayout 示意图

　　在 BorderLayout 布局管理器中,可以把组件放在 5 个位置中的任意一个,如果未指定位置,则默认位置是 CENTER。南、北位置控件各占据一行,控件宽度将自动布满整行。东、西和中间位置占据一行;若东、西、南、北位置无控件,则中间控件将自动布满整个屏幕。

　　BorderLayout 类的常用构造函数和方法如表 11-2 所示。

表 11-2　BorderLayout 类的常用构造函数和方法

常用构造函数及方法	用途
BorderLayout( )	构造一个组件之间没有间距(默认间距为 0 像素)的新边框布局
BorderLayout(int hgap , int vgap)	构造一个具有指定组件(hgap 为横向间距,vgap 为纵向间距)间距的边框布局
int getHgap( )	返回组件之间的水平间距
int getVgap( )	返回组件之间的垂直间距
void removeLayoutComponent (Component comp)	从此边框布局中移除指定组件
void setHgap(int hgap)	设置组件之间的水平间距
void setVgap(int vgap)	设置组件之间的垂直间距

　　例 11.11　边界布局 BorderLayout 演示。在窗体中添加 5 个按钮,分别放置在窗体的东(East)、西(West)、南(South)、北(North)、中(Center)位置,调整窗体大小,观察按钮组件的变化。

```
//BorderLayoutTest.java
public class BorderLayoutTest extends JFrame {
    public BorderLayoutTest() { //构造函数,初始化对象值
        //设置为边界布局,组件间横向、纵向间距均为 5 像素
        setLayout(new BorderLayout(5, 5));
        //设置窗体显示的字体格式
        setFont(new Font("Helvetica", Font.PLAIN, 14));
        //将按钮添加到窗口中
        getContentPane().add("North", new JButton("我在北方,我最高"));
        getContentPane().add("South", new JButton("我在南方,最靠近地面"));
        getContentPane().add("East", new JButton("我在东边,东边"));
        getContentPane().add("West", new JButton("我在西边,太阳落山的地方"));
```

源代码:例 11.11

```
        getContentPane().add("Center", new JButton("我处于空间的中心位置"));
    }

    public static void main(String args[]) {
        BorderLayoutTest f = new BorderLayoutTest();
        f.setTitle("边界布局");
        f.pack();
        f.setVisible(true);
        f.setDefaultCloseOperation(JFrame.EXIT_ON_CLOSE);
        f.setLocationRelativeTo(null); //让窗体居中显示
    }
}
```

程序执行结果如图 11-17 所示。

图 11-17　例 11.11 的运行结果

当窗口大小被用户改变时,容器中的组件会根据最佳尺寸做适当的调整。当窗口被水平拉长时,南北组件会水平扩展,东西组件保持不变,中心组件会忽略其最佳尺寸,扩展所有水平或垂直长度。当四周(东、南、西、北)没有组件时,中心组件会填充剩余的所有空间。

3. GridLayout(网格布局管理器)

网格布局管理器使容器中的各组件呈 M 行×N 列的网格状分布;网格每列的宽度相同,等于容器的宽度除以网格的列数;网格每行的高度相同,等于容器的高度除以网格的行数。各组件的排列方式为从上到下、从左到右。组件放入容器的次序决定了它在容器中的位置。容器大小改变时,组件的相对位置不变,大小改变。设置网格布局的行数和列数时,行数或者列数可以有一个为零。若组件数超过网格设定的个数,则布局管理器会自动增加网格个数,原则是保持行数不变。

若行数为 0,列数为 3,则列数固定为 3,行数不限,每行只能放 3 个控件或容器。若列数为 0,行数为 3,则行数固定为 3,列数不限,且每行必定有控件,若组件个数不能整除行数,则除去最后一行外的所有行的组件个数为 Math. ceil(组件个数/行数)。Math. ceil(double x)返回不小于 x 的最小整数值。例如,行为 3,组件数为 13,则 Math. ceil(13/3)= 5,即第一行、第二行组件数各为 5 个,剩下的组件放在最后一行。

GridLayout 类的常用构造函数和方法如表 11-3 所示。

表 11-3　**GridLayout 类的常用构造函数和方法**

常用构造函数及方法	用途
GridLayout( )	创建具有默认值的网格布局,即每个组件占据一行一列
GridLayout(int rows, int cols)	创建具有指定行数和列数的网格布局。rows 为行数,cols 为列数
GridLayout(int rows, int cols, int hgap, int vgap)	创建具有指定行数、列数以及组件水平、纵向一定间距的网格布局
int getColumns( )	获取布局中的列数
int getHgap( )	获取组件之间的水平间距
int getRows( )	获取布局中的行数
int getVgap( )	获取组件之间的垂直间距
void removeLayoutComponent (Component comp)	从布局中移除指定组件
void setColumns(int cols)	将布局中的列数设置为指定值
void setHgap(int hgap)	将组件之间的水平间距设置为指定值
void setRows(int rows)	将布局中的行数设置为指定值
void setVgap(int vgap)	将组件之间的垂直间距设置为指定值
String toString( )	返回网格布局的值的字符串表示形式

例 11. 12　网格布局 GridLayout 演示。设置网格列数为 2,不指定行数,网格布局根据组件的多少自动安排位置,调整窗体大小,观察窗体的变化。

```java
//GridLayoutTest.java
import javax.swing. *;
import java.awt. *;
public class GridLayoutTest extends JFrame {
    public GridLayoutTest() {
        //设置窗体布局为网格布局,指定列数为2,未指定行数
        setLayout(new GridLayout(0, 2));
        setFont(new Font("Helvetica", Font.PLAIN, 14));
        getContentPane().add(new JButton("Button 1"));
        getContentPane().add(new JButton("Button 2"));
        getContentPane().add(new JButton("Button 3"));
        getContentPane().add(new JButton("Button 4"));
```

源代码:例 11.12

```
        getContentPane().add(new JButton("Button 5"));
    }

    public static void main(String args[]) {
        GridLayoutTest f = new GridLayoutTest();
        f.setTitle("GridWindow Application");
        f.pack();
        f.setVisible(true);
        f.setDefaultCloseOperation(JFrame.EXIT_ON_CLOSE);
        f.setLocationRelativeTo(null);    //令窗体居中显示
    }
}
```

程序运行结果如图 11-18 所示。

比较各种布局的界面有什么不同,观察按钮在窗体中的变化情况。

4. CardLayout(卡片布局管理器)

卡片布局能够让多个组件共享同一个显示空间。共享空间中组件之间的关系就像一叠牌,组件叠在一起,初始时显示该空间中第一个添加的组件。通过 CardLayout 类提供的方法可以切换空间中显示的组件。

图 11-18　例 11.12 的
运行结果

CardLayout 类的常用构造函数、方法及其用途如表 11-4 所示。

表 11-4　CardLayout 类的常用构造函数、方法及其用途

常用构造函数及方法	用途
CardLayout( )	组件距容器左右边界和上下边界的距离默认为 0 个像素
CardLayout(int horizontalGap, int verticalGap)	组件容器左右边界和上下边界的距离为指定值
void first(Container parent)	翻转到指定容器的第一张卡片
void next(Container parent)	翻转到指定容器的下一张卡片
void previous(Container parent)	翻转到指定容器的前一张卡片
void last(Container parent)	翻转到指定容器的最后一张卡片
void show(Container parent, String name)	显示指定卡片

使用 CardLayout 类提供的方法切换显示空间中的组件的步骤如下:

(1) 定义使用卡片布局的容器

例如:Panel cardPanel = new Panel();

（2）定义卡片对象

格式：CardLayout 布局对象名称＝new CardLayout（）；

例如：CardLayout card＝new CardLayout（）；

（3）设置容器为使用卡片布局

格式：容器名称. setLayout（布局对象名称）；

例如：cardPanel. setLayout（card）；

（4）设置容器中显示的组件

例如：

```
for（int i＝0；i < 5；i++）|
    cardPanel.add（newJButton（"按钮"+i））；
|
```

（5）定义事件响应代码，令容器显示相应的组件

格式：

● 布局对象名称. next（容器名称）：显示容器中当前组件之后的一个组件，若当前组件为最后添加的组件，则显示第一个组件，即卡片组件显示是循环的。

● 布局对象名称. first（容器名称）：显示容器中的第一个组件。

● 布局对象名称. last（容器名称）：显示容器中的最后一个组件。

● 布局对象名称. previous（容器名称）：显示容器中当前组件之前的一个组件，若当前组件为第一个添加的组件，则显示最后一个组件，即卡片组件显示是循环的。

例如：

```
card.next(cardPanel);
card.previous(cardPanel);
card.first(cardPanel);
card.last(cardPanel);
```

5. null（空布局）

一般容器都有默认的布局方式，但有时需要精确指定各个组件的大小和位置，这就需要用到空布局。

设置空布局的操作方法如下：

① 利用 setLayout（null）语句将容器的布局设置为 null。

② 调用组件的 setBounds（int x，int y，int width，int height）方法设置组件在容器中的大小和位置，单位均为像素。其中，x 为控件左边缘距窗体左边缘的距离，y 为控件上边缘距窗体上边缘的距离，width 为控件宽度，height 为控件高度。

11.3　GUI 中的事件处理

GUI 是通过事件机制响应用户和程序的交互的。当用户在界面上利用鼠标或键盘进行操作

时,监测 GUI 的操作系统将所发生的事件传送给 GUI 应用程序,应用程序会根据事件的类型做出相应的响应。

11.3.1　事件委托(授权)处理机制

Java GUI 事件处理采用委托模型(也称为监听器模型)。在这种模型中,响应用户操作的组件事先需要注册一个或多个包含事件处理器的对象,称为监听器(listener)。当界面操作事件产生并被发送到产生事件的组件时,该组件将把事件发送给能够接收和处理该事件的监听器。

每一个事件类都有唯一的事件处理方法接口。例如,处理鼠标事件 MouseEvent 类的对应接口为 MouseListener;选择菜单项时会激发一个动作事件 ActionEvent,在程序中就要加入一个能够监听这个事件的接口,实现这个接口就可以监听到事件的产生。

建立实现接口的监听对象类的语法如下:

```
Class handler implements ActionListener{
    ...
}
```

事件处理流程:

① 对于某种类型的事件 XXXEvent,要接收并处理这类事件,必须定义相应的事件监听器类,该类需要实现与事件相对应的接口 XXXListener。

② 事件源实例化以后,必须授权、注册该类事件的监听器,可以使用 addXXXListener(a XXXListener)方法来注册监听器。

11.3.2　事件处理模型中的 3 种角色

事件:事件是一个描述事件源状态改变的对象。通过鼠标、键盘与 GUI 界面直接或间接交互都会生成事件。例如,单击一个按钮、通过键盘输入一个字符、选择列表框中的选项、单击鼠标等。

事件源:事件源对象就是产生事件的组件。一个事件源可能会生成不同类型的事件,而且每个事件源都提供一组方法,用于为事件注册一个或多个监听器。

事件监听器:事件监听器是一个方法,该方法接受一个事件对象,对其进行解释,并作出相应处理。

11.3.3　事件类

与 AWT 有关的所有事件类都由 java.awt.AWTEvent 类派生,它也是 EventObject 类的子类。AWT 事件共有 10 类,可以归为两大类:低级事件和高级事件。

低级事件是指基于组件和容器的事件,当一个组件上发生事件时,如鼠标进入、单击、拖放等,会触发组件事件。高级事件是基于语义的事件,它可以不和特定的动作相关联,而依赖于触发此事件的类,如在 TextField 中按 Enter 键会触发 ActionEvent 事件,拖动滚动条会触发 AdjustmentEvent 事件,选中项目列表中的某一选项会触发 ItemEvent 事件。

低级事件：

ComponentEvent：组件事件，如组件尺寸的变化、移动。

ContainerEvent：容器事件，如组件增加、移动。

WindowEvent：窗口事件，如关闭窗口、窗口图标化。

FocusEvent：焦点事件，如焦点的获得或丢失。

KeyEvent：键盘事件，如键按下、释放。

MouseEvent：鼠标事件，如鼠标单击、移动。

高级事件（语义事件）：

ActionEvent：动作事件，如按钮按下、在 TextField 中按 Enter 键。

AdjustmentEvent：调节事件，如拖动滚动条的滑块以调节数值。

ItemEvent：项目事件，如选择项目。

TextEvent：文本事件，如文本对象改变。

11.3.4　事件监听器

每类事件都有对应的事件监听器，监听器是接口，根据动作来定义方法。

AWT 的组件类中提供注册和注销监听器的方法。

注册监听器的方法：

```
public void add<ListenerType> (<ListenerType> listener);
```

注销监听器的方法：

```
public void remove<ListenerType> (<ListenerType> listener);
```

例如，为 Button 类注册和注销监听器的代码如下：

```
public class Button extends Component {
    ...
    public synchronized void addActionListener(ActionListener l);
    public synchronized void removeActionListener(ActionListener l);
    ...
}
```

11.3.5　AWT 事件及其相应的监听器接口

表 11-5 列出了所有 AWT 事件及其相应的监听器接口，一共 10 类事件，11 个接口。

表 11-5　AWT 事件及其相应的监听器接口

事件类别	描述信息	接口名	方法
ActionEvent	激活组件	ActionListener	actionPerformed(ActionEvent)
ItemEvent	选择某些项目	ItemListener	itemStateChanged(ItemEvent)

续表

事件类别	描述信息	接口名	方法
MouseEvent	鼠标移动	MouseMotionListener	mouseDragged(MouseEvent) mouseMoved(MouseEvent)
	鼠标单击等	MouseListener	mousePressed(MouseEvent) mouseReleased(MouseEvent) mouseEntered(MouseEvent) mouseExited(MouseEvent) mouseClicked(MouseEvent)
KeyEvent	键盘输入	KeyListener	keyPressed(KeyEvent) keyReleased(KeyEvent) keyTyped(KeyEvent)
FocusEvent	组件获得或 失去焦点	FocusListener	focusGained(FocusEvent) focusLost(FocusEvent)
AdjustmentEvent	拖动滚动条 等组件	AdjustmentListener	adjustmentValueChanged(AdjustmentEvent)
ComponentEvent	对象移动、缩放、 显示、隐藏等	ComponentListener	componentMoved(ComponentEvent) componentHidden(ComponentEvent) componentResized(ComponentEvent) componentShown(ComponentEvent)
WindowEvent	窗口收到 窗口级事件	WindowListener	windowClosing(WindowEvent) windowOpened(WindowEvent) windowIconified(WindowEvent) windowDeiconified(WindowEvent) windowClosed(WindowEvent) windowActivated(WindowEvent) windowDeactivated(WindowEvent)
ContainerEvent	容器中增加或 删除组件	ContainerListener	componentAdded(ContainerEvent) componentRemoved(ContainerEvent)
TextEvent	文本字段或 文本区发生改变	TextListener	textValueChanged(TextEvent)

对于 Java GUI 委托模型事件处理机制,需要注意以下几点。

① 可以声明多个接口,接口之间用逗号隔开。例如:

… implements MouseMotionListener, MouseListener, WindowListener;

② 可以由同一个对象监听一个事件源上发生的多种事件。例如:

```
f.addMouseMotionListener(this);
f.addMouseListener(this);
f.addWindowListener(this);
```

则对象 f 上发生的多个事件都将被同一个监听器接收和处理。

③ 事件处理者和事件源处在同一个类中。在下面的例子中,事件源是 JFrame f,事件处理者是 ThreeListener 类,事件源 JFrame f 是 ThreeListener 类的成员变量。所有的事件监听器方法都要在主类中声明。

```
Public class ThreeListener implements MouseMotionListener, MouseListener, Win-
dowListener {
        f=new Frame("Three listeners example");
        f.addMouseMotionListener(this);    //注册监听器 MouseMotionListener
        f.addMouseListener(this);          //注册监听器 MouseListener
        f.addWindowListener(this);         //注册监听器 WindowListener

}
```

④ 可以通过事件对象获得详细资料。例如,下面的代码通过事件对象(一个单行文本框对象 tf)获得鼠标拖动时的坐标值。

```
public void mouseDragged(MouseEvent e) {
    String s = "Mouse dragging :X = "+e.getX()+"Y = "+e.getY();
    tf.setText(s);

}
```

例 11.13 实现不同扑克牌的切换。一个面板使用卡片布局,在面板中添加 5 个按钮,将面板添加到 CENTER 位置;在另一个面板中添加两个按钮,两个按钮通过添加事件,切换在 CENTER 位置的面板中显示的内容。

源代码:例 11.13

```
//ActioneventTest.java
//定义类时实现监听接口
public class ActioneventTest extends JFrame implements ActionListener {
    JButton nextbutton;
    JButton preButton;
    Panel cardPanel =new Panel();
    Panel controlpaPanel =new Panel();
    CardLayout card =new CardLayout(); //定义卡片布局对象
    //定义构造函数
    public ActioneventTest () {
```

```
    super("卡片布局管理器");
    setSize(300,200);
    setDefaultCloseOperation(JFrame.EXIT_ON_CLOSE);
    setLocationRelativeTo(null);
    setVisible(true);
    cardPanel.setLayout(card); //设置 cardPanel 面板对象为卡片布局
    //循环,在 cardPanel 面板对象中添加 5 个按钮
    //根据不同的 i 值显示不同的内容
    for (int i = 0; i < 5; i++) {
        switch(i)
        {
            case 1:cardPanel.add(new JButton("红桃" + i));break;
            case 2:cardPanel.add(new JButton("梅花" + i));break;
            case 3:cardPanel.add(new JButton("黑桃" + i));break;
            case 4:cardPanel.add(new JButton("方块" + i));break;
            default:
            cardPanel.add(new JButton("King" ));break;
        }
    }
    //实例化按钮对象
    nextbutton = new JButton("下一张");
    preButton = new JButton("上一张");
    //为按钮对象注册监听器
    nextbutton.addActionListener(this);
    preButton.addActionListener(this);
    controlpaPanel.add(preButton);
    controlpaPanel.add(nextbutton);
    //定义容器对象为当前窗体容器对象
    Container container = getContentPane();
    //将 cardPanel 面板放置在窗口边界布局的中间,窗口默认为边界布局
    container.add(cardPanel, BorderLayout.CENTER);
    //将 controlpaPanel 面板放置在窗口边界布局的南边
    container.add(controlpaPanel, BorderLayout.SOUTH);
}
//实现按钮的监听触发时的处理
public void actionPerformed(ActionEvent e) {
    //如果用户单击 nextbutton,执行以下语句
    if (e.getSource() == nextbutton) {
```

```
                //切换 cardPanel 面板中当前组件之后的一个组件
                //若当前组件为最后添加的组件,则显示第一个组件,即卡片组件显示是循环的
                card.next(cardPanel);
            }
            if (e.getSource() == preButton) {
                //切换 cardPanel 面板中当前组件之前的一个组件
                //若当前组件为第一个添加的组件,则显示最后一个组件,即卡片组件显示是循环的
                card.previous(cardPanel);
            }
        }
    }
    public static void main(String[] args) {
        ActioneventTest Jbutton_event = new ActioneventTest ();
    }
}
```

程序运行结果如图 11-19 所示。在例 11.13 中,通过 for 循环语句以及 switch-case 语句实现不同按钮内容的设置,通过单击"上一张"、"下一张"等按钮触发按钮事件,在上面的面板中显示出不同的按钮内容。

图 11-19 卡片切换界面

11.3.6 事件适配器

Java 语言为一些监听器接口提供了适配器(Adapter)类。可以通过继承事件所对应的 Adapter 类,重写需要的方法,无关方法不用实现。事件适配器提供了一种简单地实现监听器的手段,可以缩短程序代码。但是,由于 Java 的单继承机制,当需要多种监听器或某类已有父类时,就无法采用事件适配器了。

1. 事件适配器(EventAdapter)

```
public class MouseClickHandler extends MouseAdaper{
    public void mouseClicked(MouseEvent e)     //只实现需要的方法
    {……}
```

```
}
```

java. awt. event 包中定义的事件适配器类包括以下几个：

① ComponentAdapter(组件适配器)。

② ContainerAdapter(容器适配器)。

③ FocusAdapter(焦点适配器)。

④ KeyAdapter(键盘适配器)。

⑤ MouseAdapter(鼠标适配器)。

⑥ MouseMotionAdapter(鼠标运动适配器)。

⑦ WindowAdapter(窗口适配器)。

2. 用内部类实现事件处理

内部类(inner class)是被定义于另一个类中的类。使用内部类的主要原因如下：

- 一个内部类的对象可访问外部类的成员方法和变量，包括私有成员。
- 实现事件监听器时，采用内部类、匿名类编程非常容易实现其功能。
- 使用内部类编写事件驱动程序很方便。

注意，内部类不能在静态方法(如 main()方法)中调用。

例 11.14 用内部类实现事件处理示例。为窗体添加一个鼠标单击事件,当在窗体中单击鼠标时,在文本框中显示"您点击了一下鼠标！"。

源代码:例 11.14

```java
// InnerClass.java
import java.awt.* ;
import java.awt.event.*;
import javax.swing.*;
public class InnerClass{
    private JFrame f;
    private JTextField tf;
    public InnerClass(){
        f = new JFrame("Inner classes example");
        tf = new JTextField(30);
    }
    public void launchFrame(){
        JLabel label = new JLabel("鼠标单击事件");
        f.add(label,BorderLayout.NORTH);
        f.add(tf,BorderLayout.SOUTH);
        f.addMouseListener(new MyMouseListener());   /*参数为内部类对象 */
        f.setSize(300,200);
        f.setVisible(true);
    }
    class MyMouseListener extends MouseAdapter {   /* 内部类开始 */
```

```
        public void mouseClicked(MouseEvent e) {
            tf.setText("您点击了一下鼠标!");
        }
    }
    public static void main(String args[]){
        InnerClass obj = new InnerClass();
        obj.launchFrame();
    }  //内部类结束
}
```

程序运行结果如图 11-20 所示。

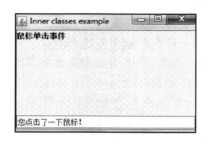

图 11-20   内部类实现事件处理示例

3. 匿名类 (Anonymous Class)

当一个内部类的类声明只在创建此类对象时使用了一次,而且要产生的新类需要继承一个已有的父类或实现一个接口,才能考虑使用匿名类。由于匿名类本身没有名字,因此它也就不存在构造方法,它需要显式地调用一个无参数的父类的构造方法,并且重写父类的方法。匿名类的用法示例如下:

```
f.addMouseMotionListener(new MouseMotionAdapter(){   //匿名类开始
    public void mouseDragged(MouseEvent e){
        String s = "Mouse dragging: x = "+e.getX()+"Y = "+e.getY();
        tf.setText(s); }
});   //匿名类结束
```

11.4   Swing 高级组件

11.4.1   表格

表格(JTable)也是一种常用的 GUI 组件,常用来显示大量的数据。表格是"模型-视图-控制器"设计模式的一个典型应用。表格本身并不存储所显示的数据,数据实际上存储在表模型中,表格只是表模型的一种视图。

　　JTable 提供了如下两种构造方法,可以方便地创建简单表格。
- JTable(Object[][] data, Object[] columnNames)
- JTable(Vector data, Vector columnNames)

　　默认情况下,表格中的每列是等宽的,并且调整某列的宽度时,其他列的宽度也会相应自动调整。可以使用下面的语句关闭列宽自动调整特性:

table. setAutoResizeMode(JTable. AUTO_RESIZE_OFF);

　　要设定某列的宽度,首先需要依据该列的列名取得列对象。以设定第一列的宽度为例:

TableColumn col = table. getColumn(columnNames[0]);

然后调用 setPreferredWidth( )方法设定该列的宽度:

col. setPreferredWidth(200);

　　前面已经提到,表格有一个对应的表模型,数据存储在表模型中,表格是表模型的视图。表格在建立视图时,总需要自动调用表模型中的一些方法,这些方法的返回值决定了最终的视图。部分常用方法的名称及含义如下:

public int getRowCount( );　　// 取得行数

public int getColumnCount( );　　// 取得列数

public Object getValueAt(int row, int column);　　// 取得指定单元格的数据

public boolean isCellEditable(int row, int column);　　// 指定单元格是否允许编辑

public String getColumnName(int column);　　　　//取得指定列的列名

public Class getColumnClass(int column);

　　默认表模型 DefaultTableModel 提供了上述方法的默认实现。例如,DefaultTableModel 中的 isCellEditable( )方法总是返回 true,表示所有的单元格都允许编辑;getColumnClass( )方法总是返回 Object. class。

　　可以使用 DefaultTableModel 创建一个表模型对象,然后再使用表模型创建表格。例如:

DefaultTableModel model = new DefaultTableModel(0,5);　　// 0 行 5 列的表模型

JTable table = new JTable(model);

　　可以使用 model 的 addRow( )、removeRow( )方法向表模型中添加或删除数据,对表模型增、删数据的结果会自动反映到表格视图中。

　　但是,通常情况下并不直接使用 DefaultTableModel。更常见的用法是继承 DefaultTableModel 类,并覆盖其中的部分方法以满足特殊要求。

11. 4. 2　树形控件

　　树形控件(JTree)中特定的节点可以由 TreePath(封装节点及其所有祖先的对象)标识,或由其显示行(显示区域中的每一行都显示一个节点)标识。展开节点是一个非叶节点(由返回值为

false 的 TreeModel. isLeaf(node)标识,当展开其所有祖先时,该节点将显示其子节点。折叠节点是隐藏它们的节点。隐藏节点是位于折叠祖先下面的节点。所有可查看节点的父节点都是可以展开的,可以显示它们,也可以不显示它们。显示节点是可查看的并且位于可以看到它的显示区域。

以下 JTree 方法用来改变显示区中可以显示的节点属性。

- boolean isRootVisible( ):如果显示树的根节点,则返回 true。
- void setRootVisible(boolean rootVisible):确定已定义的树的模型的根节点是否可见。
- void scrollPathToVisible(TreePath path):确保路径中所有的路径组件(最后一个路径组件除外)均展开并滚动,以便显示该路径标识的节点。

以下 JTree 方法用来改变显示区中可以显示的节点数目。

- void setlRowToVisible(int row):滚动行标识的条目,直到显示出来。
- int getVisibleRowCount( ):返回显示区中可以显示的行数。
- void setVisibleRowCount(int newCount):设置要显示的行数。

以下 JTree 方法用来改变指定的路径标识是否可查看。

- boolean isVisible(TreePath path):如果当前可查看路径标识的值,则返回 true,这意味着该路径或者是根路径,或者所有父路径均被展开。
- void makeVisible(TreePath path):确保路径标识的节点当前可查看。

JTree 类的构造方法如下:

① JTree( ):返回带有示例模型的 JTree。

② JTree(Hashtable<?,? > value):返回从 Hashtable 创建的 JTree,不显示根节点。

③ JTree(Object[ ] value):返回 JTree,指定数组的每个元素作为不被显示的新根节点的子节点。

④ JTree(TreeModel newModel):使用指定的数据模型创建树,返回 JTree 的一个实例,显示根节点。

⑤ JTree(TreeNode root):返回一个 JTree,指定的 TreeNode 作为其根节点,显示根节点。

⑥ JTree(TreeNode root, boolean asksAllowsChildren):返回一个 JTree,指定的 TreeNode 作为其根节点;它用指定的方式显示根节点,并确定节点是否为叶节点。

JTree 类的常用方法如下:

① int getSelectionCount( ):返回选择的节点数。

② int getRowForLocation(int x, int y):返回指定位置的行。

③ TreePath getPathForLocation(int x, int y):返回指定位置处的节点路径。

本章小结

本章介绍了 Java 图形用户界面的相关知识。当使用 Java 语言来生成图形用户界面时,组件和容器的概念非常重要。本章首先介绍 GUI 中常用的顶层容器和组件。容器也是组件,它最主要的作用是装载其他组件,但像 Panel 这样的容器也经常被当作组件添加到其他容器中,实现容器的嵌套,以便完成复杂的界面设计。组件是各种各样的类,封装了图形系统的许多最小单位,如按钮、文本域、列表等。接着介绍了安排组件在窗体中布局的布局管理器。布局管理器是 Java 语言与其他编程语言在图形系统方面较为显著的区别。常用的 3 种布局管理器是流布局管理器、网格布局管理器和边界布局管理器。每种布局管理器都有特定的布局规律。最后介绍了用于处理操作组件产生事件的事件处理机制。通过该机制,能够让图形用户界面响应用户的操作,其中主要涉及事件源、事件、事件处理者三种角色,事件源是图形界面上的组件,事件是对用户操作的描述,而事件处理者是处理事件的类。因此,学习 Swing 中所提供的各个组件,需要了解该组件经常发生的事件以及处理该事件的相应的监听器接口。

课后练习

1. 判断正误

(1) 容器是用来组织其他 GUI 组件的单元,它不能嵌套其他容器。   (   )

(2) 当 GUI 应用程序使用边界布局管理器 BorderLayout 时,GUI 组件可以按任何顺序添加到面板中。   (   )

(3) 在 AWT 的事件处理机制中,每个事件类对应一个事件监听器接口,每一个监听器接口都有相对应的适配器。   (   )

2. 以下关于 AWT 和 Swing 的说法中正确的是(   )。

A. Swing 是 AWT 的子类

B. AWT 在不同操作系统中的显示风格相同

C. AWT 和 Swing 都支持事件模型 GridLayout

D. Swing 在不同操作系统中的显示风格相同

3. JPanel 组件的默认布局管理器是(   )。

A. BorderLayout   B. FlowLayout   C. GridLayout   D. CardLayout

4. Swing 组件必须添加到 Swing 顶层容器相关的(   )。

A. 分隔板上   B. 内容面板上   C. 选项卡上   D. 复选框内

5. 总结单选按钮组件 JRadioButton 与复选框组件 JCheckBox 的区别。

6. 总结边界布局管理器的特点。

7. 运用所学的菜单组件、复选框组件等,实现如图 11-21 所示的页面效果。

8. 在窗体中添加一个空文本的标签 lab,两个按钮 button1(显示文本"Nice to meet you.")和 button2("How are you?")。为两个按钮添加 ActionEvent 事件:当单击按钮 button1 时,在标签 lab 上显示"Nice to meet you too.";当单击按钮 button2 时,在标签 lab 上显示"Fine!"。

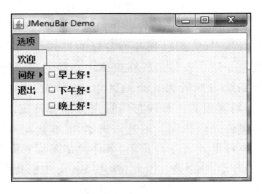

图 11-21 菜单组件的应用

第12章 输 入 输 出

输入输出(I/O)是程序设计语言的一项重要功能,是程序和用户之间沟通的桥梁。方便、易用的输入与输出可以使程序和用户之间产生良好的交互。Java 提供了专门用于输入输出功能的包 Java.io,其中包含 5 个非常重要的类,即 InputStream、OutputStream、Reader、Writer 和 File,几乎所有与输入输出有关的类都继承了这 5 个类。利用这些类,Java 程序可以很方便地实现多种输入输出操作以及复杂的文件和目录管理。

本章要点:
* 了解 Java 中的流式输入输出
* 掌握 Java 对文件的新建、删除、重命名等操作
* 掌握 Java 中文件的随机存取
* 了解 Java 中对象的序列化

12.1   流式输入输出

在 Java 语言中,所有输入输出操作都是通过流(stream)操作实现的。

12.1.1   流的概念

一个程序在运行期间通常要与外部设备交互,即从外部设备获取信息或向外部设备发送信息,这就是输入输出操作。建立"流"实际上就是建立一个数据通道,将数据源与目的地连接起来。在 Java 语言中,一个可以读取字节序列的对象被称为输入流(input stream),输入流主要由 InputStream 和 Reader 作为基类。一个可以写入字节序列的对象被称为输出流(output stream),输出流主要由 OutputStream 和 Writer 作为基类。它们都是一些抽象类,无法直接创建实例。

从数据源中读取数据时,就是从数据源建立一个流,然后从流中依次读取数据,如图 12-1 所示。

图 12-1   输入流示意

把数据写入目的地时,就是在目的地端建立一个流,然后将程序中的数据依次写入,如图 12-2 所示。

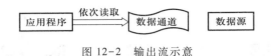

图 12-2　输出流示意

数据通道中的数据可以是二进制序列,也可以是其他符合某种规定的特定数据,如字符流序列。Java 语言定义了两种类型的数据流:字节流和字符流。

12.1.2　输入流和输出流

1. 输入流

InputStream 类是字节输入流的抽象类,是所有字节输入流的父类。InputStream 类的具体层次结构如图 12-3 所示。

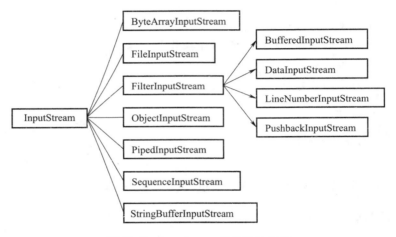

图 12-3　InputStream 类的层次结构

InputStream 类中所有的方法遇到错误时都会引发 IOException 异常。下面对该类中的一些方法进行简要说明。

① read( ):从输入流中读取数据的下一个字节,返回 0~255 范围内的 int 字节值。如果已经到达流末尾而没有可用的字节,则返回值为-1。

② read(byte[ ] b):从输入流中读入一定长度的字节,并以整数的形式返回字节数。

③ mark(int readlimit):在输入流的当前位置放置一个标记,readlimit 参数设置此输入流在标记位置失效之前允许读取的字节数。

④ reset( ):将输入指针返回到当前所做的标记处。

⑤ skip(long n):跳过输入流中的 n 个字节并返回实际跳过的字节数。

⑥ markSupported( ):返回当前流是否支持 mark( )/reset( )操作。

⑦ close( ):关闭输入流并释放与此输入流相关的所有系统资源。

Java 中的字符采用 Unicode 编码,是双字节的。InputStream 是用来处理字节的,在处理字符文本时不是很方便。Java 为字符文本的输入单独提供了一套专门的 Reader 类。但 Reader 类并不能代替 InputStream 类，只是在处理字符串时简化了编程。Reader 类是字符输入流的抽象类，所有字符抽象类的实现都是它的子类。Reader 类的具体层次结构如图 12-4 所示。

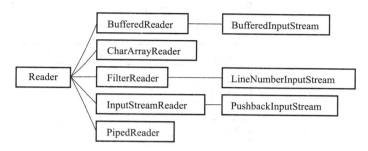

图 12-4　Reader 类的层次结构

Reader 类的方法和 InputStream 类的方法类似。

2. 输出流

OutputStream 类是字节输出流的抽象类，此抽象类是表示输出字节流的所有类的超类。OutputStream 类的层次结构如图 12-5 所示。

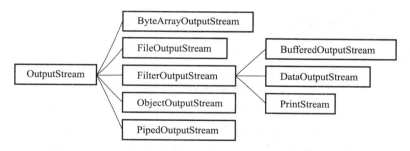

图 12-5　OutputStream 类的层次结构

OutputStream 类中的所有方法均返回 void，在遇到错误时会引发 IOException 异常。下面对 OutputStream 类中的方法做简单介绍。

① write(int b)：将指定的字节写入输出流。

② writer(byte[ ] b)：将 b.length 个字节从指定的 byte 数组写入输出流。

③ write(byte[ ] b,int off,int len)：将指定的 byte 数组从偏移量 off 开始的 len 个字节写入输出流。

④ flush( )：彻底完成输出并清空缓存区。

⑤ close( )：关闭输出流。

Writer 类是字符输出流的抽象类，所有字符输出类的实现都是它的子类。Writer 类的层次结构如图 12-6 所示。

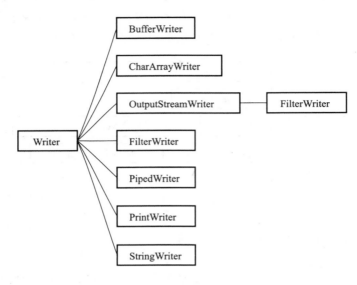

图 12-6 Writer 类的层次结构

12.1.3 字节流和字符流

1. 字节流

字节流是面向字节的流,流中的数据以 8 位字节为单位进行读/写。它是抽象类 InputStream 和 OutputStream 的子类,通常用于读/写二进制数据,如声音和图像。

下面通过实例介绍如何使用 InputStream 类从控制台获取用户输入的字符串信息。

例 12.1 创建 InputStreamStr 类,在类中创建 InputStream 类的实例对象 ins,并为其赋值为 System 类的 in 属性,该类表示控制台输入流,从 ins 输入流中获取一些字节信息,用这些字节信息创建一个字符串,并输出到控制台中。

```
//InputStreamStr.java
public class InputStreamStr{
    public static void main(String[] args){
        InputStream ins = System.in;
        try{
            byte[] bs = new byte[50];
            int i = ins.read(bs);
            System.out.println("控制台输入的内容:" + new String(bs).
                                trim());
            ins.close();
        } catch(IOException e){
```

源代码:例 12.1

```
                e.printStackTrace();
            }
        }
    }
```

运行该实例,在控制台输入字符串"Java 程序设计基础",程序将接收该字符串并在控制台输出如下字符串信息:

Java 程序设计基础

控制台输入的内容:Java 程序设计基础

OutputStream 类是字节输出流的抽象类,定义了输出流的各种操作方法。下面通过实例介绍如何使用 OutputStream 类向控制台输出字符串信息。

例 12.2 创建 OutputStreamStr 类,在类中创建 OutputStream 类的实例对象 out,并为其赋值为 System 类的 out 属性,该属性是控制台的输出流;再定义一个字节数组,该数组包含要输出到控制台的字符串信息,并通过 out 对象在控制台输出该字节数组的内容。

```
//OutputStreamStr.java
public class OutputStreamStr{
    public static void main(String[] args){
        OutputStream out = System.out;
        try{
            byte[] bs = "使用 OutputStream 输出流,在控制台输出字符串 \n".getBytes();
            out.write(bs);
            bs = "输出内容:".getBytes();
            out.write(bs);
            bs = "Java 经典图书 \n".getBytes();
            out.write(bs);
            out.close();
        } catch (IOException e){
            e.printStackTrace();
        }
    }
}
```

> 源代码:例 12.2

程序运行结果:

使用 OutputStream 输出流,在控制台输出字符串

输出内容:Java 经典图书

2. 字符流

字符流是面向字符的流,用于处理字符数据的读取和写入,它以字符(char)为单位。Reader 类和 Writer 类是字符流的抽象类,它们定义了字符流读取和写入的基本方法,各个子类会依据其特点实现和覆盖这些方法。

下面通过实例介绍如何使用 Reader 类的子类 InputStreamReader 实现从控制台获取用户输入的字符串信息。

例 12.3　创建 ReaderStr 类,在类中创建 InputStreamReader 类的实例对象 rin,并将其初始化为控制台的字符输入流,从 rin 字符输入流中获取一些字符信息到字符数组中,用来给字符数组创建一个字符串,并输出到控制台中。

```java
//ReaderStr.java
public class ReaderStr{                                      源代码:例 12.3
    public static void main(String[] args){
        InputStreamReader readin = new InputStreamReader(System.in);
        try{
            char[] css = new char[50];
            readin.read(css);
            String str = new String(css);
            System.out.println("输入的字符串的内容:\t" + str.trim());
            readin.close();
        } catch (IOException e){
            e.printStackTrace();
        }
    }
}
```

运行本实例,在控制台输入字符串“Hello World”,程序在控制台的输出如下所示:

```
Hello World
输入的字符串的内容:    Hello World
```

Writer 类是用于处理字符输出流的类,也是所有字符输出流的超类。下面通过实例介绍如何使用 Writer 类的子类 PrintWriter 实现向控制台输出字符串信息。

例 12.4　创建 WriterStr 类,在类中创建 PrintWriter 类的实例对象 out,并将其初始化为控制台的字符输出流,再定义一个字符数组,该数组包含要输出到控制台的字符串信息,并通过 out 对象在控制台输出该字符数组的内容。

```java
//WriterStr.java
public class WriterStr{                                      源代码:例 12.4
    public static void main(String[] args){
        Writer out = new PrintWriter(System.out);
        try{
            char[] cs = "使用 Writer 输出流,在控制台输出字符串 \n".toCharArray();
            out.write(cs);
            cs = "输出内容:".toCharArray();
            out.write(cs);
```

```
        cs = "C#从入门到精通。".toCharArray();
        out.write(cs);
        out.flush();
        out.close();
    } catch (IOException e){
        e.printStackTrace();
    }
    }
}
```

程序运行结果：

使用 Writer 输出流,在控制台输出字符串

输出内容：

C#从入门到精通。

12.1.4 带缓存的输入输出流

缓存可以说是 I/O 的一种性能优化。缓存流为 I/O 流增加了内存缓存区。有了缓存区,使得在流上执行 skip( )、mark( )和 reset( )等方法成为可能。

1. BufferedInputStream 类和 BufferedOutputStream 类

BufferedInputStream 类可以对任何 InputStream 类进行带缓存区的包装,以达到性能的优化。BufferedInputStream 类有以下两个构造函数。

① BufferedInputStream(InputStream in);

② BufferedInputStream(InputStream in,int size);

第一种形式的构造函数创建一个带有 32 B 的缓存流;第二种形式的构造函数按指定的大小来创建缓存区。从构造函数可以看出,BufferedInputStream 对象位于 InputStream 类对象之前。图 12-7 描述了以字节数据读取文件的过程。

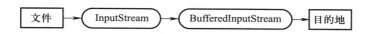

图 12-7　BufferedInputStream 文件读取过程

使用 BufferedOutputStream 输出信息和往 OutputStream 输出信息完全一样,只不过 Buffered-OutputStream 有一个用来将缓存区的数据强制输出的 flush( )方法。BufferedOutputStream 类也有两个构造函数。

① BufferedOutputStream(OutputStream in);

② BufferedOutputStream(OutputStream in,int size);

第一种构造函数创建一个具有 32 B 的缓存区,第二种形式以指定的大小来创建缓存区。

2. BufferedReader 与 BufferedWriter 类

BufferedReader 类与 BufferedWriter 类分别继承 Reader 类和 Writer 类。这两种类同样具有内部缓存机制,并可以以行为单位进行输入输出。

BufferedReader 类以字符数据读取文件的过程如图 12-8 所示。

图 12-8 BufferedReader 类读取文件的过程

BufferedReader 类常用的方法如下:

① read():读取单个字符。

② readLine():读取一个文本行,并将其返回为字符串。若无数据可读,则返回 null。

BufferedWriter 类中的方法都返回 void,常用的方法如下:

① write(String s,int off,inG len):写入字符串的某一部分。

② flush():刷新输出流的缓存。

③ newLine():写入一行分隔符。

在使用 BufferedWriter 类的 write()方法时,数据并没有被立刻写入输出流中,而是首先进入缓存区中。如果要立刻将缓存区中的数据写入输出流中,必须调用 flush()方法。

例 12.5 向指定的磁盘文件中写入数据,并通过 BufferedReader 类将文件中的信息分行显示。

```
//Student.java
public class Student{
    public static void main(String[] args){
        String content[] = { "好久不见","最近还好吗","常联系" };
        File file=new File("D:/word.txt");
        try{
            FileWriter fw=new FileWriter(file);
            BufferedWriter bufw=new BufferedWriter(fw);
            for (int k=0;k < content.length;k++){
                bufw.write(content[k]);
                bufw.newLine();
            }
            bufw.close();
            fw.close();
        } catch (Exception e){
            e.printStackTrace();
        }
        try{
            FileReader fr=new FileReader(file);
```

源代码:例 12.5

```
        BufferedReader bufr = new BufferedReader(fr);
        String s = null;
        int i = 0;
        while ((s = bufr.readLine()) ! = null){
            i++;
            System.out.println("第" + i + "行" + s);
        }
        bufr.close();
        fr.close();
    } catch (Exception e){
        e.printStackTrace();
    }
  }
}
```

程序运行结果：
第 1 行好久不见
第 2 行最近还好吗
第 3 行常联系

12. 2　文件

File 类代表与平台无关的文件和目录。也就是说，如果希望在程序中操作文件和目录，可以通过 File 类完成。值得指出的是，不管是文件还是目录，都是使用 File 类操作的。File 类能新建、删除、重命名文件和目录，但 File 类不能访问文件内容。如果需要访问文件内容，则需要使用输入输出流。

12. 2. 1　File 对象的创建

File 类的构造方法如下：

① File(File parent, String child)：根据文件夹或文件的名字以及所在的文件夹创建文件对象，第一个参数 parent 是 File 对象，表示文件或者文件夹所在的文件夹，child 表示具体的文件名或文件夹名。

② File(String pathname)：根据文件夹或者文件的完整名字创建 File 对象，参数指出了文件或文件夹的完整路径。

③ File(String parent, String child)：根据文件夹或文件的名字以及所在的文件夹创建文件对象，第一个参数 parent 是字符串，表示文件或文件夹所在的文件夹，child 是字符串，表示文件或

文件夹的具体名字。

④ File(URI uri)：根据文件的 URI 创建文件对象，参数是表示文件地址的 URI 对象。

例 12.6 使用 File 表示文件和文件夹。

```
//FileTest.java
public class FileTest{
    public static void main(String[] args){
        File file1 = new File("d:");
        File file2 = new File("e:\\data.txt");
    }
}
```

源代码:例 12.6

main()方法中第一行定义的 File 类对象表示 d 盘的根目录，第二行定义的 File 对象表示 e 盘下面的 data.txt 文件。

12.2.2 属性管理

File 中提供以下获取文件属性的方法。

① String getName()：返回 File 对象所表示的文件名和路径（如果是路径，则返回最后一级子路径名）。

② String getPath()：返回 File 对象所对应的路径名。

③ File getAbsolutePath()：返回 File 对象所对应的绝对路径所对应的 File 对象。

④ String getParent()：返回 File 对象所对应目录（最后一级子目录）的父目录名。

⑤ Boolean renameTo(File newName)：重命名 File 对象所对应的文件和目录，如果重命名成功，则返回 true；否则返回 false。

⑥ Boolean exists()：判断 File 对象所对应的文件或目录是否存在。

⑦ Boolean canWrite()：判断 File 对象所对应的文件和目录是否可写。

⑧ Boolean canRead()：判断 File 对象所对应的文件和目录是否可读。

⑨ Boolean isFile()：判断 File 对象所对应的是否是文件，而不是目录。

⑩ Boolean isDirectory()：判断 File 对象所对应的是否是目录，而不是文件。

⑪ Boolean isAbsolute()：判断 File 对象所对应的文件或目录是否是绝对路径。该方法消除了不同平台的差异，可以直接判断 File 对象是否为绝对路径。在 UNIX/Linux/BSD 等系统中，如果路径名开头是一条斜线(/)，则表明该 File 对象对应一个绝对路径；在 Windows 等操作系统中，如果路径名开头是盘符，则说明它是一个绝对路径。

⑫ Long lastModified()：返回文件的最后修改时间。

⑬ Long length()：返回文件内容的长度。

例 12.7 使用 File 读取文件属性。

```
//FileProperties.java
public class FileProperties{
```

源代码:例 12.7

```
public static void main(String[] args){
    File fdemo=new File("E:/java/HelloWorld.java");
    System.out.println("File 对象存在:" + fdemo.exists() +
                    "\n 读属性:"+ fdemo.canRead() +
                    "\n 写属性:" + fdemo.canWrite() +
                    "\n 名字:"+ fdemo.getName() +
                    "\n 父路径:" + fdemo.getParent()
                    + "\n 全路径:"+ fdemo.getPath()
                    + "\n 长度:" + fdemo.length()
                    + "\n 是文件:"+ fdemo.isFile()
                    + "\n 是目录:" +fdemo.isDirectory());
    }
}
```

程序运行结果:

File 对象存在:false

读属性:false

写属性:false

名字:HelloWord. java

父路径:E:\ java

全路径:E:\ java \ HelloWorld. java

长度:0

是文件:false

是目录:false

12. 2. 3　目录操作

File 中提供了多个与目录操作相关的方法。

① String[ ] list( ):返回目录中的文件和目录名。

② String[ ] list(FilenameFilter filter):返回满足指定过滤器的文件和目录。

③ File[ ] listFiles( ):返回目录中的文件和文件夹。

④ File[ ] listFiles(FileFilter filter):根据指定的过滤器返回文件和文件夹列表。

⑤ File[ ] listFiles(FilenameFilter filter):根据指定的过滤器返回文件和文件夹列表。

⑥ static File[ ] listRoots( ):列出所有的根目录。

⑦ boolean mkdir( ):创建参数指定的目录。

⑧ boolean mkdirs( ):创建参数指定的目录,可以创建多层。

⑨ boolean delete( ):删除文件或目录。

⑩ void deleteOnExit( ):在虚拟机终止时,删除文件或目录。

例 12. 8　使用 File 管理目录。

源代码:例 12. 8

```
//DirectotyTest.java
public class DirectoryTest{
    public static void main(String[] args){
        File[] roots=File.listRoots();
        System.out.println("所有根目录:");
        for(int i=0;i<roots.length;i++){
            System.out.print(roots[i].getPath() + " ");
        }
        System.out.println("\nD 盘 Java 目录下的文件和文件夹");
        File[] files=new File("D:\\java").listFiles();
        for(int i=0;i<files.length;i++){
            System.out.print(files[i].getName() + " ");
        }
        File subDirectory=new File("D:\\java","mysub");
        subDirectory.mkdir();
        File subDirectory2=new File("D:\\java","mysub1\\mysub2\\
                                    mysub3");
        subDirectory2.mkdirs();
        subDirectory2.delete();
    }
}
```

程序运行结果:

所有根目录:

C:\　D:\　E:\　F:\　G:\　H:\

D 盘 Java 目录下的文件和文件夹

HelloWorld.java mysub mysub1

12.2.4　文件操作

File 类中有以下关于文件操作的方法。

① boolean delete():删除文件或目录。

② boolean createNewFile():创建一个新的文件。

③ boolean renameTo(File dest):把当前文件剪切到另一个目录中。

④ Static File createTempFile(String prefix,String suffix,File directory):在指定目录中创建一个新的空文件,使用给定的前缀和后缀字符串生成名称。

⑤ File getAbsoluteFile():返回绝对路径名形式。

⑥ String getAbsoluteFile():返回绝对路径名字符串。

⑦ boolean setExecutable(boolean executable):设置文件或目录是否可以执行。

⑧ boolean setLastModified(long time):设置最后一次的修改时间。

⑨ boolean setReadable(boolean readable):设置读权限。

⑩ boolean setReadOnly():设置为只读。

⑪ boolean setwritable(boolean writable):设置写权限。

例 12.9 文件管理。

```
//FileTest.java
public class FileTest{
    public static void main(String[] args){
        File newFile=new File("D:\\java","subfile");
        try{
            System.out.println("新文件创建:" + newFile.createNewFile());
        } catch (IOException e){
        }
        System.out.println("文件改名:"+ newFile.renameTo(
                        new File("D:\\java","subfile2")));
    }
}
```

源代码:例 12.9

12.3 随机存取文件

前面介绍的文件读/写都是按照顺序方式进行的,即从文件的起始位置顺序读/写到文件的结束位置。如果希望直接获取某一指定位置的内容或将内容直接写到指定的位置,使用顺序读/写的方式显然比较麻烦。Java 在 java.io 包中提供了 RandomAccessFile 类,用于处理随机存取的文件。RandomAccessFile 类常用的方法如表 12-1 所示。

表 12-1 **RandomAccessFile 类常用方法**

名称	类型	含义
RandomAccessFile(File file,String mode)	构造方法	以 file 指定的文件和 mode 指定的读/写方式构造对象
RandomAccessFile(String name,String mode)	构造方法	以 name 指定的文件和 mode 指定的读/写方式构造对象
Long getFilePointer( )	一般方法	返回当前的文件指针位置
void seek(long pos)	一般方法	移动文件指针到 pos 指定的位置

续表

名称	类型	含义
int skipBytes(int n)	一般方法	文件指针向后移动 n 个字节
int read(byte[ ] b)	一般方法	将最多 b.length 个字节写入数组 b
void write(byte[ ] b)	一般方法	将 b.length 个字节从指定数组 b 写入文件
Final String readLine( )	一般方法	读取一行
Final byte readByte( )	一般方法	读取一个字节
Final byte writeByte(int v)	一般方法	将 (byte) v 写入文件
void close( )	一般方法	关闭流

由于 RandomAccessFile 类直接继承 Object 类,并同时实现了 DataInput 接口和 DataOutput 接口,因此可以针对 byte、boolean、char、double、float、int 等数据类型进行读/写,相应的方法有 readXX( )或 writeXX( )。

文件的访问模式值及其含义如表 12-2 所示。

表 12-2 访问模式值及含义

mode 值	含义
r	以只读的方式打开指定文件
rw	以读、写方式打开指定文件,如果文件不存在,则尝试创建文件
rws	以读、写方式打开指定文件。相对于 rw 模式,还要求对文件内容或元数据的每个更新都同步写入底层存储设备
rwd	以读、写方式打开指定文件。相对于 rw 模式,还要求对文件内容的每个更新都同步写入底层存储设备

例 12. 10 使用 RandomAccessFile 随机访问文件。

```
//RandomAccessFile.java
public class RandomAccessFileDemo{
    public static void main(String[ ] args) throws Exception{
        RandomAccessFile f = new RandomAccessFile("myfile","rw");//实例化
        //RandomAccessFile 类的对象 f,以读/写方式访问 myfile 文件
        System.out.println("File.length:" + (f.length()) + "B");//获取文件的长度
        //获取当前文件指针的位置
        System.out.println("File Pointer Position:" + f.getFile Pointer());
```

源代码:例 12.10

```
            f.seek(f.length());//将指针移动到文件的结尾
            f.writeBoolean(true);//将 true 写入文件
            f.writeBoolean(false);//将 false 写入文件
            f.writeChar('a');//将字符 a 写入文件
            f.writeChars("hello!");//将 hello 字符串写入文件
            System.out.println("File Length:" + (f.length()) + "B");//计算文件的大小
            f.seek(0);//将指针移动到文件的开头
            System.out.println(f.readBoolean());//读出文件的内容,并在控制台显示
            System.out.println(f.readBoolean());
            System.out.println(f.readLine());
            f.close();//关闭流
        }
}
```

程序运行结果:
```
File.length:0B
File Pointer Position:0
File Length:16B
true
false
a h e l l o !
```

12.4 对象序列化

对象的寿命通常随着对象程序的终止而终止。有时候可能需要将对象的状态保存下来,在需要时再将其恢复。对象状态的保存和恢复可以通过对象 I/O 流实现。

12.4.1 对象序列化和对象流

1. Serializable 接口

将程序中的对象输出到外部设备(如磁盘、网络)的过程称为对象序列化(serialization)。反之,从外部设备将对象读入程序的过程称为对象反序列化(deserialization)。一个类的对象要实现序列化,必须实现 java.io.Serializable 接口,该接口的定义如下:
```
public interface Serializable()
```
Serializable 接口只是标志性接口,其中没有定义任何方法。一个类的对象要序列化,除了必须实现 Serializable 接口外,还需要创建对象输出流和对象输入流,通过对象输出流将对象状态保存下来,通过对象输入流恢复对象的状态。

2. ObjectOutputStream 类和 ObjectInputStream 类

在 java.io 包中定义了 ObjectOutputStream 和 ObjectInputStream 两个类,分别称为对象输入流和对象输出流。ObjectInputStream 类继承了 InputStream 类,实现了 ObjectInput 接口,而 ObjectInput 接口又继承了 DataInput 接口。ObjectOutputStream 类继承了 OutputStream 类,实现了 ObjectOutput 接口,而 ObjectOutput 接口又继承了 DataOutput 接口。

12. 4. 2　向 ObjectOutputStream 中写入对象

若要将对象写入外部设备,则需要建立 ObjectOutputStream 类的对象,构造方法为:

```
public ObjectOutputStream(OutputStream out)
```

参数 out 为一个字节输出流对象。创建了对象输出流后,就可以调用它的 writeObject()方法将一个对象写入流中,该方法的格式为:

```
public final void writeObject(Object) throws IOException
```

若写入的对象是不可序列化的,该方法会抛出 NotSerializableException 异常。由于 ObjectOutputStream 类实现了 DataOutput 接口,该接口中定义了多个方法用来写入基本数据类型,如 writeInt()、writeFloat()、writeDouble()等,因此可以使用这些方法向对象输出流中写入基本数据类型。

下面的代码实现将一些数据和对象写入对象输出流中。

```
Path path = Path.get("data.ser");
OutputStream output = File.newOutputStream(path,StandardOpenOption.CREATE);
ObjectOutputStream oos = new ObjectOutputStream(output);
try {
    oos.writeInt(2014);
    oos.writeObject("Today");
    oos.writeObject(new Date());
}catch(IOException e){
    e.printStackTrace();
}
```

ObjectOutputStream 必须建立在另一个流上,该例是建立在 OutputStream 上的;然后向文件中写入一个整数、字符串 Time 和一个 Date 对象。

12. 4. 3　从 ObjectInputStream 中读出对象

若要从外部设备中读取对象,需要建立 ObjectInputStream 类的对象,构造方法为:

```
public ObjectInputStream(InputStream in)
```

参数 in 为一个字节输入流对象。通过调用 ObjectInputStream 的 readObject()方法可以将一个对象读出,该方法的格式为:

```
public final void readObject(Object) throws IOException
```

在使用 readObject( )方法读出对象时,其类型和顺序必须与写入时一致。由于该方法返回 Object 类型,因此在读出对象时需要进行适当的类型转换。

ObjectInputStream 类实现了 DataInput 接口,该接口中定义了读取基本数据类型的方法,如 readInt( )、readFloat( )、readDouble( ),使用这些方法可以从 ObjectInputStream 流中读取基本数据类型。

下面的代码在 InputStream 对象上建立一个对象输入流对象。

```
Path path = Path.get("data.ser");
InputStream input = File.newInputStream(path,StandardOpenOption.READ);
ObjectInputStream ois = new ObjectInputStream(input);
try{
    int i = ois.readInt();
    String today = (String)ois.readObject();
    Date date = (Date)ois.readObject();
}catch(IOException e){
    e.printStackTrace();
}
```

与 ObjectOutputStream 一样,ObjectInputStream 也必须建立在另一个流上,本例中是建立在 InputStream 上的;接下来使用 readInt( )和 readObject( )方法读出整数、字符串和 Data 对象。

下面的例子说明如何实现对象的序列化和反序列化。

例 12.11　实现对 Customer 类的对象序列化和反序列化。

源代码:例 12.11

```
// Customer.java
class Customer implements Serializable{
    private String name;
    private int age;
    public Customer(String name,int age){
        this.name = name;
        this.age = age;
    }
    public String toString(){
        return "name = " + name + ",age = " + age;
    }
}
// ObjectSaver.java
public class ObjectSaver{
    public static void main(String[] args) throws FileNotFoundException,Exception
    {
        //其中的 D:\\objectFile.obj 表示存放序列化对象的文件
        //序列化对象
```

```
ObjectOutputStream out = new ObjectOutputStream(new FileOutputStream("D:\
                           \objectFile.obj"));
Customer customer = new Customer("王三",24);
out.writeObject("你好!");//写入字符串常量
out.writeObject(new Date());//写入匿名 Date 对象
out.writeObject(customer);//写入 customer 对象
out.close();

//反序列化对象
ObjectInputStream in = new ObjectInputStream(new FileInputStream("D:\\ob-
                          jectFile.obj"));
System.out.println("obj1 " + (String) in.readObject());
//读取字面值常量
System.out.println("obj2 " + (Date) in.readObject());
//读取匿名 Date 对象
Customer obj3 = (Customer) in.readObject();
//读取 customer 对象
System.out.println("obj3 " + obj3);
in.close();
    }
}
```

程序运行结果:

obj1 你好!

obj2Sun Nov0921:43:23CST 2014

obj3name=王三,age=24

对象序列化需要注意以下事项:

① 序列化只能保存对象的非静态成员,不能保存任何成员方法和静态成员变量,而且序列化保存的只是变量的值。

② 用 transient 关键字修饰的变量为临时变量,不能被序列化。

③ 如果成员变量为引用类型,则引用的对象也被序列化。

本章小结

本章主要介绍了 Java 输入输出体系的相关知识。首先,重点讲解了输入输出(I/O)流的处理模型,以及如何使用 I/O 流来读取物理存储节点中的数据,归纳了 Java 中不同 I/O 流的功能。其次,介绍了如何使用 File 类访问本地文件系统,包括对文件属性的管理、文件目录和文件本身的操作;介绍了 RandomAccessFile 类的用法,通过 RandomAccessFile 类,允许对文件进行随机存取。最后介绍了 Java 对象序列化的相关知识,通过序列化,把 Java 对象转换成二进制字节流,然后将二进制字节流写入网络或者永久存储器。

课后练习

1. 编写程序,实现当用户输入的文件名不存在时提示用户重新输入,直到输入一个正确的文件名后,打开这个文件并将文件内容输出到屏幕上。

2. 编写程序,将程序文件的源代码复制到程序文件所在目录的 temp.txt 文件中。

3. 编写程序,通过"文件"菜单项打开一个本地计算机中的文件,把文件内容显示在文本区中;修改文本区中的内容,再利用"文件"菜单的"保存"菜单项把修改后的内容保存到原来的文本中。

4. 编写程序,显示指定类型的文件。在 Windows 操作系统中,通过文件的扩展名来区分不同类型的文件。根据用户输入的扩展名,列出指定文件夹内该类型文件的文件名、文件大小和修改时间。

5. 编写程序,查找并替换文本文件的内容。目前主流的文本编辑工具都提供了替换功能,但是需要先打开文本文件。本题要求直接替换用户选择的文本文件的内容。

6. 编写程序,快速批量移动文件。在 Windows 操作系统中,移动大量的文件花费的时间非常可观,使用 Java 语言提供的文件重命名方式可以实现文件移动的功能。

7. 编写程序,在窗体中动态加载磁盘文件。使用图形化操作系统时,打开一个文件夹会显示当前文件夹中的文件及子文件夹,本题要求完成类似的功能。用户选择一个文件夹后,可以在表格中动态加载该文件夹的内容。

第四部分 提高篇

本篇是 Java 语言程序设计的高级部分。通过前面 3 篇的学习,读者应已掌握 Java 语言基础、面向对象编程、Java 结构化编程、图形用户界面编程等知识,但要编写更加实用的程序,还需要学习本篇的内容。

随着信息技术的不断发展,数据库的应用几乎无处不在,作为一名合格的程序员,开发数据库应用程序是必备的技能之一。Java 和 JDBC 的结合,使数据处理变得轻松和便捷。即使数据存储在不同的数据库管理系统中,企业也可以使用数据库便捷地存储数据,大大提高了数据的访问速度和网络利用率。平台无关性和安全性对网络应用程序而言都是至关重要的,Java 作为一种与平台无关的语言,为这两方面问题提供了很好的解决方案。Java 提供了两种强大的网络支持机制:访问网络资源的 URL 类和网络通信的 Socket 类。使用 Java 编写的程序可以在网络上直接运行。本篇最后介绍了一个完整的图书管理系统,该系统是基于 Java 技术、具有实用价值的应用层软件。通过运用软件工程的设计思想,使读者学会如何进行 Java 项目的实践开发。经过本篇的学习,读者可以开阔专业视野,了解软件开发的行业规范,并养成良好的工作习惯,以达到切实提高专业技术水平、提升职业竞争力的目的。

本篇为 Java 语言的提高篇,包括 JDBC 技术、Java 网络编程、综合案例——图书管理系统 3 章。

第 13 章 JDBC 技术介绍 JDBC 基础知识及如何使用 JDBC 连接数据库并对数据库进行操作等知识。JDBC 是连接数据库和 Java 程序的桥梁,通过使用 JDBC API,可以方便地对各种主流数据库进行操作。

第 14 章 Java 网络编程讲述网络编程基础与基于不同协议的编程知识。网络编程技术是当前主流的编程技术,随着互联网的发展以及网络应用程序的大量出现,实际开发中的网络编程技术得到大量应用。

第 15 章综合案例——图书管理系统介绍了一个图书管理系统的工程开发实例,并按照项目概述—系统分析—系统设计—详细设计—系统测试的过程,带领读者一步一步体验项目开发的全过程。

相信通过本篇的学习,各位读者能有效提高程序设计能力,为从事软件设计打下坚实基础。

第 13 章　JDBC 技术

现代大多数应用程序的开发都使用到了数据库,因此在 Java 程序设计中,必须了解 JDBC 技术。使用 JDBC 技术,可以在数据库中查询满足条件的记录,或者向数据库中添加、修改、删除数据。本章将介绍 Java 语言中数据库操作的相关内容。

本章要点:

- 了解 JDBC 概念
- 掌握 JDBC 的常用类和接口
- 学会通过 JDBC 操作数据库
- 掌握 JDBC 的事务处理

13.1　JDBC 基础

JDBC(Java Database Connectivity,Java 数据库连接) 是由 Sun 公司提供的与平台无关的数据库连接标准,是一种可以执行 SQL 语句的 Java API。程序可以通过 JDBC API 连接到关系数据库,并使用结构化查询语言完成对数据库的查询、更新。

与其他数据库编程环境相比,JDBC 为数据库开发提供了标准的 API,因此使用 JDBC 开发的数据库应用可以跨平台运行,而且可以跨数据库运行。

13.1.1　JDBC 简介

通过 JDBC 技术,可以使用同一种 API 访问不同的数据库系统。程序开发人员面向 JDBC API 编写应用程序,根据不同的数据库,使用不同的数据库驱动程序即可。

Java 语言的各种跨平台特性都采用相似的结构。因为需要让相同的程序在不同的平台上运行,所以需要中间的转换程序——驱动程序。正是通过 JDBC 驱动程序的转换,才使得使用相同的 JDBC API 编写的程序能够在不同的数据库系统上运行。JDBC 可以完成以下 3 个基本工作:

① 与数据库建立连接。

② 执行 SQL 语句。

③ 获得 SQL 语句的执行结果。

通过 JDBC 的这 3 个功能,应用程序就可以对数据库系统进行操作。

13.1.2 JDBC 驱动程序

数据库驱动程序是 JDBC 程序和数据库之间的转换层, 数据库驱动程序负责将 JDBC 调用映射成特定的数据库调用。图 13-1 所示为 JDBC 访问数据库的过程。

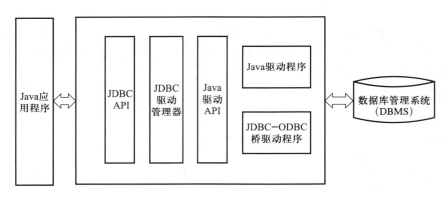

图 13-1 JDBC 访问数据库的过程

Java 程序通过 JBDC API 访问 JDBC 驱动管理器 (JDBC Driver Manager), JBDC 驱动管理器再通过 JDBC 驱动程序实现对不同数据库的访问。

大部分数据库系统, 例如 MySQL、SQL Server、Oracle 等, 都有相应的 JDBC 驱动程序。当需要访问某个特定的数据库时, 必须使用相应的数据库驱动程序。如果要访问一些没有提供相应 JDBC 驱动程序的数据库系统 (如 Access), 就只能使用特殊的 JDBC-ODBC 桥驱动程序进行访问。目前比较常用的 JDBC 驱动程序可分为以下 4 类。

(1) JDBC-ODBC 桥驱动程序

JDBC-ODBC 是 Sun 公司提供的一个标准的 JDBC 操作, 直接利用微软公司的 ODBC (Open Database Connectivity, 开放数据库连接) 进行数据库的连接, 但是这种操作的性能较低, 因此通常情况下不推荐使用这种方式进行操作。

(2) JDBC 本地驱动程序

程序可以直接使用各个数据库生产商提供的 JDBC 驱动程序, 但是因为其只能应用在特定的数据库上, 会丧失程序的可移植性。不过这种驱动程序的操作性能较高。

(3) JDBC 网络驱动程序

该驱动程序将 JDBC 转换为与 DBMS 无关的网络协议, 之后又被某个服务器转换为一种 DBMS 协议, 这种网络服务器中间件能够将它的纯 Java 客户机连接到多种不同的数据库, 所用的具体协议取决于提供者。通常, 这是最为灵活的 JDBC 驱动程序。

(4) 本地协议纯 JDBC 驱动程序

这种类型的驱动程序将 JDBC 调用直接转换为 DBMS 所使用的网络协议。这将允许从客户机直接调用 DBMS 服务器, 是 Intranet 访问的一个很实用的解决方法。

13.1.3 JDBC 常用类和接口

Java 语言提供了丰富的类和接口用于数据库编程,利用这些类和接口可以方便地进行数据库的访问和处理,它们都在 java.sql 包中。

1. DriverManager 类

DriverManager 类用来管理数据库中的所有驱动程序,是 JDBC 的管理层,作用于应用程序和驱动程序之间,主要用于建立连接。此外,DriverManager 类也处理诸如驱动程序登录时间限制及登录和跟踪信息的显示等事务。DriverManager 类中的方法都是静态方法,因此在程序中无须对它进行实例化,直接使用类名就可以调用。DriverManager 类的常用方法如表 13-1 所示。

表 13-1 DriverManager 类的常用方法

方法	说明
getConnection(String url, String user, String password)	指定 3 个入口参数,依次是连接数据库的 URL、用户名、密码,以获取与数据库的连接
setLoginTimeout()	获取驱动程序试图登录某一数据库时可以等待的最长时间,以秒为单位
printIn(String message)	将一条消息打印到当前 JDBC 日志流中

2. Connection 接口

Connection 接口代表与特定数据库的连接。要对数据表中的数据进行操作,首先要获取数据库连接。Connection 实例就像在应用程序与数据之间打开了一条通道,如图 13-2 所示。

图 13-2 Connection 实例

可通过 DriverManager 类的 getConnection() 方法获取 Connection 实例。Connection 接口的常用方法如表 13-2 所示。

表 13-2 Connection 接口的常用方法

方法	说明
createStatement()	创建一个 Statement 对象,将 SQL 语句发送到数据库
createStatement(int resultSetType, int resultSetConcurrency)	创建一个 Statement 对象,该对象将生成具有给定类型和并发性的 ResultSet 对象
prepareStatement(String sql)	创建一个 PreparedStatement 对象,将参数化的 SQL 语句发送到数据库

续表

方法	说明
isReadOnly( )	查询 Connection 对象是否处于只读模式
setReadOnly( )	设置当前 Connection 对象的读/写模式,默认是非只读模式
commit( )	使所有上一次提交/回滚后进行的更改成为持久更改,并释放 Connection 对象当前持有的所有数据库锁
rollback( )	取消在当前事务中进行的所有更改,并释放 Connection 对象当前持有的所有数据库锁
close( )	立即释放 Connection 对象的数据库和 JDBC 资源

3. Statement 接口

Statement 接口用于创建向数据库中传递 SQL 语句的对象,该接口提供了一些方法,可以实现对数据库的常用操作。Statement 接口的常用方法如表 13-3 所示。

表 13-3　Statement 接口的常用方法

方法	说明
execute(String sql)	执行给定的 SQL 语句,该语句可能返回多个结果
executeQuery(String sql)	执行给定的 SQL 语句,该语句返回单个 ResultSet 对象
executeBatch( )	将一批命令提交给数据库执行,如果全部命令都执行成功,则返回更新计数组成的数组
executeUpdate(String sql)	执行给定的 SQL 语句,该语句可能为 INSERT、UPDATE 或 DELETE 语句,或者不返回任何内容的 SQL 语句(如 SQL DDL 语句)
clearBatch( )	清空 Statement 对象的当前 SQL 命令列表
addBatch(String sql)	将给定的 SQL 命令添加到 Statement 对象的当前命令列表中
close( )	立即释放 Statement 对象的数据库和 JDBC 资源

4. PreparedStatement 接口

PreparedStatement 接口继承 Statement 接口,用于执行动态的 SQL 语句。通过 PreparedStatement 实例执行的 SQL 语句,将被预编译并保存到 PreparedStatement 实例中,从而可以反复地执行。PreparedStatement 接口的常用方法如表 13-4 所示。

表 13-4　PreparedStatement 接口的常用方法

方法	说明
execute( )	在 PreparedStatement 对象中执行 SQL 语句,该语句可以是任何类型的 SQL 语句
executeQuery( )	在 PreparedStatement 对象中执行 SQL 查询,并返回该查询生成的 ResultSet 对象
executeUpdate( )	在 PreparedStatement 对象中执行 SQL 语句,该语句必须是一个 DML 语句(如 INSERT、UPDATE 或 DELETE),或者是无返回内容的 SQL 语句(如 DDL 语句)
setByte(int parameterIndex,byte x)	将指定参数设置为给定的 Java byte 值
setDouble(int parameterIndex,double x)	将指定参数设置为给定的 Java double 值
setInt(int parameterIndex,int x)	将指定参数设置为给定的 Java int 值
setObject(int parameterIndex,Object x)	使用给定对象设置指定参数的值
setString(int parameterIndex,String x)	将指定参数设置为给定的 Java String 值

5. ResultSet 接口

ResultSet 接口类似于一个临时表,用来暂时存放数据库查询操作所获得的结果集。Result-Set 接口的常用方法如表 13-5 所示。

表 13-5　ResultSet 接口的常用方法

方法	说明
getDouble(int columnIndex)	以 double 的形式获取 ResultSet 对象的当前行中指定列的值
getDate(int columnIndex)	以 java.sql.Date 对象的形式获取 ResultSet 对象的当前行中指定列的值
getInt(String columnLabel)	以 int 的形式获取 ResultSet 对象的当前行中指定列的值
next( )	将光标从当前位置向前移一行
updateDate(int columnIndex,Date x)	用 java.sql.Date 值更新指定列
updateDouble(int columnIndex,double x)	用 double 值更新指定列
updateInt(int columnIndex,int x)	用 int 值更新指定列

13.2　JDBC 操作步骤

　　读者可以根据需要安装不同类型的数据库(本书以 MySQL 数据库为例),然后可以按照图 13-3 所示的步骤对数据库进行操作。

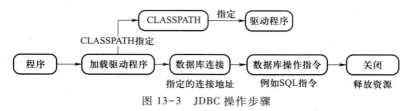

图 13-3　JDBC 操作步骤

　　使用 JDBC 操作数据库的步骤如下:

　　① 加载数据库驱动程序:各个数据库都会提供 JDBC 的驱动程序开发包,直接把 JDBC 操作所需要的开发包(一般为 * .jar 或 * .zip 格式)配置到 CLASSPATH 路径即可。

　　② 连接数据库:根据各个数据库的不同,连接数据库的地址也不同,连接地址由数据库厂商提供。一般在使用 JDBC 连接数据库时,都要求用户输入数据库连接的用户名和密码,本节使用的 MySQL 数据库的用户名和密码均为 root。用户在取得连接之后才可以对数据库进行操作。

　　③ 操作数据库:数据库的操作可以分为更新和查询两种。除了可以使用标准的 SQL 语句外,也可以使用各个数据库提供的命令进行操作。

　　④ 关闭数据库连接:数据库操作完毕之后,需要关闭连接以释放资源。

13.3　连接数据库

13.3.1　配置驱动程序

　　在 Java 程序中,如果需要使用数据库进行开发,首先应该下载对应的数据库驱动程序,然后配置到 CLASSPATH 中(直接修改本机的 CLASSPATH 即可)。MySQL 数据库驱动程序的设置如图 13-4 所示。本书中,MySQL 数据库驱动程序保存在 E:\mysql-connector-java-5.1.7-bin.jar 路径中。

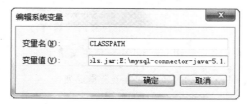

图 13-4　MySQL 数据库驱动程序设置

MySQL、SQL Server、Oracle 3 种数据库的驱动程序可通过其官方网站下载。

13.3.2　加载驱动程序

在 Java 中加载数据库驱动程序的方法是调用 Class 类的静态方法 forName( )。语法格式如下：

```
Class.forName(String driverManager)
```

其中，driverManager 是所需类的完全限定名，返回值是与带有给定字符串名的类或接口相关联的 Class 对象。

forName( )方法的参数指定要加载的数据库驱动程序，加载成功后，将加载的驱动类注册给 DriverManager。如果失败，则抛出 ClassNotFoundException 异常。

例 13.1　加载 MySQL 数据库的驱动程序。

```
//ConnectTest.java
public class ConnectTest{
    public static void main(String[] args){
        try{
            Class.forName("com.mysql.jdbc.Driver");//加载驱动程序
            System.out.println("加载数据库驱动成功!");
        }catch(ClassNotFoundException e){
            e.printStackTrace();
        }
    }
}
```

源代码:例 13.1

程序运行结果：

加载数据库驱动成功!

如果以上程序可以正常执行，则证明数据库驱动程序已经配置成功。

13.3.3　连接及关闭数据库

加载数据库驱动程序后，即可建立数据库的连接。要连接数据库，可以使用 DriverManager 类的静态方法 getConnection( )实现，并分别将数据库的 URL、用户名和密码作为 getConnection( ) 方法的参数。

JDBC 采用 JDBC URL 来标识数据库(类似于用 URL 来标识网络资源)。JDBC URL 包括 3 个部分，用冒号分割。其语法如下：

协议:子协议:子名称

各部分的含义如下:

① 协议:JDBC URL 中的协议总是 jdbc。

② 子协议:表示数据库类型,如 mysql、odbc 等。

③ 子名称:表示数据库的网络标识字符串或数据源的名称。

不同数据库厂商提供的驱动程序和连接的 URL 都不相同。常用数据库 URL 如表 13-6 所示。

表 13-6　常用数据库 URL

数据库名	URL
JDBC-ODBC	jdbc:odbc:[odbcsource];UID=[UID];PWD=[PWD]
SQL Server 2000	jdbc:microsoft:sqlsever://[ip]:[port];DatabaseName=[DatabaseName]; user=[user];password=[password]
MySQL	jdbc:mysql://ip/database,user,password

使用完数据库后,需要用 close() 方法关闭数据库连接。

例 13.2　MySQL 数据库的连接与关闭。

```
//ConnectAndClose.java
public class ConnectAndClose{
    public static final String Driver="com.mysql.jdbc.Driver";
    public static final String URL="jdbc:mysql://localhost:3306/person";
    public static final String user="root";
    public static final String password="root";
    public static void main(String[] args) throws Exception{
        Class.forName(Driver);//加载数据库驱动
        //建立数据库连接
        Connection conn=DriverManager.getConnection(URL,user,password);
        System.out.println("连接数据库成功!");
        conn.close();//关闭数据库连接
    }
}
```

源代码:例 13.2

程序运行结果:

连接数据库成功!

13.4 数据库操作

连接数据库后,就可以对数据库进行具体的操作。数据库的操作需要使用 Statement 接口,此接口使用 createStatement( )方法实例化 Statement 对象。

13.4.1 插入数据

在 Java 程序中,可以使用 Statement 接口中的 executeUpdate( )方法执行 SQL 语句,向数据库中插入数据。

本书使用的 MySQL 数据库中已建立一个名为 person 的数据库,其中有一张 user 表,表中字段有用户 ID(自增类型)、用户名、密码、年龄、性别、生日。

例 13.3 使用 executeUpdate( )方法向 user 表中插入一条新的记录。

源代码:例 13.3

```java
// InsertTest1.java
public class InsertTest1{
    public static final String Driver = "com.mysql.jdbc.Driver";
    public static final String URL = "jdbc:mysql://localhost:3306/person";
    public static final String user = "root";
    public static final String password = "root";
    public static void main(String[] args) throws Exception{
        Connection conn = null;
        Statement stmt = null;
        String sql = "insert into user(name,password,age,sex,birth)
                    values ('张三','abcd',18,'男','1995-10-01')";
        Class.forName(Driver);//加载数据库驱动程序
        conn = DriverManager.getConnection(URL,user,password);//建立数据库连接
        stmt = conn.createStatement();//实例化 Statement 对象
        int count = stmt.executeUpdate(sql);//执行数据库更新操作
        System.out.println("成功插入"+ count+"条数据!");
        stmt.close();//关闭操作
        conn.close();//关闭数据库连接
    }
}
```

程序运行结果:

成功插入 1 条数据!

程序执行完毕后,查询 MySQL 数据库的 user 表的信息。

使用 executeUpdate( )方法执行插入操作后,数据表中的内容如图 13-5 所示。

```
mysql> select * from user;
+----+------+----------+-----+-----+------------+
| id | name | password | age | sex | birth      |
+----+------+----------+-----+-----+------------+
|  1 | 张三 | abcd     |  18 | 男  | 1995-10-01 |
+----+------+----------+-----+-----+------------+
1 row in set (0.06 sec)
```

图 13-5　使用 executeUpdate( )方法执行添加操作后 user 表的内容

对数据库的操作还可以使用 PreparedStatement 接口实现。PreparedStatement 是 Statement 的子接口,属于预处理操作,与直接使用 Statement 不同的是,PreparedStatement 在操作时,只在数据表中准备一条 SQL 语句,但是此 SQL 语句的具体内容暂时不设置,而是之后再进行设置。

由于 PreparedStatement 对象已预编译过,其执行速度要高于 Statement 对象,因此对于需要多次执行的 SQL 语句,使用 PreparedStatement 对象操作可以提高效率。

在 PreparedStatement 中执行的 SQL 语句与之前的大致相同,但是具体内容采用“?”占位符的形式出现,设置时要按照“?”的顺序指定具体的内容。

例 13.4　使用 PreparedStatement 接口中的方法执行数据库的添加操作。

源代码:例 13.4

```
//InsertTest2.java
public class InsertTest2{
    public static final String Driver="com.mysql.jdbc.Driver";
    public static final String URL="jdbc:mysql://localhost:3306/person";
    public static final String user="root";
    public static final String password="root";
    public static void main(String[] args) throws Exception{
        Connection conn=null;
        PreparedStatement pstmt=null;
        String name="李四";
        String pwd="abcde";
        int age=20;
        String sex="男";
        String birth="1994-09-17";
        java.util.Date date=new SimpleDateFormat("yyyy-MM-dd").parse(birth);
        java.sql.Date birthday=new Date(date.getTime());
        String sql="insert into user(name,password,age,sex,birth) values(?,?,?,?,?)";
        Class.forName(Driver);//加载数据库驱动程序
        conn=DriverManager.getConnection(URL,user,password);//建立数据库连接
        pstmt=conn.prepareStatement(sql);//实例化 PreparedStatement 对象
```

```
        pstmt.setString(1,name);//这是第一个问号的内容
        pstmt.setString(2,pwd);//这是第二个问号的内容
        pstmt.setInt(3,age);//这是第三个问号的内容
        pstmt.setString(4,sex);//这是第四个问号的内容
        pstmt.setDate(5,birthday);//这是第五个问号的内容
        pstmt.execute();//执行 SQL 语句
        System.out.println("成功插入!");
        pstmt.close();//关闭操作
        conn.close();//关闭数据库连接
    }
}
```

程序运行结果:

成功插入!

执行插入操作后,user 表中的内容如图 13-6 所示。

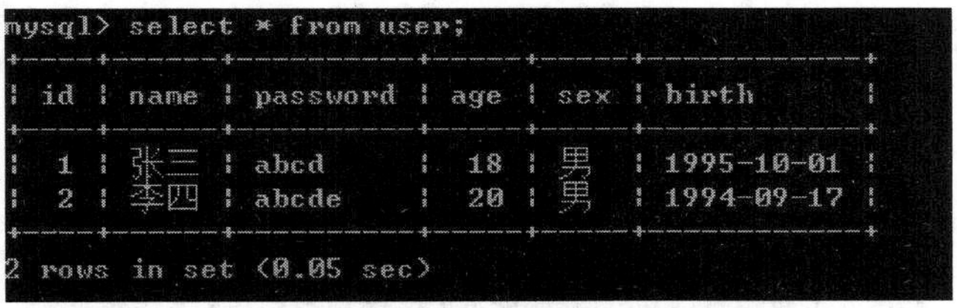

```
mysql> select * from user;
+----+------+----------+-----+-----+------------+
| id | name | password | age | sex | birth      |
+----+------+----------+-----+-----+------------+
|  1 | 张三 | abcd     |  18 | 男  | 1995-10-01 |
|  2 | 李四 | abcde    |  20 | 男  | 1994-09-17 |
+----+------+----------+-----+-----+------------+
2 rows in set (0.05 sec)
```

图 13-6 使用 PreparedStatement 接口方法执行添加操作后 user 表的内容

从上述程序可以看出,预处理就是使用"?"进行占位,每一个"?"对应一个具体的字段,设置时按照"?"的顺序指定字段即可。

13.4.2 修改数据

修改数据是数据库操作中不可缺少的一部分,可以使用 Statement 接口中的 executeUpdate( )方法修改数据库表中的数据,也可以使用 PreparedStatement 接口中的 executeUpdate( )方法对数据库中的表进行修改操作。

例 13.5 使用 Statement 接口中的 executeUpdate( )方法修改 user 表中的数据,把 id 为 1 的用户年龄修改为 21。

源代码:例 13.5

```
//Update.java
public class Update{
    public static final String Driver="com.mysql.jdbc.Driver";
    public static final String URL="jdbc:mysql://localhost:3306/person";
    public static final String user="root";
```

```
        public static final String password="root";
        public static void main(String[] args) throws Exception{
            Connection conn=null;
            Statement stmt=null;
            String sql="update user set age=21 where id=1";
            Class.forName(Driver);//加载数据库驱动程序
            conn=DriverManager.getConnection(URL,user,password);//建立数据库连接
            stmt=conn.createStatement();//实例化 Statement 对象
            stmt.executeUpdate(sql);//执行数据库更新操作
            System.out.println("修改数据成功!");
            stmt.close();//关闭操作
            conn.close();//关闭数据库连接
        }
    }
```

程序运行结果:

修改数据成功!

执行更新操作后,user 表中的内容如图 13-7 所示。

图 13-7   执行更新操作后 user 表的内容

拓展训练

改写例 13.5 中的 Update.java 程序,使用 PreparedStatement 接口中的方法更新 user 表中的内容,把 id 为 2 的用户生日改为 1994-01-19。

13.4.3   删除数据

删除数据表中的数据也是对数据库的一个常用操作。对数据的删除操作同样可以使用 Statement 和 PreparedStatement 接口中的方法进行。

例 13.6   使用 Statement 接口中的 executeUpdate()方法删除 user 表中 id 为 1 的用户信息。

```
//Delete.java
public class Delete{
```

源代码:例 13.6

```
    public static final String Driver="com.mysql.jdbc.Driver";
    public static final String URL="jdbc:mysql://localhost:3306/person";
    public static final String user="root";
    public static final String password="root";
    public static void main(String[] args) throws Exception{
        Connection conn=null;
        Statement stmt=null;
        String sql="delete from user where id=1";
        Class.forName(Driver);//加载数据库驱动程序
        conn=DriverManager.getConnection(URL,user,password);//建立数据库连接
        stmt=conn.createStatement();//实例化 Statement 对象
        stmt.executeUpdate(sql);//执行数据库更新操作
        System.out.println("删除数据成功!");
        stmt.close();//关闭操作
        conn.close();//关闭数据库
    }
}
```

程序运行结果:

删除数据成功!

执行删除操作后,user 表中的内容如图 13-8 所示。

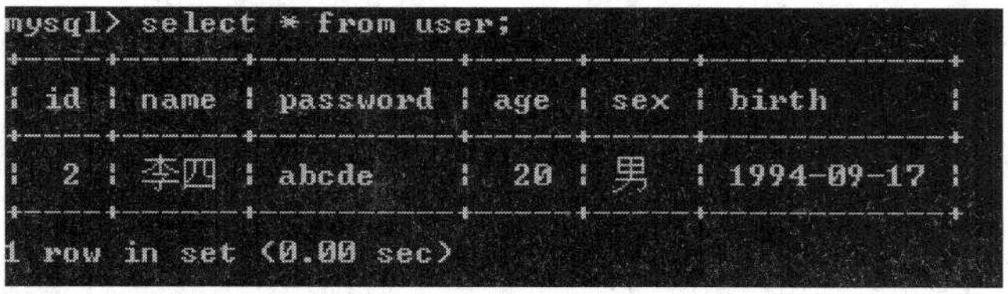

```
mysql> select * from user;
+----+------+----------+-----+-----+------------+
| id | name | password | age | sex | birth      |
+----+------+----------+-----+-----+------------+
|  2 | 李四 | abcde    |  20 | 男  | 1994-09-17 |
+----+------+----------+-----+-----+------------+
1 row in set (0.00 sec)
```

图 13-8　执行删除操作后 user 表的内容

13.4.4　查询数据

Statement 接口中的 executeUpdate()或 executeQuery()方法可以执行 SQL 语句。executeUpdate()方法用于执行数据的插入、修改或删除操作,返回影响数据库记录的条数;executeQuery()方法用于执行 Select 查询语句,将返回一个 ResultSet 型的结果集。通过遍历查询结果集的内容,才可获取 SQL 语句执行的查询结果。

ResultSet 对象具有指向当前数据行的光标。初始时,光标置于第一行之前,可以通过该对象的 next()方法将光标移动到下一行。如果 ResultSet 对象没有下一行,则 next()方法返回 false。

例 13.7 查询 user 表中所有的用户信息, 在 Eclipse 控制台显示查询
结果。

源代码: 例 13.7

```java
// SelectUser.java
public class SelectUser{
    public static final String Driver = "com.mysql.jdbc.Driver";
    public static final String URL = "jdbc:mysql://localhost:3306/person";
    public static final String user = "root";
    public static final String password = "root";
    public static void main(String[] args) throws Exception{
        Connection conn = null;
        Statement stmt = null;
        ResultSet rs = null;
        String sql = "select * from user";
        Class.forName(Driver);// 加载数据库驱动程序
        conn = DriverManager.getConnection(URL, user, password);// 建立数据库连接
        stmt = conn.createStatement();// 实例化 Statement 对象
        rs = stmt.executeQuery(sql);// 执行数据库更新操作
        int id, age;
        String name, pwd, sex;
        Date birth;
        System.out.println("id \t user \t password \t age \t sex \t birth");
        while (rs.next()){
            id = rs.getInt("id");
            name = rs.getString("name");
            pwd = rs.getString("password");
            age = rs.getInt("age");
            sex = rs.getString("sex");
            birth = rs.getDate("birth");
            System.out.println(id + "\t" + name + "\t" + pwd + "\t" +
                                age + "\t" + sex + "\t" + birth);
        }
        rs.close();// 关闭结果集
        stmt.close();// 关闭操作
        conn.close();// 关闭数据库
    }
}
```

程序运行结果:

```
id user   password  age  sex   birth
```

1	张三	abcd	21	男	1995-10-01
2	李四	abcde	20	男	1994-09-17
3	王茜	1234	20	女	1990-10-11
4	李磊	14124	27	男	1988-10-11

13.5 批处理

JDBC 中提供了批处理的功能,使用批处理可以一次性提交多条 SQL 语句。使用批处理时,也需要创建一个 Statement 对象,然后利用该对象的 addBatch()方法将多条 SQL 语句同时收集起来,最后调用 Statement 对象的 executeBatch()方法同时执行这些 SQL 语句。

例 13.8 批量插入数据。

源代码:例 13.8

```java
//BatchTest.java
public class BatchTest{
    public static final String Driver = "com.mysql.jdbc.Driver";
    public static final String URL = "jdbc:mysql://localhost:3306/person";
    public static final String user = "root";
    public static final String password = "root";
    public static void main(String[] args) throws Exception{
    Connection conn = null;
    Statement stmt = null;
    String sql1 = "insert into user(name,password,age,sex,birth)
                    values ('张三','abcd',18,'男','1995-10-01')";
    String sql2 = "insert into user(name,password,age,sex,birth)
                    values ('李四','abcde',20,'男','1994-09-17')";
    String sql3 = "insert into user(name,password,age,sex,birth)
                    values ('王五','abc',22,'男','1991-09-11')";
    Class.forName(Driver);//加载数据库驱动程序
    conn = DriverManager.getConnection(URL,user,password);//建立数据库连接
    stmt = conn.createStatement();//实例化 Statement 对象
    stmt.addBatch(sql1);
    stmt.addBatch(sql2);
    stmt.addBatch(sql3);
    int temp[] = stmt.executeBatch();//批量执行
    System.out.println("更新了" + temp.length + "条数据。");
    stmt.close();//关闭操作
    conn.close();//关闭数据库连接
    }
}
```

}

程序运行结果：

更新了 3 条数据。

完成批处理操作后,数据库一次性更行了 3 条记录到 user 表中,如图 13-9 所示。

图 13-9　执行批处理后 user 表的内容

13.6　事务处理

事务处理在数据库开发中有着非常重要的作用。事务是由一步或几步数据库操作序列组成的逻辑执行单元,这一系列操作要么全部执行,要么全部放弃执行。事务本身具有原子性(atomicity)、一致性(consistentcy)、隔离性(isolation)和持续性(durability),这 4 个特性也简称为 ACID 性。

13.6.1　MySQL 对事务的支持

MySQL 中提供了如表 13-7 所示的几个命令,可以进行事务处理。

表 13-7　MySQL 中对事务支持的命令

命令	说明
SET AUTOCOMMIT = 0	取消自动提交处理,开启事务处理
SET AUTOCOMMIT = 1	打开自动提交处理,关闭事务处理
START TRANSACTION	启动事务
BEGIN	启动事务,相当于执行 START TRANSACTION
COMMIT	提交事务
ROLLBACK	回滚全部操作
SAVEPOINT	设置事务保存点
ROLLBACK TO SAVEPOINT	回滚操作到保存点

事务的所有操作都是针对于一个 session(在数据库操作中,把每一个连接到数据库的用户都称为一个 session)的。在 MySQL 中,如果要应用事务处理,则应该按照以下顺序输入命令。

① 取消自动提交,执行 SET AUTOCOMMIT=0。所有的更新指令并不会立刻发送到数据表中,而是存在当前的 session 中。

② 开启事务,执行 START TRANSACTION 或 BEGIN 命令。

③ 编写 SQL 语句。可以使用 SAVEPOINT 命令在编写的 SQL 语句之间记录事务的保存点。

④ 提交事务。如果确信数据库的修改没有任何错误,则使用 COMMIT 命令提交事务。在提交事务之前,对数据库所做的全部操作都将保存在 session 中。

⑤ 事务回滚。如果发现执行的 SQL 语句有错误,则使用 ROLLBACK 命令全部撤销,或者使用 ROLLBACK TO SAVEPOINT 命令让其回滚到指定的记录点。

13.6.2 执行 JDBC 的事务处理

JDBC 连接也提供了事务支持,JDBC 连接的事务支持由 Connection 提供。Connection 默认打开自动提交,即关闭事务。在这种情况下,每条 SQL 语句一旦执行,便会立即提交到数据库,永久生效,无法对其进行回滚操作。可以调用 Connection 的 setAutoCommit() 方法来关闭自动提交,开始事务。

在具体介绍 JDBC 的事务处理之前,先看一种情况。现在要求在 user 表中执行 3 条 SQL 语句,这 3 条 SQL 语句需要保持一致,即要么同时成功,要么同时失败。此时,先不使用事务处理。

例 13.9 不使用事务处理,对数据库进行操作。

源代码:例 13.9

```java
//TranTest1.java
public classTranTest1{
    public static final String Driver = "com.mysql.jdbc.Driver";
    public static final String URL = "jdbc:mysql://localhost:3306/person";
    public static final String user = "root";
    public static final String password = "root";
    public static void main(String[] args) throws Exception{
        Connection conn = null;
        Statement stmt = null;
        String sql1 = "insert into user(name,password,age,sex,
                    birth) values ('张三','abcd',18,'男','1995-10-01')";
        //sql2 的预处理语句中,名字"李四"中多了一个"'"
        String sql2 = "insert into user(name,password,age,sex,
                    birth) values ('李'四','abcde',20,'男','1994-09-17')";
        String sql3 = "insert into user(name,password,age,sex,
                    birth) values ('王五','abc',22,'男','1991-09-11')";
```

```
        Class.forName(Driver);//加载数据库驱动程序
        conn=DriverManager.getConnection(URL,user,password);//建立数据库连接
        stmt=conn.createStatement();//实例化 Statement 对象
        stmt.addBatch(sql1);
        stmt.addBatch(sql2);
        stmt.addBatch(sql3);
        int temp[]=stmt.executeBatch();
        System.out.println("更行了"+temp.length+"条数据。");
        stmt.close();//操作关闭
        conn.close();//数据库关闭
    }
}
```

程序运行结果：

java.sql.BatchUpdateException: You have an error in your SQL syntax;check the manual that corresponds to your MySQL server version for the right syntax to use near '??? ',' abcde',20,'?" · ','1994-09-17')' at line 1

at com.mysql.jdbc.StatementImpl.executeBatch(StatementImpl.java:1025)

at connectdemo.ConnectTest.main(TranTest1.java:33)

此时查询数据库中的信息，由于没有使用事务处理，因此只插入了部分数据。查询结果如图 13-10 所示。

```
mysql> select * from user;
+----+------+----------+-----+-----+------------+
| id | name | password | age | sex | birth      |
+----+------+----------+-----+-----+------------+
|  1 | 张三 | abcd     |  18 | 男  | 1995-10-01 |
|  2 | 王五 | abc      |  22 | 男  | 1991-09-11 |
+----+------+----------+-----+-----+------------+
2 rows in set (0.00 sec)
```

图 13-10　执行插入操作后 user 表的内容

从以上的运行结果分析，程序只正确执行了未出错的 SQL 语句。但是这些语句是一个整体，应该整体成功才有效，很明显这样的操作不符合用户的要求。而在使用事务之后，此问题即可解决。

例 13.10　使用事务处理，对数据库进行操作。

源代码：例 13.10

```
//TranTest2.java
public class TranTest2{
    public static final String Driver="com.mysql.jdbc.Driver";
    public static final String URL="jdbc:mysql://localhost:3306/person";
    public static final String user="root";
    public static final String password="root";
```

```
public static void main(String[] args) throws Exception{
    Connection conn = null;
    Statement stmt = null;
    String sql1 = "insert into user(name,password,age,sex,birth)
                values ('张三','abcd',18,'男','1995-10-01')";
    //sql2 的预处理语句中,名字"'李'四'"中多了一个"'"
    String sql2 = "insert into user(name,password,age,sex,birth)
                values ('李'四','abcde',20,'男','1994-09-17')";
    String sql3 = "insert into user(name,password,age,sex,birth)
                values ('王五','abc',22,'男','1991-09-11')";
    Class.forName(Driver);//加载数据库驱动程序
    conn = DriverManager.getConnection(URL,user,password);//建立数据库连接
    conn.setAutoCommit(false);//取消自动提交
    stmt = conn.createStatement();//实例化 Statement 对象
    stmt.addBatch(sql1);
    stmt.addBatch(sql2);
    stmt.addBatch(sql3);
    int temp[] = stmt.executeBatch();//批量执行
    try{
            conn.commit();//提交事务
            System.out.println("执行成功! 更行了" + temp.length + "条数据。");
        } catch (Exception e){
            conn.rollback();//事务回滚
            System.out.println("执行失败,事务回滚。");
        } finally{
            stmt.close();//关闭操作
            conn.close();//关闭数据库连接
        }
    }
}
```

程序运行结果:

执行失败,事务回滚。

以上程序中加入了事务的处理操作,这样当操作出错后,数据库会进行回滚,所有的更新操作全部失效,不会对数据库进行任何修改。

在程序中,可以加入若干的 Savepoint 作为事务的保存点。

例 13.11　使用 Savepoint 进行事务处理。

```
//TranTest3.java
public class TranTest3{
```

源代码:例 13.11

```java
    public static final String Driver = "com.mysql.jdbc.Driver";
    public static final String URL = "jdbc:mysql://localhost:3306/person";
    public static final String user = "root";
    public static final String password = "root";
    public static void main(String[] args) throws Exception{
        Connection conn = null;
        Statement stmt = null;
        String sql1 = "insert into user(name,password,age,sex,birth)
                    values ('张三','abcd',18,'男','1995-10-01')";
        String sql2 = "insert into user(name,password,age,sex,birth)
                    values ('李四','abcde',20,'男','1994-09-17')";
        String sql3 = "insert into user(name,password,age,sex,birth)
                    values ('王五','abc',22,'男','1991-09-11')";
        Class.forName(Driver);//加载数据库驱动程序
        conn = DriverManager.getConnection(URL,user,password);//建立数据库连接
        conn.setAutoCommit(false);//取消自动提交
        stmt = conn.createStatement();//实例化 Statement 对象
        stmt.executeUpdate(sql1);
        Savepoint sp = conn.setSavepoint();//设置保存点
        stmt.executeUpdate(sql2);
        stmt.executeUpdate(sql3);
        try{
            conn.rollback(sp);
            conn.commit();//提交事务
            System.out.println("执行成功。");
        } catch (Exception e){
            e.printStackTrace();
        }
        stmt.close();//关闭操作
        conn.close();//关闭数据库连接
    }
}
```

程序运行结果：

执行成功。

以上的程序在执行 SQL 语句时设置了一个保存点，在提交之前，将操作回滚到保存点上，这样相当于只能向数据库中插入一条 SQL 语句，如图 13-11 所示。

```
mysql> select * from user;
+----+------+----------+-----+-----+------------+
| id | name | password | age | sex | birth      |
+----+------+----------+-----+-----+------------+
|  1 | 张三 | abcd     |  18 | 男  | 1995-10-01 |
+----+------+----------+-----+-----+------------+
1 row in set (0.00 sec)
```

图 13-11 执行完设置保存点的 SQL 语句后 user 表中的内容

13.7 JDBC 编程实例

前面介绍了 JDBC 编程的基础知识,下面给出一个利用 JDBC 技术编写的 Java 综合案例,实现对学生信息的基本操作。

13.7.1 问题的提出

首先建立一个数据库,在此基础上通过编程实现以下功能:

① 在数据库中建立一个表,表名为 studInfo,其结构为学号、姓名、性别、年龄、成绩、所在班级。

② 向表中输入多条学生信息。

③ 将年龄大于 18 岁的学生成绩减少 10%,年龄小于 18 岁的学生成绩增加 10%。

④ 将每个学生的信息按照分数由高到低的顺序显示到屏幕上。

⑤ 删除成绩小于 60 分的学生信息。

13.7.2 设计分析

① 首先建立一个类,在这个类中定义 6 个方法,分别实现数据库连接、创建学生表、插入学生信息、更新学生成绩、删除学生信息、显示查询结果。

② 插入学生信息的设计:因为要插入多条学生信息,所以利用批处理插入的方法更加方便、快捷。同时采用 PreparedStatement 对象提高程序执行效率。

③ 更新学生成绩、删除学生成绩的设计:这两种操作均采用 Statement 接口中的 executeUpdate( )方法进行。

④ 显示查询结果的设计:利用 executeQuery( )方法执行 SELECT 查询语句,将返回一个 ResultSet 型的结果集。通过遍历查询结果集的内容,获取 SQL 语句执行的查询结果,最后将结果按照成绩的倒序显示。

13.7.3 程序实现

例 13.12 JDBC 编程综合实例。

源代码:例 13.12

```
//JDBCTest.java
public class JDBCTest{
```

```java
    public static final String Driver = "com.mysql.jdbc.Driver";
    public static final String URL = "jdbc:mysql://localhost:3306/person";
    public static final String user = "root";
    public static final String password = "root";

    private Connection conn = null;

    public JDBCTest(){
        try{
            Class.forName(Driver); //加载数据库驱动程序
            conn = DriverManager.getConnection(URL,user,password); //建立数据库连接
            System.out.println("连接数据库成功!");
        } catch (Exception e){
            e.printStackTrace();
        }
    }

    public void createTable(){
        try{
            Statement stmt = conn.createStatement();
            String sql = "create table studInfo(id int AUTO_INCREMENT primary key,name
                    varchar(30) not null,sex char(15) not null,age int not null,
                    grade float not null,class int not null)";
            stmt.executeUpdate(sql);
            stmt.close();
            System.out.println("建立数据库成功!");
        } catch (Exception e){
            e.printStackTrace();
        }
    }

    public void insertStudent(){
        try{
            String sql = "insert into studInfo(name,sex,age,grade,class) values
                    (?,?,?,?,?)";
            PreparedStatement stmt = conn.prepareStatement(sql);

            //插入第一条记录
```

```java
            stmt.setString(1,"王磊");
            stmt.setString(2,"男");
            stmt.setInt(3,18);
            stmt.setFloat(4,(float) 90.0);
            stmt.setInt(5,3);
            stmt.addBatch();

            //插入第二条记录
            stmt.setString(1,"李莉");
            stmt.setString(2,"女");
            stmt.setInt(3,20);
            stmt.setFloat(4,(float) 84.5);
            stmt.setInt(5,2);
            stmt.addBatch();

            //插入第三条记录
            stmt.setString(1,"张建辉");
            stmt.setString(2,"男");
            stmt.setInt(3,19);
            stmt.setFloat(4,(float) 54.5);
            stmt.setInt(5,1);
            stmt.addBatch();

            stmt.close();
            System.out.println("插入数据库成功!");
        } catch (Exception e){
            e.printStackTrace();
        }
    }

public void increaseGrade(){
    System.out.println("增加分数前:");
    show();
    try{
        Statement stmt = conn.createStatement();
        String sql1 = "update studInfo set grade = grade * 0.9 where age>18";
        stmt.executeUpdate(sql1);
        String sql2 = "update studInfo set grade = grade * 1.1 where age<=18";
```

```
            stmt.executeUpdate(sql2);
            stmt.close();
            System.out.println("增加分数后:");
            show();
        } catch (Exception e){
            e.printStackTrace();
        }
    }


    public void delete(){
        Statement stmt;
        try{
            System.out.println("删除分数低于 60 分的学生前:");
            show();
            stmt = conn.createStatement();
            String sql = "delete from studInfo where grade<60";
            stmt.executeUpdate(sql);
            stmt.close();
            System.out.println("删除分数低于 60 分的学生后:");
            show();
        } catch (Exception e){
            e.printStackTrace();
        }
    }


    public void show(){
        try{
            Statement stmt = conn.createStatement();
            String sql = "select * from studInfo order by grade desc";
            ResultSet rs = stmt.executeQuery(sql);
            while (rs.next()){
                System.out.println("学号:" + rs.getString(1) + "\t" + "姓名:"
                        + rs.getString(2) + "\t" + "性别:" + rs.getString(3)
                        + "\t" + "年龄:" + rs.getInt(4) + "\t" + "分数:"
                        + rs.getFloat(5) + "\t" + "班级:" + rs.getInt(6));
            }
            rs.close();
            stmt.close();
```

```
        } catch (Exception e){
            e.printStackTrace();
        }
    }

    public static void main(String[] args){
        JDBCTest jdbc = new JDBCTest();
        jdbc.createTable();
        jdbc.insertStudent();
        jdbc.increaseGrade();
        jdbc.delete();
    }
}
```

程序运行结果：

连接数据库成功！

建立数据库成功！

插入数据成功！

增加分数前：

学号:1 姓名:王磊 性别:男 年龄:18 分数:90.0 班级:3

学号:2 姓名:李莉 性别:女 年龄:20 分数:84.5 班级:2

学号:3 姓名:张建辉 性别:男 年龄:19 分数:54.5 班级:1

增加分数后：

学号:1 姓名:王磊 性别:男 年龄:18 分数:99.0 班级:3

学号:2 姓名:李莉 性别:女 年龄:20 分数:76.05 班级:2

学号:3 姓名:张建辉 性别:男 年龄:19 分数:49.05 班级:1

删除分数低于60分的学生前：

学号:1 姓名:王磊 性别:男 年龄:18 分数:99.0 班级:3

学号:2 姓名:李莉 性别:女 年龄:20 分数:76.05 班级:2

学号:3 姓名:张建辉 性别:男 年龄:19 分数:49.05 班级:1

删除分数低于60分的学生后：

学号:1 姓名:王磊 性别:男 年龄:18 分数:99.0 班级:3

学号:2 姓名:李莉 性别:女 年龄:20 分数:76.05 班级:2

本章小结

　　本章结合大量的实例对 JDBC 编程进行了讲解，包括数据库驱动程序的加载，JDBC 的常用类和接口，通过 JDBC 技术建立对数据库的连接，添加、修改、删除和查询数据库表中的数据，最后介绍了在 JDBC 编程中对事务的处理。通过本章的学习,读者应该对 JDBC 技术有清晰的认识,可以独立完成数据库程序的设计。

课后练习

1. 在数据库程序中,Statement 对象代表(　　　)。

A. 到数据库的连接　　　　　　B. 用结构化查询语言编写的数据库查询

C. 数据源　　　　　　　　　　D. SQL 语句执行声明

2. 在 JDBC 中使用事务,放弃对事务操作的方法是(　　　)。

A. commit( )　　　　　　　　B. setAutoCommit( )

C. rollback( )　　　　　　　　D. close( )

3. 在编写访问数据库的 Java 程序中,DriverManager 类的作用是(　　　)。

A. 存储结果查询　　　　　　　B. 在指定的连接中处理 SQL 语句

C. 处理与数据库的连接　　　　D. 处理驱动程序的加载和建立数据库的连接

4. JDBC 的主要功能是什么? 它由哪些部分组成?

5. 简述使用 JDBC 完成数据库操作的基本步骤。

6. 描述 Connection、Statement、ResultSet 中的主要方法及其用途。

第 14 章　Java 网络编程

网络编程技术是当前一种主流的编程技术,无处不在的网络应用程序,使得在实际开发中需要大量应用网络编程技术。平台无关性和安全性对网络应用程序而言是至关重要的,而 Java 为这两方面问题提供了很好的解决方案。本章通过网络编程的基础知识和实际案例的介绍,帮助读者踏入 Java 网络编程技术的大门,为今后的实际开发做好准备。

本章要点:

- 了解 Java 网络编程的基础知识以及技术支持
- 掌握基于 TCP 协议的 Socket 网络编程技术
- 了解基于 UDP 协议的网络编程技术

14.1　网络编程基础

互联网发展到今天,人们之间的距离缩短了,实现了真正的"地球村",网络在计算机领域已经得到了非常广泛的应用。在学习Java 网络编程之前,需要了解一些与网络相关的基础知识。

14.1.1　网络基础知识

计算机网络就是把分布在不同地理区域的计算机与专门的外部设备用通信线路互连成一个大规模、功能强的网络系统,实现众多计算机之间信息与资源的传递和共享。

1. 网络的分层模型

要在计算机网络中实现通信必须有一些约定,这些约定称为通信协议。通信协议负责对传输速率、传输代码、代码结构、传输控制步骤、出错控制等制定处理标准。由此可见,通信协议是网络通信的基础。IP(Internet Protocol) 协议就是一种非常重要的通信协议。IP 协议又称为因特网协议,是支持网络间互联的数据报协议。

在计算机网络的发展历程中出现过几种不同的分层模型,分别适合于不同网络的需要。本章采用适合 Internet 标准的 TCP/IP 4 层模型。TCP/IP 参考模型是一个抽象的分层模型,在这个模型中,所有的 TCP/IP 系列网络协议都被归类到 4 个抽象的"层"中。每一抽象层建立在低一层提供的服务上,并且为高一层提供服务。TCP/IP 4 层模型如图 14-1 所示。

网络接口层:相当于 OSI 参考模型中的物理层和数据链路层,定义了物理介质的各种特性,负责接收 IP 数据报并封装成物理帧通过网络发送给接收方,或者从网络上接收来自发送方的物理帧,拆封得到 IP 数据报交给网际层。

网际层:负责相邻计算机之间的通信。其功能包括 3 个方面:处理来自传输层的分组发送请求;处理输入的数据报;处理流量控制和网络拥塞问题,选择要到达目的主机的路径。

传输层:提供应用程序间的通信。其功能包括格式化信息流、提供可靠传输等。

应用层:向用户提供一组常用的应用程序,如远程登录、电子邮件传输、文件传输访问等。

2. IP 地址、域名和端口

对于网络编程来说,最主要的是计算机和计算机之间的通信,因此必须首先解决的问题就是如何找到网络中的计算机。

为了能够方便地识别网络中的每个设备,网络中的每个设备都有一个唯一的数字标识,这就是 IP 地址。在计算机网络中,目前普遍使用的

图 14-1 TCP/IP 4 层模型

命名 IP 地址的规定是 IPv4 协议,该协议规定每个 IP 地址由 4 个 0～255 之间的数字组成,例如 10.0.120.34。每个接入网络的计算机都拥有唯一的 IP 地址,这个 IP 地址可以是固定的,例如网络中各种各样的服务器,也可以是动态的,例如使用 ADSL 拨号上网的宽带用户。无论以何种方式获得 IP 地址或 IP 地址是否固定,每个计算机在联网以后都拥有一个唯一合法的 IP 地址,就像每个手机号码一样。

由于 IP 地址不容易记忆,为了方便记忆,实际应用中常使用域名(domain name),例如 sohu.com 等。一个 IP 地址可以对应多个域名,一个域名只能对应一个 IP 地址。域名的概念类似于手机中的通讯簿,由于手机号码不方便记忆,因此可以给每个手机号码添加一个姓名标识,这样在实际拨打电话时选择相应的姓名即可。

网络中传输的数据全部是以 IP 地址作为地址标识的,因此在实际传输数据以前,需要将域名转换为 IP 地址,也就是进行域名解析,实现这种功能的服务器称为 DNS 服务器(域名服务器)。例如,当用户在浏览器中输入域名时,浏览器首先请求 DNS 服务器,将域名转换为 IP 地址,然后将转换后的 IP 地址反馈给浏览器,再进行实际的数据传输。

当 DNS 服务器正常工作时,使用 IP 地址或域名都可以很方便地找到计算机网络中的某个设备,例如提供某种应用的服务器。当 DNS 不能正常工作时,只能通过 IP 地址访问相应的设备。因此,IP 地址比域名更加通用。

虽然 IP 地址和域名很好地解决了在网络中查找计算机的问题,但是为了让一台计算机可以同时运行多个网络程序,还要用到端口(port)。

为了更好地理解端口的概念,先来看一个例子。一般公司前台会有一部电话,每个员工会有一个分机,这样如果需要找到某个员工,需要先拨打前台总机,再转到相应分机。这样减少了公司的开销,也方便了每个员工。在该例子中,前台总机的电话号码就相当于 IP 地址,而每个员工的分机号就相当于端口。

在同一台计算机中,每个程序对应一个唯一的端口,这样计算机就可以通过端口区分发送给

每个端口的数据。换句话说,一台计算机可以并发运行多个网络程序,而不会互相干扰。在硬件上规定,端口的号码必须位于 0~65 535 之间,每个端口唯一地对应一个网络程序,一个网络程序可以使用多个端口。这样当一个网络程序运行在一台计算机上时,不管是客户端还是服务器,都至少占用一个端口。

通常,0~1 023 之间的端口号用于一些知名的网络服务和应用,用户的普通网络应用程序应该使用 1 024 以上的端口号,以避免端口号与另一个应用程序或系统服务的端口号发生冲突。

3. 协议

对于需要从事网络编程的程序员来说,网络协议是一个需要深刻理解的概念。网络协议是对于网络中传输的数据格式的规定。对于一般的网络编程来说,更关心的则是网络中传输的逻辑数据内容,也就是应用层的网络协议。

下面看一个简单的例子,以帮助理解网络协议。在春节晚会上"小沈阳"和赵本山合作的小品《不差钱》中,小沈阳和赵本山之间就设计了一个协议,协议的内容为:如果点的菜价格比较高,就说没有。

按照该协议的规定,就有了下面的对话:

赵本山:4 斤的龙虾。

小沈阳:(经过判断,得出价格比较高的结论)没有。

赵本山:鲍鱼。

小沈阳:(经过判断,得出价格比较高的结论)没有。

这就是一种双方达成的约定,这种约定的实质和网络协议是一样的。网络协议的实质就是客户端程序和服务器端程序对于数据格式的一种约定,只是由于以计算机为基础,因而显得比较抽象。

在 TCP/IP 协议簇中,有两个高级协议是所有网络应用程序编写者都应该了解的,那就是传输控制协议(Transmission Control Protocol,TCP)和用户数据报协议(User Datagram Protocol,UDP)。下面简单地介绍 TCP 和 UDP 协议。

TCP 协议是一种面向连接的协议,它实现了两台计算机间的可靠数据传输。TCP 协议可以保证数据正确地从一端发送至连接的另一端,而且接收端收到的数据排列顺序和发送时的顺序相同。因此,TCP 协议适合用于可靠性要求较高的场合。

UDP 协议是无连接通信协议,不能保证数据的可靠传输,但是 UDP 协议能够以独立数据包的方式向若干个目标发送数据。UDP 协议适合用于一些对数据准确性要求不高的场合,如网络聊天室等。

由于 TCP 协议在认证上存在额外消耗,因而有可能使传输速率降低;UDP 协议更适合一些对传输速率和时效性要求非常高的场合,在这种应用场合,一小部分数据包的丢失或未按发送时的顺序到达并不会严重影响通信效果。

4. Socket(套接字)

一个完整的网络应用程序包括客户端和服务器两个部分。网络之间的通信进程需要由两个进程组成,二者必须使用同一种协议。也就是说,不能在通信的一端使用 TCP 协议,而另一端使用 UDP 协议。一个完整的网络通信可以用一个五元组来标识:协议、本地地址、本地端口号、远端地址、远端端口号。

应用层通过传输层进行数据通信时,TCP 和 UDP 协议会遇到同时为多个应用程序进程提供并发服务的问题。多个 TCP 连接或多个应用程序进程可能需要通过同一个 TCP 协议端口传输数据。为了区别不同的应用程序进程或 TCP 连接,许多计算机操作系统为应用程序与 TCP、UDP 协议的交互提供了称为套接字(socket)的接口。

在网络中,一个套接字由一个 IP 地址和一个端口号唯一确定。套接字的地址是指该套接字所在计算机的网络地址,可以为域名或 IP 地址的形式。由于同一台计算机可以运行多个网络应用程序,每个应用程序都有自己的套接字用于进行网络通信,如果只用地址标识套接字,则当一个数据包到达计算机时,将无法确定究竟由哪个应用程序的套接字接收此数据包。因此在套接字中增加了端口的概念,以协助区分同一计算机中不同应用程序的套接字。这样,通过"网络地址+端口号"的标识方法,便唯一确定了计算机中的应用程序。

14.1.2 Java 对于网络编程的支持

1. InetAddress 类

Internet 中有两种表示地址的方式:域名和 IP 地址。在编写应用程序的过程中,有时需要通过域名查找对应的 IP 地址,有时需要通过 IP 地址查找主机名或域名。在这些情况下,可以利用 java.net 包中的 InetAddress 类。

java.net.InetAddress 类是 Java 对 IP 地址(包括 IPv4 和 IPv6)的高级表示,是 IP 地址的封装类。但 InetAddress 类没有公共的构造方法,在进行网络编程时,只能利用该类的一些静态方法来获取 InetAddress 对象,再通过这些对象实例对 IP 地址、主机名或域名进行处理。InetAddress 类常用的一些方法如下:

① public static InetAddress getByName(String hostname):根据给定的主机名 hostname 创建一个 InetAddress 对象,可用来查找该主机的 IP 地址。

② public static InetAddress getByAddress(byte[ ] addre):根据给定的 IP 地址 addre 创建一个 InetAddress 对象,可用来查找该 IP 地址对应的主机名。

③ public String getHostAddress():获取 InetAddress 对象所包含的 IP 地址。

④ public String getHostName():获取主机名。

⑤ public static InetAddress getLocalHost():创建一个 InetAddress 对象,用来获取本地主机的 IP 地址。

下面通过实例介绍 InetAddress 类的使用方法。

例 14.1 InetAddress 类应用实例。

```
public class InetAddressTest {
    public static void main(String[] args) throws Exception{
        //根据域名获取对应的 InetAddress 实例
```

源代码:例 14.1

```
        InetAddress ip=InetAddress.getByName("www.tyut.edu.cn");
        // 判断域名是否可达
        System.out.println("太原理工大学网站是否可达:"+ip.isReachable(5000));
        // 获取该 InetAddress 实例的 IP 字符串
        System.out.println("太原理工大学首页的 IP 地址为:"+ip.getHostAddress());
        // 根据原始 IP 地址获取对应的 InetAddress 实例
        InetAddress local=InetAddress.getByAddress(new byte[]{127,0,0,1});
        System.out.println("本机是否可达:"+local.isReachable(5000));
        // 获取该 InetAddress 实例对应的全限定域名
        System.out.println("本机 IP 地址为:"+local.getHostName());
    }
}
```

程序运行结果:

太原理工大学网站是否可达:false

太原理工大学首页的 IP 地址为:202.207.247.26

本机是否可达:true

本机 IP 地址为:127.0.0.1

由结果可以看出,太原理工大学网站的主机不可达,因为 isReachable() 方法是通过连接主机的 echo 端口来确定客户端和服务端是否可连通的,但在 Internet 中使用这个方法可能会因为防火墙等因素而无法连通远程主机(实际上,远程主机是可以连通的),但可以通过域名获取太原理工大学的 IP 地址。

2. URL 类

URL 类代表一个统一资源定位符,它是指向互联网"资源"的指针,也是 Java 网络程序中用于定位和获取网络数据的最简单的方法。java.net.URL 类是对统一资源定位符(如 ftp://ftp.red-hat.com/pub/)的抽象,它继承了 java.lang.Object 类,是一个 final 类,不能对其派生子类。使用 URL 类时,不需要考虑所使用协议的细节、所获取数据的格式或者如何与服务器通信,只需要把 URL 告诉 Java,它就会获得数据。这里的"数据"可以是简单的文档、视频或音频文件,也可以是复杂的对象引用,例如对数据库或搜索引擎的查询。

可以把 URL 简单地理解为包含协议、主机名、端口、路径、查询字符串和片段标识符的对象,每一个字段可以独立设置。在 Java 中,利用 URL 对象可以打开并访问网络中的对象。例如,给出 URL:http://www.ibiblio.org/javafaq/books/jnp/index.html?isbn=1565922069#toc,其中协议是 http,主机名是 www.ibiblio.org,路径是 javafaq/books/jnp/index.html,查询字符串是 isbn=1565922069,片段标识符是 toc。

URL 的构造方法如下:

(1) 通过字符串构造 URL

public URL(String url) throws MalformedURLException

这是创建 URL 对象最简单的构造函数，它只需要接收一个字符串形式的绝对 URL 作为参数。与所有的构造函数一样，这个函数只能在 new 操作符后调用。所有的 URL 构造函数都可能抛出格式不正确异常，即 MalformedURLException 异常。下面的代码通过一个 String 构造一个 URL 对象，并且捕获可能抛出的异常：

```
try{
    URL u = new URL("http://www.sohu.com");
}catch(MalformedURLException e){
    System.err.println(e);
}
```

（2）通过各个字段构造 URL

public URL（String protocol, String hostname, String file） throws MalformedURLException

这个构造函数根据 3 个字符串（协议、主机名和文件）构建一个 URL 对象。这个构造函数将端口号设为-1，因此在实际应用时会使用指定协议的默认端口；file 参数应该以斜线开始（忘记初始的斜线是一个常见但很难发现的错误），包括路径、文件名和可选的片段标识符。同样，它可能抛出 MalformedURLException 异常。例如：

```
try{
    URL u = new URL("http","tech.sina.com.cn","/it/2015-03-18/doc-iavxeafs1873150.shtml");
}catch(MalformedURLException e){
    // 所有虚拟机都应该能识别 http
}
```

这个示例创建一个指向 http://tech.sina.com.cn/it/2015-03-18/doc-iavxeafs1873150.shtml，并使用 HTTP 协议的默认端口（80）的 URL 对象。代码捕获了当虚拟机不支持 HTTP 协议时可能抛出的异常。不过，实际应用中一般不会出现这种情况。

在有些情况下，当默认端口不正确时，可以用一个 int 类型的数据显式指定端口。例如：

public URL（String protocol, String hostname, int port, String file） throws MalformedURLException

（3）构造相对 URL

public URL（URL base, String relative_addr） throws MalformedURLException

这个构造函数根据相对 URL（relative_addr）和基础 URL（base）创建一个绝对 URL 对象。

假设正在解析位于 http://tech.sina.com.cn/it/2015-03-18/doc-iavxeafs1873150.shtml 的文档，并且遇到一个名为 i/2015-03-20/doc-iawzuney0907835.shtml 的文件链接，而且没有进一步的限定信息，这时可以用指向包含此链接的文档的 URL 提供缺少的信息。通过这个构造函数，会计算出新的 URL 为 http://tech.sina.com.cn/i/2015-03-20/doc-iawzuney0907835.shtml。

例如：

```
try{
    URL u = new URL("http://tech.sina.com.cn/it/2015-03-18/doc-iavxeafs1873150.shtml");
    URL u1 = new URL(u," i/2015-03-20/doc-iawzuney0907835.shtml");
```

```
}catch(MalformedURLException e)
    System.err.println(e);
}
```

由上面的介绍可知,URL 是由协议、主机名、端口、路径、查询字符串和片段标识符组成的对象。URL 的这些字段可以通过以下方法获取。

① public String getProtocol( ):以字符串的形式返回 URL 中协议部分的内容,如 http 或 file。

② public String getHost( ):以字符串的形式返回 URL 主机名部分的内容。

③ public int getPort( ):以整型格式返回 URL 中指定的端口号。如果在 URL 中没有指定端口,则返回−1,表示该 URL 没有显式地指定端口,将使用协议的默认端口。

④ public String getFile( ):以字符串的形式返回 URL 中的文件部分。在 Java 中,不将 URL 分为单独的路径和文件部分,从主机名后的第一个斜线(/)一直到片段标识符开始时的#之间的字符都被认为是文件部分。

⑤ public String getPath( ):以字符串的形式返回 URL 中的路径和文件部分,但是与 getFile( ) 方法不同的是,getPath( )方法返回的字符串中不包括查询字符串。

⑥ public String getQuery( ):以字符串的形式返回 URL 中的查询字符串部分,如果 URL 中没有查询字符串,则返回 null。

⑦ public String getRef( ):以字符串的形式返回 URL 中的片段标识符部分,如果 URL 中没有片段标识符,则返回 null。

例 14.2　URL 类的基本用法示例。

```
public class UrlSite {
    public static void main(String args[]) {                    源代码:例 14.2
        try {
            URL hecnyurl = new URL("http://www.tyut.edu.cn/newsite2/NewsDe-
                                    tails.aspx? ClassID=8&newsID=10343");
            System.out.println("网站的主机名为" + hecnyurl.getHost());
            System.out.println("网站的端口为" + hecnyurl.getPort());
            System.out.println("网站的默认端口为" + hecnyurl.getDefaultPort());
            System.out.println("网站的协议为" + hecnyurl.getProtocol());
            System.out.println("网站的文件地址为" + hecnyurl.getFile());
            System.out.println("网站的查询字符串为" + hecnyurl.getQuery());
        }
        catch(MalformedURLException e){
            e.printStackTrace();
        }
        catch(IOException e){
            e.printStackTrace();
```

```
        }
      }
  }
```

程序运行结果：

网站的主机名为 www.tyut.edu.cn

网站的端口为-1

网站的默认端口为 80

网站的协议为 http

网站的文件地址为 /newsite2/NewsDetails.aspx? ClassID＝8&newsID＝10343

网站的查询字符串为 ClassID＝8&newsID＝10343

从程序的运行结果可以看出，给定的 URL 主机名是 www.tyut.edu.cn，网站采用了默认端口 80，因此 getPort( )方法的返回结果是-1，网站采用了 HTTP 协议，文件地址是主机名后的第一个斜线(/)以后的部分，查询字段是问号(?)之后的部分。

3. URLConnection 类

URLConnection 是一个抽象类，代表与 URL 指定的数据源的动态连接。URLConnection 类提供比 URL 类更强的服务器(特别是 HTTP 服务器)交互控制。通过 URLConnection，可以查看服务器发送的响应的首部。URLConnection 允许用 POST 或 PUT 和其他 HTTP 请求方法将数据发送到服务器。

使用 URLConnection 对象的一般步骤如下：

① 创建一个 URL 对象。

② 调用 URL 对象的 openConnection( )方法创建 URLConnection 对象。

③ 配置 URLConnection 对象。

④ 读取首部字段。

⑤ 获取输入流并读取数据。

⑥ 获取输出流并写入数据。

⑦ 关闭连接。

并非所有使用 URLConnection 对象的网络程序都需要执行以上步骤。例如，若某 URL 的默认设置是可接受的，则可以跳过步骤③。若只需要获取服务器的数据，不关心任何元信息或协议不提供任何元信息，则可以跳过步骤④。若只希望接收服务器的数据，而不需要向服务器发送数据，则可以跳过步骤⑥。根据不同的协议，步骤⑤和步骤⑥的顺序可以灵活调整。

URLConnection 类仅有的一个构造函数是 protected 类型的，即

protected URLConnection(URL url)

因此，只能通过 URL 类的 openConnection( )方法来获取一个 URLConnection 对象。例如：

```
try{
    URL url = new URL("http://www.baidu.com");
    URLConnection uc = url.openConnection();
```

```
}catch(MalformedURLException e){
    System.err.println(e);
}
catch(IOException ee){
    System.err.println(ee);
}
```

URLConnection 类是抽象类。但是,除了 connect( )方法外其他的方法都已经实现。connect( )方法建立与服务器的连接,因而依赖于协议类型(如 HTTP、FTP 等)。例如,sun.net.www.protocol.file.FileURLConnection 的 connect( )方法将 URL 转换为适当目录中的文件名,创建该文件的MIME(Multipurpose Internet Mail Extensions)信息,即指定该文件应该使用哪种应用程序打开,然后打开一个指向该文件的缓冲流 FileInputStream。sun.net.www.protocol.http.HttpURLConnection 的 connect( )方法会创建一个 sun.net.www.http.HTTPClient 对象,这个对象负责连接服务器。

当第一次构造 URLConnection 对象时,它是未连接的,即本地和远程主机之间不能接收和发送数据。connect( )方法在本地和远程主机之间建立一个连接,这样才能进行数据传输。不过,类似 getInputStream( )、getContent( )等方法要求先打开连接,因而它们会在 URLConnection 对象未连接时自动调用 connect( )方法,因此很少需要直接调用 connect( )方法。

使用 URLConnection 对象读取服务器中数据的一般步骤如下:

① 创建一个 URL 对象。

② 调用 URL 对象的 openConnection( )方法创建 URLConnection 对象。

③ 调用 URLConnection 的 getInputStream( )方法。

④ 读取输入流中的数据。

注意到,URL 和 URLConnection 类都可以实现对数据的读取,但是这两个类之间有 3 个很明显的不同之处。

① URLConnection 提供了对 HTTP 首部的访问。

② URLConnection 可以配置发送给服务器的请求参数。

③ URLConnection 除了可以读取服务器数据外,还可以向服务器写入数据。

在建立与远程主机资源的实际连接之前,程序可以通过如下方法设置请求头字段。

① setDoInput( ):设置 URLConnection 的 doInput 请求头字段的值,默认值为 true,表示 URL-Connection 会为客户端生成输入;否则为 false。

② setDoOutput( ):设置 URLConnection 的 doOutput 请求头字段的值,默认值为 false,若设置为 true,则表示 URLConnection 可用于输出,并将输出发回服务器。

③ setAllowUserInteraction( ):设置是否允许用户与要访问的应用程序进行交互,默认值为false。

④ setIfModifiedSince( ):许多客户端会保持以前所获取文档的缓存,如果用户再次请求相同的文档,则可以从缓存中获取。但是,有的文档在用户获取之后被服务器做了修改,此时服务器

就会给用户发送修改后的文档,否则客户端就会从缓存中加载文档。该方法用来设置一个日期,若文档在这个日期之前被服务器修改过,则服务器就会给用户发送修改后的文档。

⑤ setUseCaches():设置是否可以在缓存可用时使用缓存,默认值为 true,表示缓存将被使用。

HTTP 服务器在每个响应的首部中提供了大量信息,包括以下常见字段:Content-type、Content-length、Content-encoding、Date、Last-modified、Expiration。当远程主机的资源可用时,程序可以使用以下方法访问头字段和内容。

① Object getContent():获取 URLConnection 的内容。

② String getHeaderField(String name):获取指定响应头字段的值。

③ getInputStream():返回 URLConnection 对应的输入流,用于获取 URLConnection 响应的内容。

④ getOutputStream():返回 URLConnection 对应的输出流,用于向 URLConnection 发送请求参数。

getHeaderField(String name)方法用于根据响应头字段返回对应的值,而有些字段需要经常被访问,因此,Java 提供了以下方法来访问特定的服务器响应头字段的值。

① getContentType():获得文件的类型。

② getContentLength():获得文件的长度。

③ getContentEncoding():返回一个字符串,获得文件的编码方式。

④ getDate():返回一个 long 型数据,获得文件创建的时间。

⑤ getLastModified():返回一个 long 型数据,获得文件的最后修改日期。

⑥ getExpiration():返回一个 long 型数据,获得文件基于服务器的过期日期,表示该文件何时从缓存中删除。

有时需要通过 URLConnection 向服务器写入数据。例如,当使用 POST 向 Web 服务器提交表单或使用 PUT 上传文件时,需要使用 getOutputStream()方法返回一个 OutputStream,用来写入数据并传送给服务器。

因为 URLConnection 在默认情况下不允许输出,所以应该在请求输出流之前调用 setDoOutput()方法,此时的请求方法为 POST。

14.2　基于 TCP 协议的 Socket 编程

TCP 方式的网络通信是指在通信过程中保持连接,有点类似于打电话,只需要拨打一次电话号码(建立一次电话网络连接),就可以多次通话(多次传输数据)。

对于超出 URL 类支持的网络应用程序,Java 语言提供了套接字类(Socket)和服务套接字类(ServerSocket)对 TCP 方式的网络编程提供良好的支持。在实际实现时,以 java.net.Socket

类代表客户端连接,以 java. net. ServerSocket 类代表服务器端连接。在进行网络编程时,底层网络通信的细节已经实现了比较高的封装,因此只需要指定 IP 地址和端口号就可以建立连接了。正是 Java 语言这种高度的封装性,简化了其进行网络编程的难度。

14. 2. 1　TCP 网络编程的客户端

在 Java 语言中,对于 TCP 方式的网络编程,客户端通常使用 Socket 类,其工作过程包含以下 5 个基本步骤。

① 用构造函数创建一个 Socket 对象。

② Socket 对象尝试连接远程主机。

③ 一旦建立连接,则打开连接到 Socket 对象的输入输出流。

④ 按照一定的协议对 Socket 对象进行读/写操作。

⑤ 当数据传输完毕后,关闭连接。

Socket 类通常可以使用如下两个构造函数:

① Socket(InetAddress/String remoteAddress, int port) :创建连接到指定远程主机、远程端口的 Socket 对象,该构造函数没有指定本地地址、本地端口,默认使用本地主机的默认 IP 地址和系统动态分配的端口。

② Socket(InetAddress/String remoteAddress, int port, InetAddress localAddress, int localport) :创建连接到指定远程主机、远程端口的 Socket 对象,并指定本地 IP 地址和本地端口,适用于本地主机有多个 IP 地址的情形。

在使用这两个构造函数指定远程主机时,既可以使用 InetAddress 对象,也可以直接使用 String 对象,但程序中一般使用 String 对象(如 192. 168. 1. 2) 。当本地主机只有一个 IP 地址时,使用第一个构造函数更简单。

Socket 类提供的常用方法有以下几种。

① getLocalAddress( ) :返回本地主机的地址对象。

② getLoaclPort( ) :返回本地主机的地址端口号。

③ getInetAddress( ) :返回当前套接字连接的地址对象。

④ getPort( ) :返回当前套接字连接地址的端口。

⑤ getInputStream( ) :返回当前套接字连接地址的输入流。

⑥ getOutputStream( ) :返回当前套接字连接地址的输出流。

⑦ setSoTimeOut( ) :设置套接字的有效期限值。

⑧ toString( ) :返回套接字字符串。

⑨ close( ) :关闭套接字。

⑩ isClosed( ) :判断当前套接字是否关闭。

⑪ shutdownInput( ) :关闭套接字的输入流。

⑫ shutdownOutput( ) :关闭套接字的输出流。

14.2.2　TCP 网络编程的服务器端

在 Java 语言中,对于 TCP 方式的网络编程,服务器端通常使用 ServerSocket 类,其主要功能是等待来自网络的“请求”,它可以通过指定的端口等待连接的套接字。服务器套接字一次可以与一个套接字连接,如果多台客户机同时提出连接请求,服务器套接字会将请求连接的客户机存入队列中,然后从中取出一个套接字,与服务器新建的套接字连接起来。若请求连接的客户机数量大于队列的最大容纳数,则多出的连接请求被拒绝。队列的默认大小为 50。

ServerSocket 类的工作过程一般包含以下 6 个基本步骤。

① 用构造函数创建一个 ServerSocket 对象。

② ServerSocket 对象使用其 accept( )方法监听此端口的入站连接。accept( )方法会一直阻塞,直到客户端尝试进行连接,这时它将返回一个连接客户端和服务器的 Socket 对象。

③ 根据服务类型,调用 Socket 的 getInputStream( )方法或 getOutputStream( )方法,或者调用这两个方法,以获得与客户端通信的输入流或输出流。

④ 按照一定的协议对 Socket 对象进行读/写操作。

⑤ 服务器或客户端(或两者)关闭连接。

⑥ 服务器返回步骤②,等待下一次连接。

ServerSocket 类的构造函数有以下几种。

① ServerSocket( ):创建非指定的服务器套接字。

② ServerSocket(int port):创建指定到特定端口的服务器套接字。

③ ServerSocket(int port,int backlog):创建队列长度为 backlog 并指定到特定端口的服务器套接字。

④ ServerSocket(int port,int backlog,InetAddress bindAddress):创建队列长度为 backlog 并指定到本地 IP 地址和特定端口的服务器套接字。这适用于计算机有多个 IP 地址的情形。

ServerSocket 类提供的常用方法有以下几种。

① accept( ):返回与服务器端建立连接的套接字。

② bind( ):设置服务器端 Socket 与特定端口绑定。

③ listen( ):监听来自客户端的连接请求。

④ getLocalPort( ):返回服务器所绑定的端口号。

⑤ getInetAddress( ):返回套接字连接的地址对象。

⑥ getChannel( ):返回服务器套接字通道。

⑦ getSoTimeout( ):返回服务器套接字的有效期限值。

⑧ setSoTimeout(int timeout):设置服务器套接字的有效期限值。

⑨ toString( ):返回服务器套接字字符串。

⑩ close( ):关闭服务器套接字。

⑪ isClosed( ):判断服务器套接字是否关闭。

调用 ServerSocket 类的 accept()方法,将返回一个与客户端 Socket 对象相连接的 Socket 对象,服务器端的 Socket 对象使用 getOutputStream()方法获得的输出流对象,将会指向客户端 Socket 对象使用 getInputStream()方法获得的输入流对象;类似地,服务器端的 Socket 对象使用 getInputStream()方法获得的输入流对象,将会指向客户端 Socket 对象使用 getOutputStream()方法获得的输出流对象。即当服务器向输出流写入信息时,客户端通过相应的输入流能读取数据;当客户端向输出流写入信息时,服务器端通过相应的输入流能读取数据。

14.2.3　基于 TCP 协议的 Socket 编程示例

TCP 是一种可靠的、基于连接的网络协议。Internet 中的计算机大多使用 TCP/IP 协议进行互联。网络中的两个进程采用客户端/服务器(C/S)模式进行通信,当两台主机准备进行通信时,都必须建立一个 Socket,其中一方作为服务器打开一个 Socket 并监听来自网络的连接请求,另一方作为客户端向服务器发送请求,通过 Socket 向服务器发送信息。要建立连接,只需指定服务器的 IP 地址和端口号即可。图 14-2 所示为基于 TCP 协议的服务器、客户端通信流程。

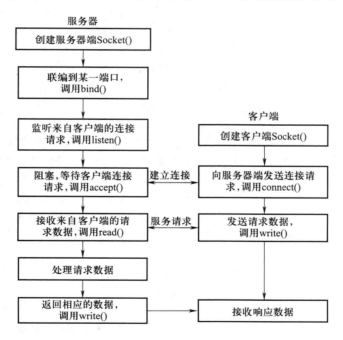

图 14-2　基于 TCP 协议的服务器、客户端通信流程

在图 14-2 中,服务器首先建立 Socket,将该 Socket 联编到某个端口,并进入监听状态,同时监听是否有与自己端口相对应的连接请求。连接由客户端发出,客户端在建立 Socket 后,向服务器发出连接请求,服务器检测到连接后接收连接,这样就建立起了一个完整的 Socket 连接。

从图 14-2 可以看出,服务器必须先启动,然后守候在某一个端口上监听客户端的连接请求,一旦连接建立,就可以像普通流程那样进行读/写,只需调用 close( )方法即可结束Socket 连接。通过该方式建立起来的 C/S 程序即可实现一台服务器和一台客户端的通信。

例 **14.3** 实现客户端与服务器一对一的聊天程序。

```
//客户端程序
public class Client {
    public static void main(String[] args) {
        try{
            //向本机的 4700 端口发出客户请求
            Socket socket = new Socket("127.0.0.1",4700);
            //由系统标准输入设备构造 BufferedReader 对象
            BufferedReader sin = new BufferedReader(new InputStreamReader(Sys-
                            tem.in));
            //由 Socket 对象得到输出流,并构造 PrintWriter 对象
            PrintWriter os = new PrintWriter(socket.getOutputStream());
            //由 Socket 对象得到输入流,并构造相应的 BufferedReader 对象
            BufferedReader is = new BufferedReader(new InputStreamReader(sock-
                            et.getInputStream()));
            String readline;//从系统标准输入读入一行字符串
            readline = sin.readLine();
            //若从系统标准输入读入的字符串为"bye",则停止循环
            while(!readline.equals("bye")){
                os.println(readline);//将从系统标准输入读入的字符串输出到 Server
                os.flush();//刷新输出流,使 Server 马上接收该字符串
                //从 Server 读入一个字符串,并打印到标准输出上
                System.out.println("Server:"+is.readLine());
                readline = sin.readLine();//从系统标准输入读入一个字符串
            }//继续循环
            os.close();//关闭 Socket 输出流
            is.close();//关闭 Socket 输入流
            socket.close();//关闭 Socket
        }catch(Exception e){
            System.out.println("Error"+e);//出错,打印出错信息
        }
    }
}//客户端程序结束
//服务器端程序
public class Server {
    public static void main(String[] args) {
```

源代码:例 14.3

```
try{
    ServerSocket server=null;
    try{
        //创建一个 ServerSocket,在端口 4700 监听客户请求
        server=new ServerSocket(4700);
    }catch(Exception e){
        System.out.println("can not listen t"+e);
        //在屏幕上打印出错信息
    }
    Socket socket=null;
    try{
        System.out.println("等待连接…");
        //使用 accept()阻塞等待客户端的请求,如果有请求,则返回一个 Socket 对象,
        //并继续执行
        socket=server.accept();
    }catch(Exception e){
        System.out.println("Error"+e);
    }
    System.out.println("连接成功!!!");
    String line;
    //由 Socket 对象得到输入流,并构造相应的 BufferedReader 对象
    BufferedReader is = new BufferedReader ( new InputStreamReader ( sock-
                    et.getInputStream()));
    //由 Socket 对象得到输出流,并构造 PrintWriter 对象
    PrintWriter os=new PrintWriter(socket.getOutputStream());
    //由系统标准输入设备构造 BufferedReader 对象
    BufferedReader sin=new BufferedReader(new InputStreamReader(System.in));
    //在标准输出上打印从客户端读入的字符串
    System.out.println("Client:"+is.readLine());
    line=sin.readLine();//从标准输入读入一个字符串
    while(!line.equals("bye")){//如果字符串为“bye”,则停止循环
        os.println(line);//向客户端输出字符串
        os.flush();//刷新输出流,使 Client 马上接收该字符串
        System.out.println("Server:"+line);//在屏幕上显示读入的字符串
        //从 Client 读入一个字符串,并打印到标准输出上
        System.out.println("Client:"+is.readLine());
        line=sin.readLine();//从系统标准输入读入一个字符串
    }//继续循环
```

```
            os.close(); //关闭 Socket 输出流
            is.close(); //关闭 Socket 输入流
            socket.close();//关闭 Socket
            server.close();//关闭 ServerSocket
        }catch(Exception e){
            System.out.println("Error"+e);
        }
    }
}//服务器端程序结束
```

运行程序时,一定要先启动服务器端的程序,让服务器监听来自客户端的请求,此时服务器端显示"等待连接…",一旦运行客户端的程序后,服务器端会提示"连接成功!!!"。之后,客户端可以向服务器发送消息,服务器也可以向客户端反馈消息,实现客户端、服务器之间的通信。

拓展练习

改写例 14.1 的程序,采用多线程实现客户端与服务器一对多的聊天程序。

14.3 基于 UDP 协议的网络编程

UDP 协议是一种不可靠的网络协议,就像发短信这种通信方式一样,使用该方式无须建立专用的虚拟连接。由于无须建立专用的连接,因而对服务器的压力要比 TCP 协议小很多,也是一种常见的网络编程方式。它在通信实体的两端各建立一个 Socket,但这两个 Socket 之间并没有虚拟链路,这两个 Socket 只是发送、接收数据报的对象。Java 提供了 DatagramSocket 对象作为基于 UDP 协议的 Socket,使用 DatagramPacket 代表 DatagramSocket 发送、接收数据报。

UDP 协议的主要作用是完成网络数据流和数据报之间的转换——在发送端,UDP 协议将网络数据流封装成数据报,将数据报发送出去;在接收端,UDP 协议将数据报转换成实际的数据内容。

14.3.1 DatagramSocket 类

Java 使用 DatagramSocket 类代表 UDP 协议的 Socket。DatagramSocket 类实现"网络连接",包括客户端网络连接和服务器端网络连接。虽然 UDP 方式的网络通信不需要建立专用的网络连接,但还是要发送和接收数据,DatagramSocket 实现的就是发送数据时的发射器,以及接收数据时的监听器的角色。相比于 TCP 中的网络连接,DatagramSocket 类既可以用于实现客户端连接,也可以用于实现服务器端连接。

DatagramSocket 类包含如下 3 个构造函数。

① DatagramSocket( ):创建一个 DatagramSocket 实例,并将该对象绑定到本机默认的 IP 地址、本机所有可用端口中随机选择的某个端口。

② DatagramSocket(int port)：创建一个 DatagramSocket 实例，并将该对象绑定到本机默认的 IP 地址和指定端口。

③ DatagramSocket(int port, InetAddress laddr)：创建一个 DatagramSocket 实例，并将该对象绑定到指定的 IP 地址和端口。

通常在创建服务器时，创建指定端口的 DatagramSocket 实例——这样可以保证其他客户端将数据发送到该服务器。一旦得到 DatagramSocket 实例后，就可以通过如下两个方法来接收和发送数据。

① receive(DatagramPacket p)：从 DatagramSocket 中接收数据报。

② send(DatagramPacket p)：以该 DatagramSocket 对象向外发送数据报。

从上面两个方法可以看出，使用 DatagramSocket 发送数据报时，DatagramSocket 并不知道将数据报发送到哪里，而是由 DatagramPacket 自身决定数据报的目的地。

14.3.2 DatagramPacket 类

Java 中使用 DatagramPacket 类实现对于网络中传输数据的封装。也就是说，该类的对象代表网络中交换的数据。在 UDP 方式的网络编程中，无论是需要发送的数据还是需要接收的数据，都必须被处理成 DatagramPacket 类型的对象，该对象中包含数据要发送到的地址、端口号以及内容等。DatagramPacket 类的作用类似于现实中的信件，信件中包含要发送到的地址、接收人以及发送的内容等，邮局只需要按照地址传递即可。在接收数据时，接收到的数据也必须被处理成 DatagramPacket 类型的对象，该对象中包含发送方的地址、端口号等信息，也包含数据的内容。和 TCP 方式的网络传输相比，I/O 编程在 UDP 方式的网络编程中不是必需的内容，结构也比 TCP 方式的网络编程简单一些。

DatagramPacket 类包含如下构造函数。

① DatagramPacket(byte[] buf, int length)：以一个空数组来创建 DatagramPacket 对象，该对象的作用是接收 DatagramSocket 中的数据。

② DatagramPacket(byte[] buf, int length, InetAddress addr, int port)：以一个包含数据的数组来创建 DatagramPacket 对象，创建该 DatagramPacket 对象时还指定了 IP 地址和端口——这就决定了数据报的目的地。

③ DatagramPacket(byte[] buf, int offset, int length)：以一个空数组来创建 DatagramPacket 对象，并指定接收的数据放入 buf 数组中时从 offset 开始，最多放 length 个字节。

④ DatagramPacket(byte[] buf, int offset, int length, InetAddress addr, int port)：创建一个用于发送的 DatagramPacket 对象，指定发送 buf 数组中从 offset 开始的 length 个字节。

在接收数据之前，应该采用上面的第一个或第三个构造函数生成一个 DatagramPacket 对象，给出接收数据的字节数组及其长度，然后调用 DatagramSocket 的 receive() 方法等待数据报的到来，receive() 方法将一直等待，直到收到一个数据报为止。例如以下代码：

```
// 创建一个接收数据的 DatagramPacket 对象
```

```
DatagramPacket packet = new DatagramPacket(buf,256);
//接收数据报
socket.receive(packet);
```

在发送数据之前,应该调用第二个或第四个构造函数创建 DatagramPacket 对象,此时的字节数组中存放了要发送的数据。除此之外,还要给出完整的目的地址,包括 IP 地址和端口号。发送数据是通过 DatagramSocket 的 send( )方法实现的,send( )方法根据数据报的目的地址寻找路径以传输数据报。例如以下代码:

```
//创建一个发送数据的 DatagramPacket 对象
DatagramPacket packet = new DatagramPacket(buf,length,address,port);
//发送数据报
socket.send();
```

当服务器(或客户端)接收到一个 DatagramPacket 对象后,需要向该数据报的发送者反馈一些信息时,由于 UDP 协议是面向非连接的,因此接收者并不知道每个数据报由谁发送,但程序可以调用 DatagramPacket 的如下 3 个方法来获取发送者的 IP 地址和端口。

① InetAddress getAddress( ):当程序准备发送数据时,该方法返回数据报的目标机器的 IP 地址;当程序接收到一个数据报时,该方法返回该数据报的发送主机的 IP 地址。

② int getPort( ):当程序准备发送数据报时,该方法返回数据报的目标机器的端口;当程序接收到一个数据报时,该方法返回该数据报的发送主机的端口。

③ SocketAddress getSocketAddress( ):当程序准备发送数据报时,该方法返回数据报的目标 SocketAddress;当程序接收到一个数据报时,该方法返回该数据报的发送主机的 SocketAddress。

14.3.3 基于 UDP 协议的网络编程示例

下面通过一个简单的示例演示 UDP 网络编程的基本实现方法。

例 14.4 实现将客户端程序的系统时间发送给服务器端,服务器端接收到时间以后,向客户端反馈字符串"OK"。

客户端的程序代码实现:

源代码:例 14.4

```
public class SimpleUDPClient {
    public static void main(String[] args) {
        DatagramSocket ds = null; //连接对象
        DatagramPacket sendDp; //发送数据报对象
        DatagramPacket receiveDp; //接收数据报对象
        String serverHost = "127.0.0.1"; //服务器 IP 地址
        int serverPort = 10010; //服务器端口号
        try{
          //建立连接
          ds = new DatagramSocket();
```

```
            //初始化发送数据
            Date d = newDate(); //当前时间
            String content = d.toString(); //转换为字符串
            byte[] data = content.getBytes();
            //初始化发送对象
            InetAddress address = InetAddress.getByName(serverHost);
            sendDp = new DatagramPacket(data,data.length,address,serverPort);
            //发送
            ds.send(sendDp);

            //初始化接收数据
            byte[] b = new byte[1024];
            receiveDp = new DatagramPacket(b,b.length);
            //接收
            ds.receive(receiveDp);
            //读取反馈内容并输出
            byte[] response = receiveDp.getData();
            int len = receiveDp.getLength();
            String s = new String(response,0,len);
            System.out.println("服务器端反馈为:" + s);
       }catch(Exception e){
            e.printStackTrace();
       }finally{
          try{
          //关闭连接
          ds.close();
          }catch(Exception e){}}
       }
     }
}
```

在该示例代码中,首先建立 UDP 方式的网络连接,获得当前系统时间,这里获得的系统时间是客户端程序运行的本地计算机的时间,然后将时间字符串以及服务器端的 IP 地址和端口号构造成发送数据报对象,调用连接对象 ds 的 send() 方法发送出去。在数据发送以后,构造接收数据的数据报对象,调用连接对象 ds 的 receive() 方法接收服务器端的反馈并输出到控制台。最后在 finally 语句块中关闭客户端的网络连接。

和下面要介绍的服务器端一起运行时,客户端程序的输出结果为:

服务器端反馈为:OK

服务器端程序代码实现:

```java
public class SimpleUDPServer {
    public static void main(String[] args) {
        DatagramSocket ds = null; //连接对象
        DatagramPacket sendDp; //发送数据包对象
        DatagramPacket receiveDp; //接收数据包对象
        final int PORT = 10010; //端口
        try{
            //建立连接,监听端口
            ds = new DatagramSocket(PORT);
            System.out.println("服务器端已启动:");
            //初始化接收数据
            byte[] b = new byte[1024];
            receiveDp = new DatagramPacket(b,b.length);
            //接收
            ds.receive(receiveDp);
            //读取反馈内容并输出
            InetAddress clientIP = receiveDp.getAddress();
            int clientPort = receiveDp.getPort();
            byte[] data = receiveDp.getData();
            int len = receiveDp.getLength();
            System.out.println("客户端IP:" + clientIP.getHostAddress());
            System.out.println("客户端端口:" + clientPort);
            System.out.println("客户端发送内容:" + new String(data,0,len));
            //发送反馈
            String response = "OK";
            byte[] bData = response.getBytes();
            sendDp = new DatagramPacket(bData,bData.length,clientIP,clientPort);
            //发送
            ds.send(sendDp);
        }catch(Exception e){
            e.printStackTrace();
        }finally{
            try{
            //关闭连接
            ds.close();
            }catch(Exception e){}
        }
    }
}
```

在该服务器端实现中,首先监听 10010 号端口,和 TCP 方式的网络编程类似,服务器端的 receive( )方法是阻塞方法,如果客户端不发送数据,则程序会在该方法处阻塞。当客户端发送的数据到达服务器端时,则接收客户端发送过来的数据,将客户端发送的数据内容读取出来,并在服务器端程序中打印客户端的相关信息。从客户端发送过来的数据包中可以读取出客户端的 IP 地址及端口号,将反馈字符串"OK"发送给客户端,最后关闭服务器端连接,释放占用的系统资源。本程序的运行结果:

服务器端已启动:
客户端IP:127.0.0.1
客户端端口:65467
客户端发送内容:Tue May 12 19:56:18 GMT+08:00 2015

拓展练习

使用 UDP 协议编写客户端和服务器端程序,通过图形用户界面实现客户端和服务器之间的通信,在如图 14-3 所示的图形用户界面上显示出来。图 14-3 中的 IP 地址为本机 IP 地址,端口使用默认端口。

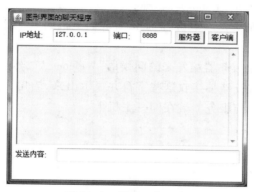

图 14-3　程序运行示例

本章小结

本章介绍了 Java 网络编程的相关知识。首先介绍了计算机网络的基础知识,主要包括 TCP/IP 分层模型、IP 地址、域名、端口、协议以及套接字。然后介绍了支持网络编程的 InetAddress 类、URL 类和 URLConnection 类,这两部分内容是进行网络编程的基础,能够帮助读者理解网络中主机之间的通信。最后通过实际案例分步介绍了基于 TCP 协议和 UDP 协议的网络编程技术。

课后练习

1. 下面哪个类的对象中包含 Internet 地址？（　　　　）。

　A. Applet　　　　　　　B. DatagramSocket　　　C. InetAddress　　　　　　D. AppletContext

2. InetAddress 类的 getLocalHost( ) 方法返回一个（　　　　）对象，它包含运行该程序的计算机的主机名。

　A. Applet　　　　　　　B. Datagram Socket　　　C. InetAddress　　　　　　D. AppletContext

3. 如果在关闭 Socket 时发生一个 I/O 错误，会抛出（　　　　）。

　A. IOException　　　　　　　　　　　　　　　B. UnknownHostException

　C. SocketException　　　　　　　　　　　　　D. MalformedURLException

4. Java UDP 编程主要用到的两个类是（　　　　）。

　A. UDPSocket　　　　　　B. DatagramSocket　　　C. UDPPacket　　　　　　D. DatagramPacket

5. 一个 URL 地址由协议、_____、端口、_____、_____和_____6 部分组成。

6. 简述 URL 类和 URLConnection 类的异同。

7. 使用 InetAddress 类的方法获取 www.sohu.com 的主机的 IP 地址；获取本地计算机的 IP 地址和名称。

8. 编程实现客户端接收服务器端发来的问候语"Welcome!"，然后在客户端通过键盘输入一些字符，发送给服务器端，服务器端接收这些字符并显示出来，当用户在客户端输入"quit"时，双方结束通信。这里的客户端与服务器端在同一主机上。

第15章 综合案例——图书管理系统

本章将介绍一个完整的 Java 综合案例,帮助读者学习 Java 综合项目的开发过程。本案例将引入部分软件工程的设计思想,从系统开发的角度,按照系统分析—概要设计—详细设计—系统实现的过程,对软件工程的各阶段进行详细描述,同时也是对前面章节所介绍知识的综合应用。

15.1 系统设计

图书管理系统是图书馆管理工作中必不可少的一部分,对于图书馆的管理员和读者来说都非常重要,现在开发一个图书管理系统,其开发宗旨是实现图书管理的系统化、规范化和自动化,达到图书资料集中、统一管理的目标。

通过对一些典型图书管理系统的考察以及与用户的沟通,从读者与图书馆管理员的角度出发,本着读者借书、还书应快捷、方便的原则,本系统应具有以下特点:

① 具有良好的系统性能,友好的用户界面。
② 具有较高的处理效率,便于使用和维护。
③ 采用成熟技术开发,使系统具有较高的技术水平和较长的生命周期。
④ 尽可能简化图书管理员的重复工作,提高工作效率。
⑤ 简化数据查询,降低统计难度。

15.2 概要设计

15.2.1 系统目标

根据以上对图书管理系统的分析,设计的系统应达到以下目标:
① 界面设计友好、美观。
② 数据存储安全、可靠。
③ 信息分类清晰、准确。
④ 具有强大的查询功能,保证数据查询的灵活性。
⑤ 操作简单、易用。
⑥ 系统安全、稳定。

⑦ 开发技术先进、功能完备、扩展性强。

⑧ 占用资源少、对硬件要求低。

⑨ 提供灵活、方便的权限设置功能,使整个系统的管理分工明确。

15.2.2 系统功能模块结构

在本图书管理系统中,系统主要分为 4 个功能模块,分别为基础数据维护、图书借阅管理、新书订购管理和系统维护。本系统的各个部分及其包括的具体功能模块如图 15-1 所示。

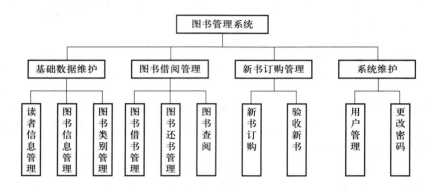

图 15-1 图书管理系统的功能模块结构

图书管理系统的业务流程如图 15-2 所示。

15.3 详细设计

15.3.1 数据库设计

SQL Server 2008 具有很强的完整性与可伸缩性,性价比相当高。考虑到本系统的稳定性、可靠性以及用户需求,在设计时选择 SQL Server 2008 数据库来满足系统需求。

根据以上对系统所做的系统分析、系统设计,规划出本系统中使用的数据库实体分别为图书信息实体、图书分类实体、图书订购实体、读者信息实体、操作员信息实体、图书借阅信息实体、库存信息实体。其中,图书信息实体与图书订购实体、图书分类实体、图书借阅信息实体、库存信息实体都具有关系,而读者信息实体与图书借阅信息实体同样具有关系。

1. 图书信息实体

图书信息实体包括图书编号、图书类别编号、书名、作者、译者、出版社、价格、出版时间等属性。其中,图书编号为图书信息实体的主键,图书类别编号为图书信息实体的外键,与图书分类实体具有外键关系。图书信息表如图 15-3 所示。

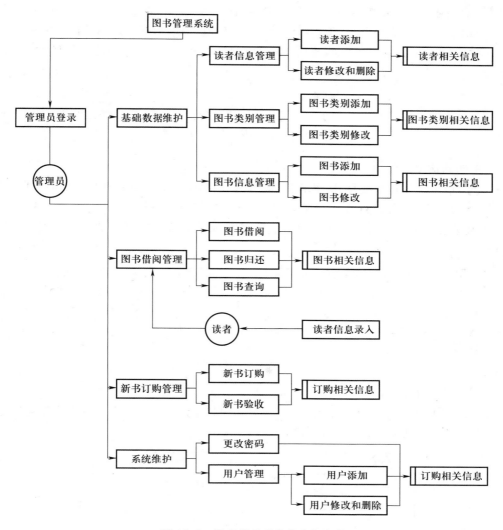

图 15-2　图书管理系统的业务流程

ISBN	typeId	bookname	writer	translator	publisher	date	price
1234567891234	1	Java	aikeer	陈昊鹏	***出版社	2007-12-26 00:...	30.0000
1234567890678	1	PHP	Gary Cornell	雍俊	***出版社	2007-12-28 00:...	30.0000
5786787987985	1	C#	DePasquale	辛运帏	***出版社	2007-12-28 00:...	40.0000
5786754654654	1	C++	Joseph Chase	李健	***出版社	2007-12-28 00:...	40.0000
1655465465465	1	软件测试	James Gosling	饶一梅	***出版社	2007-12-28 00:...	45.0000

图 15-3　图书信息表

2. 读者信息实体

读者信息实体包括条形码、姓名、性别、年龄、电话、押金、生日、职业、证件类型、办证日期、最大借书数量、证件号码等属性。其中，条形码作为本实体的唯一标识；在性别属性标识信息中，"1"代表读者为男性，"2"代表读者为女性；设置最大借书数量的默认值为 3。读者信息表如图 15-4 所示。

name	sex	age	identityCard	date	maxNum	tel	keepMoney	zj	zy	ISBN	bztime
明明	2	22	2202000******	2009-01-02 00:...	2	898	100.0000	1	公司职员	1111111111111	2008-01-03 00:...
小刚	1	25	2201111******	2009-01-02 00:...	3	96	50.0000	0	学生	2222222222222	2008-01-03 00:...
蒙蒙	2	25	2204454******	2009-01-06 00:...	2	8988	100.0000	0	普通员工	3333333333333	2008-01-07 00:...
沙沙	2	20	4444444******	2009-01-08 00:...	1	1111	10.0000	3	普通员工	4444444444444	2008-01-09 00:...

图 15-4 读者信息表

3. 图书借阅信息实体

图书借阅信息实体包括编号、图书编号、读者编号、操作员编号、是否归还、借阅日期、归还日期等属性。编号作为图书借阅信息实体的唯一标识，包括两个外键，分别为图书编号与读者编号，图书借阅信息实体以这两个外键与图书信息实体、读者信息实体建立关系。图书借阅表如图 15-5 所示。

id	bookISBN	operatorId	readerISBN	isback	borrowDate	backDate
7	0000000000001	1	1111111111111	0	2008-01-03 06:...	2008-01-06 06:...
8	0000000000001	1	2222222222222	1	2008-01-03 06:...	2008-01-06 06:...
9	1111111111111	1	1111111111111	0	2008-01-07 10:...	2008-01-08 10:...
10	4444444444444	1	4444444444444	0	2008-01-09 05:...	2008-01-12 05:...

图 15-5 图书借阅表

4. 图书分类实体

图书分类实体包括编号、类别名称、可借天数和罚款金额等属性。图书分类实体与图书信息实体以图书类别编号建立关系。图书分类表如图 15-6 所示。

id	typeName	days	fk
1	计算机类图书	7	2
2	小说类	3	0.6
3	测试	3	4.5
4	程译设计	6	10
5	网页设计	3	0.1
6	平面设计	1	0.5
7	文学	3	0.5

图 15-6 图书分类表

5. 图书订购实体

图书订购实体主要包括图书编号、订购日期、订购数量、操作员、是否验收和折扣等属性。图书订购实体以图书编号与图书信息实体建立关系。图书订购表如图 15-7 所示。

ISBN	date	number	operator	checkAndAccept	zk
0000000000001	2008-01-03 00:...	100	lxl	0	0.1
1111111111111	2008-01-07 00:...	2	lxl	0	0.1
1234567890678	2007-12-30 00:...	43	lxl	0	0.7
1234567891234	2007-12-29 00:...	70	lxl	0	0.3
1655465465465	2007-12-30 00:...	43	lxl	1	0.7
4444444444444	2008-01-09 00:...	10	lxl	0	0.1
5786754654654	2007-12-30 00:...	43	lxl	0	0.7
5786787987985	2007-12-30 00:...	43	lxl	0	0.7

图 15-7　图书订购表

6. 操作员信息实体

操作员信息实体主要包括编号、姓名、性别、年龄、身份证号、工作日期、电话、是否为管理员和密码等属性。其中,是否为管理员属性信息中的"0"代表当前用户不是管理员,"1"代表当前用户是管理员。操作员信息表如图 15-8 所示。

id	name	sex	age	identityCard	workdate	tel	admin	password
1	tsoft	1	23	123445******	2007-12-26 00:...	123456*****	True	111
12	lxl	2	20	2	2008-01-09 00:...	220000*****	False	111
NULL	NULL	NULL	NULL	NULL	NULL	NULL	NULL	NULL

图 15-8　操作员信息表

7. 库存信息实体

库存信息实体主要包括编号、库存数量等属性。库存信息实体以库存编号与图书信息实体建立关系。库存信息表如图 15-9 所示。

ISBN	amount
1234567891234	21
5786787987985	51
1655465465465	12
1234567890678	15
NULL	NULL

图 15-9　库存信息表

15.3.2　主窗体设计

管理员通过系统登录模块的验证后,可以登录到图书管理系统的主窗体。系统主窗体主要包括菜单栏和工具栏。用户在菜单栏中选择任一菜单项,即可执行相应的功能;工具栏为用户提供经常使用的功能按钮。主窗体运行效果如图 15-10 所示。

图 15-10　图书管理系统主界面

15.3.3　登录模块设计

登录模块是图书管理系统的入口。运行本系统后,首先进入的便是登录窗体。在该窗体中,系统管理员可以通过输入正确的管理员名称与密码登录系统;当没有输入管理员名称或密码时,系统将弹出相应的提示信息。系统登录模块的运行效果如图 15-11 所示。

图 15-11　图书管理系统登录界面

15.3.4　图书信息管理模块设计

图书信息管理模块主要包括图书信息添加和图书信息修改两个功能。在图书信息添加窗体中,管理员可以输入图书的相关信息,包括名称、类别、图书条形码等。进入图书信息修改窗体后,表格中显示所有图书的相关信息,管理员可以选择需要修改的某一行数据,这时在窗体下方的文本框中将显示相应的内容。

图书信息添加模块主要实现图书相关信息的添加。其中,"出版社"与"类别"信息使用组合框组件在窗体中体现;除此之外,其他图书相关信息字段以文本框的形式在窗体中体现,等待用户输入相关信息。同时,在"添加"按钮的监听事件中限制用户输入非法字符串等操作。如果用户没有在窗体的必填文本框中输入字符串而单击"添加"按钮,则系统会弹出错误提示对话框。

图书信息修改模块主要实现图书相关信息的修改。修改信息时,首先查询图书信息表中的内容并放置到表格中,在表格监听事件中,将表格内容放置到相应文本框中,用户可以通过修改文本框的内容修改图书的相关信息。

图书信息添加与图书信息修改窗体的运行效果分别如图 15-12 和图 15-13 所示。

图 15-12 图书信息添加窗体界面

图 15-13 图书信息修改窗体界面

15.3.5 图书借阅、归还模块设计

图书借阅模块主要用于管理读者借阅图书的信息。管理员输入读者条形码、图书条形码后,

在读者相关信息文本框以及图书相关信息文本框中将显示读者和书籍的相关信息。这时在窗体表格组件中将显示读者信息、图书信息以及借书日期、还书日期等相关字段。当管理员单击"借出当前图书"按钮时,此读者与图书即被存放到图书借阅表中。

图书归还模块主要实现读者还书功能。当读者需要还书时,管理员输入读者编号后按 Enter 键,即可在窗体表格中显示读者借阅图书的相关信息;在表格中单击某一行数据,在"罚款信息"区域将显示相应的内容;管理员单击"图书归还"按钮后,完成图书归还操作。

图书借阅管理窗体的运行效果如图 15-14 所示,图书归还管理窗体的运行效果如图 15-15 所示。

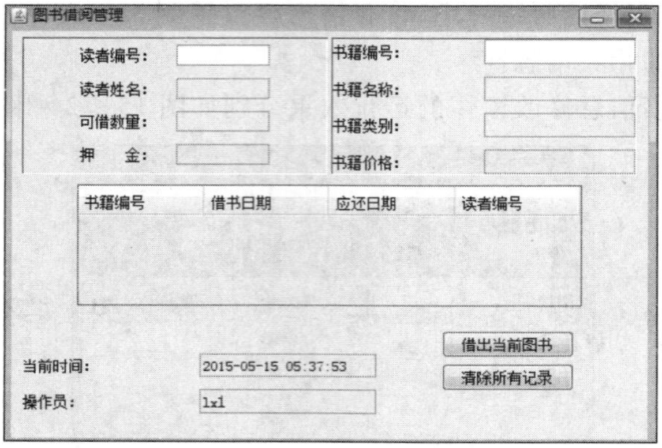

图 15-14　图书借阅管理窗体界面

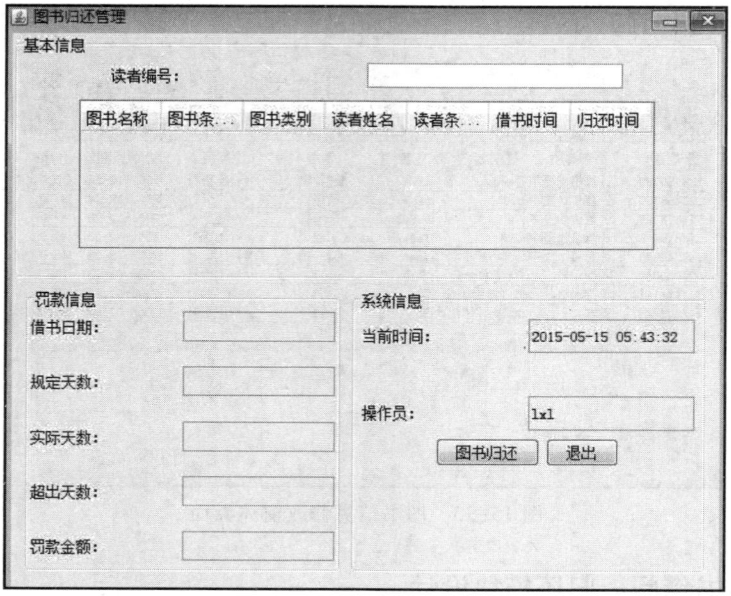

图 15-15　图书归还管理窗体界面

15.3.6 图书查询模块设计

图书查询模块提供条件查询与全部查询两大功能。窗体整个布局使用 BorderLayout 布局管理器,在窗体中部放置 JTabbedPane 组件,在 JTabbedPane 组件的两个标签中分别放置一个面板,一个面板用于放置条件查询结果集,另一个面板用于放置查询全部图书信息的结果集。在条件查询面板中,用户可以在组合框中选择需要查询的字段,然后在条件文本框中输入需要查询的字符串;在全部查询面板中,用户选择"显示图书全部信息"选项卡,即可查看所有图书的相关信息。图书查询窗体的运行效果如图 15-16 所示。

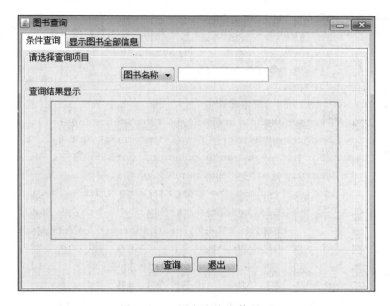

图 15-16 图书查询窗体界面

15.4 系统实现

前面的分析与设计可以为编码做好充分的准备,了解需要实现的功能,可以有效预防在后期返工,降低耦合度,大大减少编码工作量。

15.4.1 主窗体实现

系统主窗体的实现过程如下。

① 创建 Library 类,在构造函数中设置主窗体的相关属性,如窗体大小、窗体标题等,还可以为窗体设置背景图片,并调用创建菜单栏与工具栏的方法,在主窗体中创建菜单栏与工具栏。关

键代码如下(参考随书实例中的 Library.java 文件):

```
public Class Library() {
    super();
    setDefaultCloseOperation(WindowConstants.EXIT_ON_CLOSE);
    // setModalExclusionType(ModalExclusionType.APPLICATION_EXCLUDE);
    setLocationByPlatform(true);
    setSize(800, 600);
    setTitle("图书管理系统");
    JMenuBar menuBar = createMenu(); // 调用创建菜单栏的方法
    setJMenuBar(menuBar);
    JToolBar toolBar = createToolBar(); // 调用创建工具栏的方法
    getContentPane().add(toolBar, BorderLayout.NORTH);
    final JLabel label = new JLabel();
    label.setBounds(0, 0, 0, 0);
    label.setIcon(null); // 窗体背景
    DESKTOP_PANE.addComponentListener(new ComponentAdapter() {
        public void componentResized(final ComponentEvent e) {
            Dimension size = e.getComponent().getSize();
            label.setSize(e.getComponent().getSize());
            label.setText("<html><img width=" + size.width + " height="
                    + size.height + " src='"
                    + this.getClass().getResource("/backImg.jpg")
                    + "'></html>");
        }
    });
    DESKTOP_PANE.add(label,new Integer(Integer.MIN_VALUE));
    getContentPane().add(DESKTOP_PANE);
}
```

② 编写创建菜单栏的方法。可以初始化 JMenuBar 类对象创建顶层菜单,并在顶层菜单中添加相关菜单栏与子菜单,然后为菜单栏添加图标。

③ 编写创建工具栏的方法。创建工具栏可以使用 JToolBar 类。创建工具栏后,将所有的图标添加至工具栏中,可以为每个图标添加提示信息。由于在创建 MenuActions 类时已经为每个内部窗体动作添加了提示信息,因此这里可以不为图标添加提示信息。

④ 在 Library.java 类的主函数中调用登录窗体,如果登录成功,则初始化 Library 对象;如果登录失败,则弹出提示对话框。

15.4.2 登录模块实现

开发登录界面的具体步骤如下。

① 在 BookLoginIFrame 类的构造函数中设计登录窗体的整体布局,包括添加窗体关闭按钮、最小化按钮、设置窗体大小等相关属性。关键代码如下(参考随书实例中的 BookLoginIFrame. java 文件):

```java
public Class BookLoginIFrame() {
    super();
    final BorderLayout borderLayout = new BorderLayout();
    setDefaultCloseOperation(JFrame.EXIT_ON_CLOSE);
    borderLayout.setVgap(10);
    getContentPane().setLayout(borderLayout);
    setTitle("图书管理系统登录");
    setBounds(100, 100, 285, 194);
    final JPanel panel = new JPanel();
    panel.setLayout(new BorderLayout());
    panel.setBorder(new EmptyBorder(0, 0, 0, 0));
    getContentPane().add(panel);
    final JPanel panel_2 = new JPanel();
    final GridLayout gridLayout = new GridLayout(0, 2);
    gridLayout.setHgap(5);
    gridLayout.setVgap(20);
    panel_2.setLayout(gridLayout);
    panel.add(panel_2);
    final JLabel label = new JLabel();
    label.setHorizontalAlignment(SwingConstants.CENTER);
    label.setPreferredSize(new Dimension(0, 0));
    label.setMinimumSize(new Dimension(0, 0));
    panel_2.add(label);
    label.setText("用户名:");
    username = new JTextField(20);
    username.setPreferredSize(new Dimension(0, 0));
    panel_2.add(username);
    final JLabel label_1 = new JLabel();
    label_1.setHorizontalAlignment(SwingConstants.CENTER);
    panel_2.add(label_1);
    label_1.setText("密码:");
    password = new JPasswordField(20);
    password.setDocument(new MyDocument(6));
    password.setEchoChar('*');//设置密码框的回显字符
    password.addKeyListener(new KeyAdapter() {
```

```
public void keyPressed(final KeyEvent e) {
    if (e.getKeyCode() == 10)
        login.doClick();
    }
});
panel_2.add(password);
final JPanel panel_1 = new JPanel();
panel.add(panel_1, BorderLayout.SOUTH);
login=new JButton();
login.addActionListener(new BookLoginAction());
login.setText("登录");
panel_1.add(login);
reset=new JButton();
reset.addActionListener(new BookResetAction());
reset.setText("重置");
panel_1.add(reset);
final JLabel tupianLabel = new JLabel();
ImageIcon loginIcon=CreatecdIcon.add("login.jpg");
tupianLabel.setIcon(loginIcon);
tupianLabel.setOpaque(true);
tupianLabel.setBackground(Color.GREEN);
tupianLabel.setPreferredSize(new Dimension(260, 60));
panel.add(tupianLabel, BorderLayout.NORTH);
setVisible(true);
}
```

② 为方便在登录验证时取值、传值，需要创建一个对应于 tb_operator 表字段的 JavaBean。这个类除了有以数据表字段命名的成员变量外，还创建了与成员变量相对应的 setXXX( )、getXXX( )方法。

③ 为了在其他窗体中取得当前登录的用户名，需要在 BookLoginIFrame 类中创建一个 Operater 类型的成员变量，同时创建对应的 setXXX( )、getXXX( )方法，当需要在其他窗体中显示当前登录的用户名时，只需要使用 BookLoginIFrame 类中的 getXXX( )方法取得 Operater 类型的对象即可。

④ 分别为"登录"按钮与"重置"按钮设置监听事件。在"登录"按钮的监听事件中，首先判断"用户名"与"密码"文本框是否为空，如果为空，说明用户没有输入，此时需要弹出提示对话框；当用户输入用户名与密码后，需要以这两个文本框的值作为参数调用 Dao 类中验证管理员登录的方法，如果验证成功，则进入系统；如果验证失败，则弹出对话框。"重置"按钮的监听事件实现起来相对比较简单，只要将"用户名"文本框的值与"密码"文本框的值置空即可。关键代码

如下(参考随书实例中的 BookLoginIFrame.java 文件):

```
class BookLoginAction implements ActionListener{
    public void actionPerformed(final ActionEvent e) {
        user = Dao.check(username.getText(), password.getText());
        if (user.getName() != null) {
            try {
                Library frame = new Library();
                frame.setVisible(true);
                BookLoginIFrame.this.setVisible(false);
            } catch (Exception ex) {
                ex.printStackTrace();
            }
        } else {
            JOptionPane.showMessageDialog(null, "只有管理员才可以登录!");
            username.setText("");
            password.setText("");
        }
    }
}

private class BookResetAction implements ActionListener {
    public void actionPerformed(final ActionEvent e){
        username.setText("");
        password.setText("");
    }
}
```

⑤ 在 Dao 类中创建登录验证方法,在此方法中查询文本框中输入的字符串是否与操作员数据表中的数据相匹配,并且是否为管理员,如果以上条件都满足,则登录验证成功。关键代码如下(参考随书实例中的 Dao.java 文件):

```
public static Operater check(String name, String password) {
    int i = 0;
    Operater operater = new Operater();
    String sql = "select * from tb_operator where name='" + name
                + "' and password='" + password + "'and admin=1";
    ResultSet rs = Dao.executeQuery(sql);
    try {
        while (rs.next()) {
            String names = rs.getString(1);
            operater.setId(rs.getString("id"));
```

```
            operater.setName(rs.getString("name"));
            operater.setGrade(rs.getString("admin"));
            operater.setPassword(rs.getString("password"));
            if (names != null) {
                i = 1;
            }
        }
    } catch (Exception e) {
        e.printStackTrace();
    }
    Dao.close();
    return operater;
}
```

15.4.3　图书信息管理模块实现

1. 图书信息添加

图书信息添加模块的开发步骤如下。

① 创建图书信息添加窗体。可以在构造函数中对此窗体进行布局。由于需要在主窗体内部弹出图书信息添加窗体,因此这里使用内部框架的机制。BookAddIFrame 类继承了 JInternalIFrame 类。关键代码如下(参考随书实例中的 BookAddIFrame.java 文件):

```
public class BookAddIFrame extends JInternalFrame {
    public BookAddIFrame() {
        super();
        final BorderLayout borderLayout = new BorderLayout();
        getContentPane().setLayout(borderLayout);
        setIconifiable(true);        //设置窗体可最小化(必须)
        setClosable(true);           //设置窗体可关闭(必须)
        setTitle("图书信息添加");      //设置窗体标题(必须)
        //设置窗体位置和大小(必须)
        setBounds(100, 100, 396, 260);
        …//省略部分代码
        ISBN = new JTextField("请输入 13 位书号",13);
        ISBN.setDocument(new MyDocument(13)); //设置书号文本框的最大输入值为 13
        ISBN.addKeyListener(new ISBNkeyListener());
        ISBN.addFocusListener(new ISBNFocusListener());
        panel.add(ISBN);
        bookType = new JComboBox();
        bookTypeModel = (DefaultComboBoxModel)bookType.getModel();
```

```
//从数据库中取出图书类别
List list=Dao.selectBookCategory();
for(int i=0;i<list.size();i++){
    BookType booktype=(BookType)list.get(i);
    Item item=new Item();
    item.setId((String)booktype.getId());
    item.setName((String)booktype.getTypeName());
    bookTypeModel.addElement(item);
}
…//省略部分代码
publisher = new JComboBox();
String[] array=new String[]{"***出版社","***信息出版社","***大型出版社","***
                            小型出版社"};
publisher.setModel(new DefaultComboBoxModel(array));
…//省略部分代码
SimpleDateFormat myfmt=new SimpleDateFormat("yyyy-MM-dd");
pubDate = new JFormattedTextField(myfmt.getDateInstance());
pubDate.setValue(new java.util.Date());
price=new JTextField();
price.setDocument(new MyDocument(5));
price.addKeyListener(new NumberListener());
…//省略部分代码
buttonadd= new JButton();
buttonadd.addActionListener(new addBookActionListener());
…//省略部分代码
ImageIcon bookAddIcon=CreatecdIcon.add("newBookorderImg.jpg");
label_5.setIcon(bookAddIcon);
label_5.setPreferredSize(new Dimension(400,80));
setVisible(true);
}
```

② 在图书信息添加窗体中添加按钮监听事件,在事件的 actionPerformed()方法中进行图书信息添加操作,可以在 Dao 类中编写图书信息添加方法。

在 Dao 类中编写图书信息添加方法后,此方法可以在按钮事件的 actionPerformed()方法中调用。

③ 除了"添加"按钮的监听事件之外,还要控制图书条形码文本框只能输入数字字符串的键盘监听事件。在重写的 keyTyped()方法中,定义管理员允许输入的字符,如果用户输入的字符与上述字符不匹配,则销毁当前输入的字符。

在 BookAddIFrame 类中定义键盘监听事件后,图书条形码文本框可以使用如下代码调用事件：

　　ISBN.addkeyListener(New ISBNKeyListener) ;

　　④ 为"关闭"按钮添加按钮监听事件，用于将当前窗口关闭。

2. 图书信息修改

图书信息修改模块的开发步骤如下。

　　① 与图书信息添加窗体的设计相同，图书信息修改窗体也继承了内部框架，同样在构造函数中初始化窗体属性、设计布局。

　　② 初始化窗体表格组件。首先创建为图书信息修改窗体中的表格组件赋值的方法，此方法的参数是 List 类型的集合。在 Dao 类中创建查询图书相关信息的方法后，返回的 List 集合可以作为此方法的参数，这个方法返回一个二维数组。

　　在 Dao 类中创建查询图书相关信息的方法。关键代码如下（参考随书实例中的 Dao.java 文件）：

```
public static List selectBookInfo(String ISBN) {
    List list = new ArrayList();
    String sql = "select * from tb_bookInfo where ISBN='"+ISBN+"'";
    ResultSet rs = Dao.executeQuery(sql);
    try {
        while (rs.next()) {
            BookInfo bookinfo = new BookInfo();
            bookinfo.setISBN(rs.getString("ISBN"));
            bookinfo.setTypeid(rs.getString("typeid"));
            bookinfo.setBookname(rs.getString("bookname"));
            bookinfo.setWriter(rs.getString("writer"));
            bookinfo.setTranslator(rs.getString("translator"));
            bookinfo.setPublisher(rs.getString("publisher"));
            bookinfo.setDate(rs.getDate("date"));
            bookinfo.setPrice(rs.getDouble("price"));
            list.add(bookinfo);
        }
    } catch (Exception e) {
        e.printStackTrace();
    }
    Dao.close();
    return list;
}
```

　　创建完窗体内的表格组件后，需要为表格组件添加鼠标监听事件，以便用户单击表格中的某一行记录后，将表格中相应的数据放置在文本框中。

　　③ 为"修改"按钮添加按钮监听事件。首先需要在 Dao 类中创建修改图书相关信息的方法，

关键代码如下(参考随书实例中的 Dao.java 文件):

```
public static int Insertbook(String ISBN,String typeId,String bookname,String
    writer,String translator,String publisher,Date date,Double price){
        int i = 0;
        try{
            String sql = "insert into tb_bookInfo(ISBN,typeId,bookname,writer,trans-
                        lator,publisher,date,price)
                        values ('"+ISBN+"','"+typeId+"','"+bookname+"','"+writer+"','"+
                        translator+"','"+publisher+"','"+date+"','"+price+"')";
            // System.out.println(sql)
            i = Dao.executeUpdate(sql);
        }catch(Exception e){
            System.out.println(e.getMessage());
        }
        Dao.close();
        returni;
    }
```

在 BookModiAndDelIFrame 类中为"修改"按钮添加按钮监听事件,实现 ActionListener 接口中的 actionPerformed()方法。在这个方法中不仅需要调用 Dao 类中的图书修改方法,还要限制所有文本框字符串的非法输入。同时,为了使图书信息表修改完成后,在窗体的表格中即时显示修改内容,需要将表格模型重新赋予表格。关键代码如下(参考随书实例中的 BookModiAndDelIFrame.java 文件):

```
class addBookActionListener implements ActionListener {
    public void actionPerformed(final ActionEvent e) {
        //修改图书信息表
        if(ISBN.getText().length()==0){
            JOptionPane.showMessageDialog(null, "书号文本框不可以为空或者输入的数字不
                        可以大于 13 个");
            return;
        }
        …//部分代码省略
        int i = Dao.Updatebook(ISBNs, bookTypes, bookNames, writers, translators,
                        publishers,   Date.valueOf  (pubDates),  Doub-
                        le.parseDouble(prices));
        if(i==1){
            JOptionPane.showMessageDialog(null, "修改成功");
            Object[][] results = getFileStates(Dao.selectBookInfo());
            //注释代码为使用表格模型
            table.setModel(model);
```

```
        model.setDataVector(results, columnNames);
      }
    }
  }
```

15.4.4　图书借阅、归还模块实现

1. 图书借阅

开发图书借阅模块的步骤如下。

① 在类的构造函数中创建窗体布局以及相关属性。

② 为读者条形码文本框添加键盘监听事件。用户输入读者条形码并按 Enter 键后,触发读者条形码文本框监听事件。在 KeyTyped( )方法中,调用 Dao 类中查询读者相关信息的方法,如果在数据库中没有查询到相关信息,则弹出相应的提示对话框;如果查询到结果,则将查询结果放入相应文本框中。关键代码如下(参考随书实例中的 BookBorrowIFrame.java 文件):

```
class ISBNListenerlostFocus extends KeyAdapter {
    public void keyTyped(KeyEvent e) {
        if (e.getKeyChar() == '\n') { //判断是否在文本框中按 Enter 键
            String ISBNs = readerISBN.getText().trim();
            List list = Dao.selectReader(ISBNs);
            if (list.isEmpty() && !ISBNs.isEmpty()) {
                JOptionPane.showMessageDialog(null,
                    "此读者编号没有注册,查询输入的读者编号是否有误!");
            }
            for (int i = 0; i<list.size(); i++) {
                Reader reader = (Reader) list.get(i);
                readerName.setText(reader.getName());
                number.setText(reader.getMaxNum());
                keepMoney.setText(reader.getKeepMoney() + "");
            }
        }
    }
}
```

③ 同理,在图书条形码文本框的键盘监听事件中获取图书条形码文本框的内容,调用 Dao 类中查询图书相关信息的方法,将图书信息放入相应的文本框中,同时需要将读者信息、图书信息、还书时间、借书时间放入表格中。

④ 在 BookBorrowIFrame 类中创建一个添加表格行的 add( )方法,在图书条形码文本框的键盘监听事件中调用,实现在管理员输入图书条形码并按 Enter 键后,在窗体表格中添加一行数据的功能。在 add( )方法中,将图书条形码、读者条形码、当前事件、应还时间放入数组,最后将数

组添加到表格模型中,作为表格新增的一行数据。

⑤ 创建取得应还时间的方法。在 Dao 类中定义一个取得当前书籍允许借阅时间的方法,取得当前书籍允许借阅的最大天数以及当前时间与此天数之和,即可返回应还时间。关键代码如下(参考随书实例中的 BookBorrowIFrame.java 文件):

```
public Date getBackTime() {//取还书时间
    String days = "0";
    List list2 = Dao.selectBookCategory(bookType.getText().trim());
    for (int j = 0; j < list2.size(); j++) {
        BookType type = (BookType) list2.get(j);
        days = type.getDays();
    }
    java.util.Date date = new java.util.Date();
    date.setDate(date.getDate() + Integer.parseInt(days));
    return date;
}
```

⑥ 在"借阅当前图书"按钮的监听事件中,将相关信息存入图书借阅表,如果操作成功,则弹出相应提示对话框。

2. 图书归还

实现图书归还模块的具体步骤如下。

① 实现在管理员输入读者条形码后,在窗体表格中显示相关内容的查询方法。这个方法与其他数据库操作方法相同,同样在 Dao 类中定义。由于需要查询的内容不在数据库的同一数据表中,因此需要利用表关系进行内联接查询。其中用到的表包括 tb_borrow(图书借阅表)、tb_reader(读者信息表)和 tb_bookInfo(图书信息表)。

完成上述方法定义后,可以在 BookBackIFrame 类中定义一个创建表格的 add() 方法,在此方法中调用 Dao() 类中的查询方法,然后在读者条形码文本框中添加监听事件,在 actionPerformed() 方法中调用 add() 方法,实现将查询结果添加到表格中的功能。

② 在设计窗体时,需要实现用户单击表格中的某一行,在相应文本框中显示此书借阅的罚款信息的功能。可以设置表格的鼠标监听事件,在 mouseClick() 方法中实现上述操作。关键代码如下(参考随书实例中的 BookBackIFrame.java 文件):

```
class TableListener extends MouseAdapter {
    public void mouseClicked(final MouseEvent e) {
        java.util.Date date = new java.util.Date();
        String fk = "";
        String days1 = "";
        int selRow = table.getSelectedRow();
        List list = Dao.selectBookTypeFk(table.getValueAt(selRow, 2).toString().
                                        trim());
```

```
for(int i=0;i<list.size();i++){
    BookType booktype=(BookType)list.get(i);
    fk=booktype.getFk();
    days1=booktype.getDays();
}
borrowDate.setText(table.getValueAt(selRow, 5).toString().trim());
int days2,days3;
borrowdays.setText(days1+"");
days2=date.getDate()-java.sql.Timestamp.valueOf(table.getValueAt(sel-
        Row, 5).toString().trim()).getDate();
realdays.setText(days2+"");
days3=days2-Integer.parseInt(days1);
if(days3>0){
    ccdays.setText(days3+"");
    Double zfk=Double.valueOf(fk)*days3;
    fkmoney.setText(zfk+"元");
}
else{
    ccdays.setText("没有超过规定天数");
    fkmoney.setText("0");
}
bookISBNs=table.getValueAt(selRow, 1).toString().trim();
    }

}
```

③ 为"图书归还"按钮添加监听事件。图书归还操作主要是将图书借阅表中的"是否归还"字段内容设置为0,此操作可以在 Dao 类中完成,然后在监听事件的 actionPerformed() 方法中调用。关键代码如下(参考随书实例中的 BookBackIFrame.java 文件):

```
class BookBackActionListener implements ActionListener{
    public void actionPerformed(ActionEvent e) {
        if(readerISBNs==null){
            JOptionPane.showMessageDialog(null, "请输入读者编号!");
            return;
        }
        System.out.println(bookISBNs==null);
        if(table.getSelectedRow()==-1){
            JOptionPane.showMessageDialog(null, "请选择所要归还的图书!");
            return;
        }
```

```
        int i = Dao.UpdateBookBack(bookISBNs, readerISBNs,id);
        System.out.print(i);
        if(i == 1){
            int selectedRow = table.getSelectedRow();
            model.removeRow(selectedRow);
            JOptionPane.showMessageDialog(null, "还书操作完成!");
        }
    }
}
```

15.4.5 图书查询模块实现

图书查询模块的实现步骤如下。

① 在 Dao 类中定义两个查询方法,分别为条件查询与全部查询,其中条件查询使用模糊查询机制,查询完毕后将查询结果放入 JavaBean 中,然后将 JavaBean 对象添加到 list 中。

在 Dao 类中定义条件查询的代码如下(参考随书实例中的 Dao.java 文件):

```
public static List selectbookmohu(String bookname){
    List list = new ArrayList();
    String sql = "select * from tb_bookInfo where bookname like '% "+bookname+"%'";
    System.out.print(sql);
    ResultSet s = Dao.executeQuery(sql);
    try {
        while(s.next()){
            BookInfo bookinfo = new BookInfo();
            … // 省略部分代码
            list.add(bookinfo);
        }
    } catch (SQLException e) {
        e.printStackTrace();
    }
    return list;
}
```

② 在 BookSearchIFrame 类中创建表格。首先在一维数组中定义表头,然后在二维数组中定义表格内容。在定义表格内容的过程中,可以调用步骤①中提到的 Dao 类中查询图书相关信息的方法。

③ 在"查询"按钮中添加监听事件,重写 actionPerformed()方法,在此方法中调用 Dao 类中的查询方法。

拓展练习

　　本系统基本实现了管理员对图书的管理功能,现在希望设置读者权限,用于读者自助查询、借阅、归还图书,参照本系统增加以上功能。

本章小结

　　本章通过一个典型的图书管理系统,既展示了图书管理系统的业务流程,又介绍了运用软件工程的思想进行 Java 项目开发的全过程。通过本章的学习,读者不仅可以进一步加深和巩固前面所学的知识,也能够把它们巧妙地结合并灵活运用,真正做到学以致用。

　　利用 Java 技术进行实际项目的开发,结合软件工程的思想,可以开阔专业视野,了解软件开发行业规范,养成良好的编程习惯,切实提高专业技术水平,提升职业竞争力,为以后进一步的学习和工作奠定坚实的基础。

参 考 文 献

［1］ECKEL B.Java 编程思想［M］.陈昊鹏,译.4 版.北京:机械工业出版社,2007.

［2］HORSTMANN C S,CORNELL G.Java 核心技术,卷 I:基础知识［M］.周立新,等译.9 版.北京:机械工业出版社,2013.

［3］丁振凡,薛清华.Java 语言程序设计［M］.北京:清华大学出版社,2010.

［4］明日科技.Java 从入门到精通［M］.北京:清华大学出版社,2012.

［5］徐明浩.Java 编程基础、应用与实例［M］.武传海,译.北京:人民邮电出版社,2005.

［6］雍俊海.Java 程序设计教程［M］.3 版.北京:清华大学出版社,2014.

［7］教育部考试中心.全国计算机等级考试二级教程:Java 语言程序设计［M］.2015 年版.北京:高等教育出版社,2014.

［8］耿祥义,张跃平.Java 2 实用教程［M］.4 版.北京:清华大学出版社,2012.

［9］张勇.Java 程序设计与实践教程［M］.北京:人民邮电出版社,2014.

［10］刘宝林,王元涛,李根.Java 程序设计案例教程［M］.2 版.北京:高等教育出版社,2012.

［11］安卓越科技.Java 编程实用教程［M］.北京:电子工业出版社,2013.

［12］冯洪海.Java 面向对象程序设计基础教程［M］.北京:清华大学出版社,2011.

［13］叶核亚.Java 程序设计实用教程［M］.4 版.北京:电子工业出版社,2013.

［14］LIANG Y D.Java 语言程序设计基础篇［M］.李娜,译.北京:机械工业出版社, 2011.

［15］杨晓燕.Java 面向对象程序设计［M］.北京:电子工业出版社,2012.

［16］MORELLI R.Java 面向对象程序设计［M］.瞿中,等译.3 版.北京:清华大学出版社,2008.

［17］GOSLING J.Java 编程规范［M］.陈宗斌,沈金和,译.3 版.北京:中国电力出版社,2006.

［18］谭浩强.C++程序设计［M］.北京:清华大学出版社,2004.

防伪查询说明

用户购书后刮开封底防伪涂层，利用手机微信等软件扫描二维码，会跳转至防伪查询网页，获得所购图书详细信息。也可将防伪二维码下的 20 位密码按从左到右、从上到下的顺序发送短信至 106695881280，免费查询所购图书真伪。

反盗版短信举报

编辑短信"JB，图书名称，出版社，购买地点"发送至 10669588128

防伪客服电话

（010）58582300